普通高等教育“十三五”规划教材

水利实验技术

袁晓伟　解宏伟　编著

中国水利水电出版社
www.waterpub.com.cn

内 容 提 要

本书围绕水利类专业科学研究和基本实验要求，结合水利专业实验设备而编写的专业实验综合教材，本书共分为五章，包括31个实验项目、25个水力要素测量、7个气象观测、1个模型实验。实验项目包括实验目的、实验要求、实验原理、实验设备、实验步骤、实验数据记录、实验数据处理及结果、注意事项、思考题等内容；水力要素测量包括设备原理及使用方法；气象观测部分采用图示图解的方法介绍了降水、蒸发、雨情测报、气压、风、湿度、温度等观测设备的基本概念、工作原理、设备安装及观测方法；水工模型实验介绍了相似理论、相似准则及模型设计。

本书可作为水利类专业本科生、研究生的选修教材或参考书，还可供从事水利工程、水文、水资源等方面的技术人员参阅。

图书在版编目（CIP）数据

水利实验技术 / 袁晓伟，解宏伟编著. -- 北京 : 中国水利水电出版社，2016.2(2021.1重印)
普通高等教育“十三五”规划教材
ISBN 978-7-5170-4147-4

Ⅰ. ①水… Ⅱ. ①袁… ②解… Ⅲ. ①水利工程－实验－高等学校－教材 Ⅳ. ①TV-33

中国版本图书馆CIP数据核字(2016)第040400号

书　　名	普通高等教育“十三五”规划教材 **水利实验技术**
作　　者	袁晓伟　解宏伟　编著
出版发行	中国水利水电出版社 （北京市海淀区玉渊潭南路1号D座　100038） 网址：www.waterpub.com.cn E-mail：sales@waterpub.com.cn 电话：(010) 68367658（营销中心）
经　　售	北京科水图书销售中心（零售） 电话：(010) 88383994、63202643、68545874 全国各地新华书店和相关出版物销售网点
排　　版	中国水利水电出版社微机排版中心
印　　刷	北京瑞斯通印务发展有限公司
规　　格	184mm×260mm　16开本　12.25印张　290千字
版　　次	2016年2月第1版　2021年1月第2次印刷
印　　数	2001—3500册
定　　价	**36.00**元

前言

水利工程类专业课的特点是实践性强、综合性高，学生课堂理论学习需要与工程实践相结合。因此，实践教学是实践教学体系中的重要环节，是联系理论与实践的关键。

根据水利类专业的实际情况和特点，近年来青海大学针对水利类本科专业所开设的水力学、流体力学、水文学原理、水文测验学、工程水文学、地下水动力学、水信息技术等课程的教学需要，依据现有实验场地和条件，增设和研制出一些与之相配套的实验项目和实验设备，如管道水流综合实验、潜水完整井模拟抽水实验、潜水模拟实验、土壤渗吸实验、水文循环、雨情测报、模拟河道等。为了便于教师教学和学生实验，以及更好地开放实验室，编写了这本水利类综合实验教材。

本书是编者在对多年实验教学总结和水利工程模型试验研究的基础上，按专业实验教学的要求编写而成。本书紧紧围绕提高学生的动手能力和掌握一定的实验技能，培养学生采集实验数据、分析实验数据、整理实验结果和编写实验报告的能力，激发学生对本专业的学习兴趣和创新能力而编写。同时，也注重培养学生的团队精神和协作能力。

本书共分五章。第一章水力要素的量测技术，比较系统地介绍了水位、压强、流量、流速等25个水力要素及量测方法。第二章水力学实验，第三章水文原理与水文测验，第四章水文地质实验，共介绍了31个实验项目，包括实验目的、实验要求、实验原理、实验设备、实验步骤、实验数据记录、实验数据处理及结果、注意事项、思考题等内容。第三章还简要介绍了降水、蒸发、气压、风、温度、湿度、雨情测报的基本概念、观测设备及工作原理、设备安装及观测方法。第五章相似原理及模型设计，包括流动相似、相似准则、水工模型设计、试验实例等内容。

本书由袁晓伟、解宏伟编著。在编写过程中，本书得到了西安理工大学张建丰教授、清华大学魏加华研究员、钟德钰研究员和青海大学顾声龙副教授、赵勤霞老师的帮助和指导，在此一并深表谢意。

编 者

2015 年 10 月

目　录

第一章　水力要素的量测技术

第一节　水 位 的 量 测

随着水流运动状态的不同，水流表面的特征也有区别，测量时应针对其不同的特点来选取最合适的方法。

一、直接量测法

将具有刻度的标尺直接放入水中，读出水面位置的读数。或在透明容器的外部附上标尺，可直接读出容器内水面位置的读数，如图 1－1－1 所示。

由于表面张力的作用，水面与标尺或容器接触部位水面局部升高，影响到水面位置读数的准确性。在应用直接量测法量测水位时，要考虑由此产生的读数误差。在测量过程中还要注意尺子的起始刻度所在的位置。

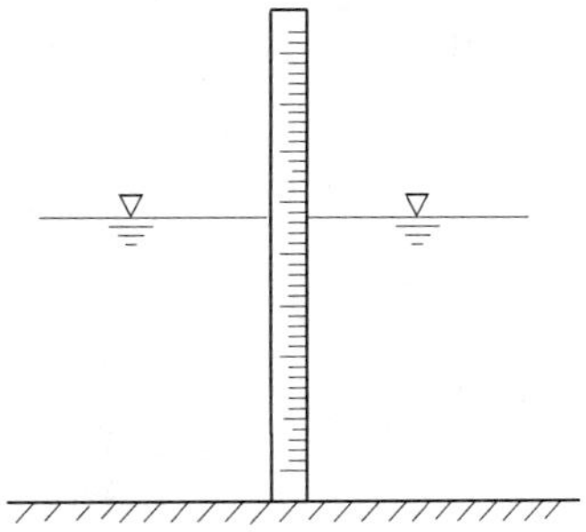

图 1－1－1　水尺法示意图

二、测压管法

在液体容器壁上开一个小孔，将液体引到一个透明玻璃管内，按照连通管等压面的原理，玻璃管内液面与容器内的液面同高，利用测压管旁边安装的标尺可测读出容器内的水位。

测压管是根据连通原理制作的，它是由测压孔、连通管与测压管组成，如图 1－1－2 所示。测压管一般采用玻璃管或有机玻璃管，管子的内径大于 10mm，以免由于毛细管现象影响测量的精度。管的内径必须均匀，如用多管组成测压管组时，各管内径也要相等，否则，毛细管升高将有不同。

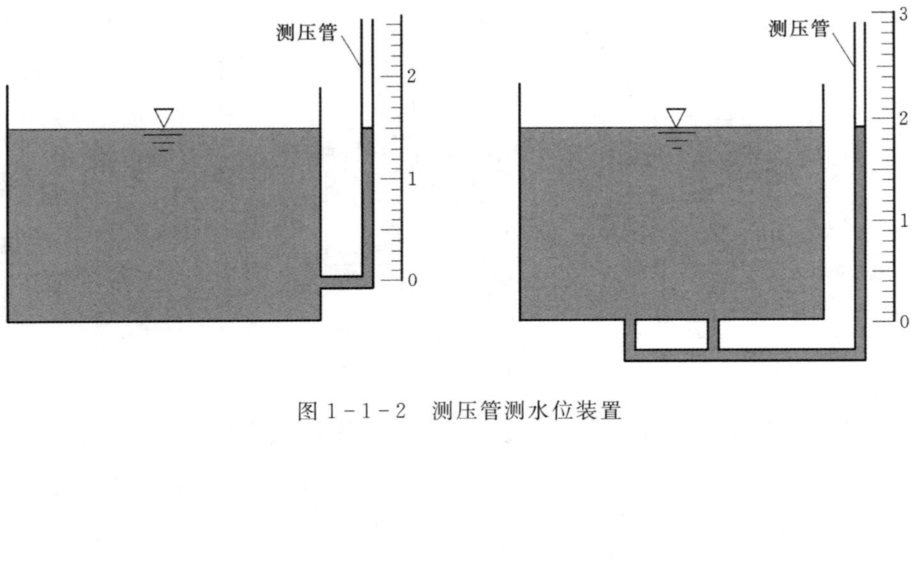

图 1－1－2　测压管测水位装置

测压孔在盛水容器的底板或侧壁等处开设的径向小孔，孔径一般要大于 2mm，使之不易堵塞，并连接防锈材质的短管，用套在短管上的橡皮软管引出，外接一个玻璃管就是测压管。开测压孔时，要与壁面垂直，孔内周边要平顺光滑，其周边不得有毛刺存在。

三、测针法

量测恒定水位时，测针是应用最普遍的一种仪器。如图 1－1－3（a）、图 1－1－3（b）所示，为一种常用国产测针的结构图。测针尖下端接触水面处为针形所示，测量时可在拟测水位处固定测针架。图中套筒牢固地安装在支座上，测杆在套筒中能上下移动。

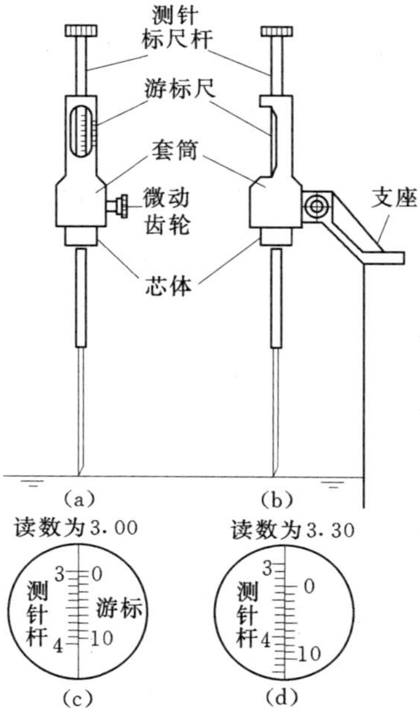

图 1－1－3 测针结构图

为提高读数精度，需了解游标的测读方法。例如图 1－1－3（c）游标上的零刻度正好对应测针读数 3，且两刻度重合，所以水位读数为 3.00cm。再如图 1－1－3（d），游标上零刻度正好对应测针标尺读数在 3.3cm，两刻度重合，可知此时水位读数为 3.30cm。

使用时，用测针尖直接量测水位，或安装测针筒，将水引出后，在筒内进行测读。在实验室应用量水堰测流量时，测定堰上水深一般多用这种方法，如图 1－1－4（a）所示。若需测水面线时，可将测针安装在活动测针车上，如图 1－1－4（b）所示，使其沿平直轨道前后左右滑动，以便测得任意断面和测点的水深和水位。为了避免水表面吸附作用的影响，还可以把针尖做成钩形，如图 1－1－4（c）所示。

在上下移动测针杆量测水位时，应首先用一只手托住芯体，另一只手抓住测针杆将其向上或向下移动到所需位置附近，此步骤为粗调，粗调时芯体不随测针杆移动。再用微动齿轮仔细地调节测针尖刚好接触水面，此步骤称为细调。

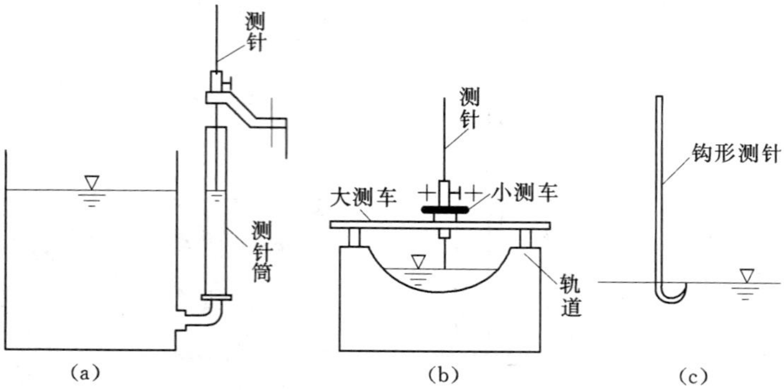

图 1－1－4 测针安装图

使用测针时，应注意以下几点：

（1）测针尖端勿过于尖锐，以半径为 0.25mm 的圆尖为宜。

（2）测针安装必须竖直牢固，轨道必须水平和稳固。

（3）量测时，应使测针尖自上向下逐渐接近水面（勿从水中提起），直至针尖与其倒影刚好重合。

（4）当水位略有波动时，应量测最高与最低水位多次，然后取平均值作为平均水位。

（5）经常检查测针有无松动、针尖有无变形等。

四、浮子式水位计

WFH－2A 型全量机械编码水位计用于观测江河、湖泊、水库、水渠、地下水等水体水位的变化，并将这种变化通过机械编码的方式转换为开关数字量输出，可供水文站网、防汛、水资源水环境监测以及相关科研部门进行水位数据的采集、传输、处理、显示、记录和存储等。

WFH－2A 型全量机械编码水位计由编码器、浮子、水位轮、传动钢丝绳、平衡锤等组成。仪器如图 1－1－5 所示，结构如图 1－1－6 所示。适用于具有垂直水位测井的水位观测站。标准配置的浮子直径为 150mm，可用于 40m 水位量程。

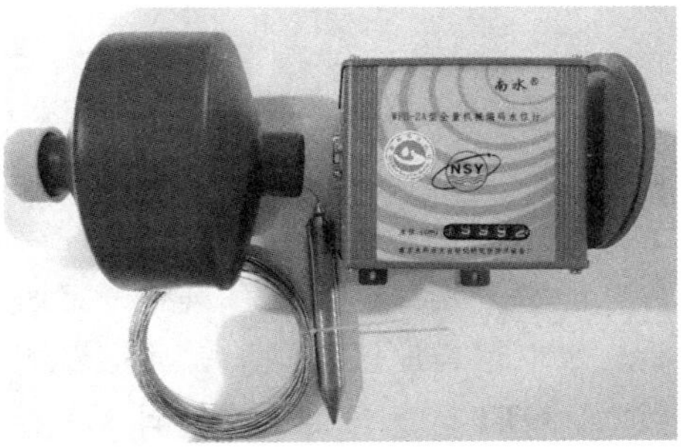

图 1－1－5　浮子式水位计

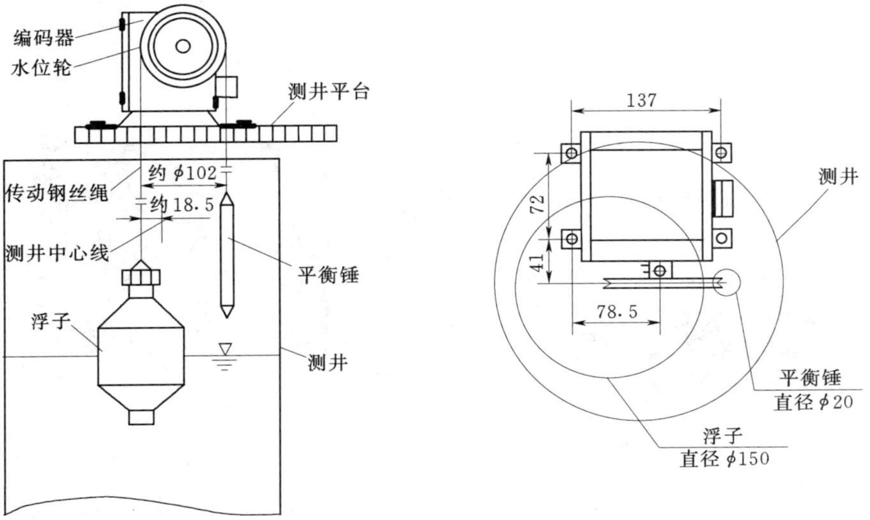

图 1－1－6　浮子式水位计结构图（单位：mm）

平衡锤用于力的平衡，控制钢丝绳的张紧，保证浮子“吃水线”位置始终处于其最大外圆高度的 1/2 处。水位计工作时，其传动过程中力的传递是由浮子及平衡锤的重力作用、水体对浮子的浮力作用、摩擦阻力的作用等共同完成的。在水位没有变化的情况下，以上三种作用处于一种平衡状态，浮子与平衡锤两边的力是平衡的。当水位上升时，浮子产生向上浮力，使平衡锤拉动钢丝绳带动水位轮作顺时针方向旋转，水位编码器的显示读数增加；水位下降时，则浮子下沉，并拉动钢丝绳带动水位轮逆时针方向旋转，水位编码器的显示器读数减小。当水位上升或下降，编码器的轴就旋转一定的角度，编码器同步输出一组对应的数字编码（二进制循环码，又称格雷码）。从而经由传动钢丝绳将这种不平衡力所产生的直线运动转换为水位轮及编码器输入轴的旋转运动，再由编码器转换为数字编码信息量输出。

五、SSH型便携式超声波测深仪

SSH型便携式超声波测深仪是测量水库、湖泊、江河、浅海等水体的便携式测深仪器，如图1-1-7所示。测深时将超声波换能器置于水面之下或一定位置，利用超声波在水中的固定声速 V_c 和超声波发射到接收的时间 T，按公式（1-1-1）自动换算出水深 H。

$$H=T\times V_c/2 \tag{1-1-1}$$

SSH型便携式超声波水位计，以AT89C51单片机为测控中心，可以控制仪器的发射、接收和对接收数据进行分析处理。超声波收发转换电路采用专用集成电路，并以液晶显示测深结果，具有耗电省、可靠性高、使用方便、操作简单、测量迅速准确等特点。仪器可在静水中测深，也可在具有一定速度的水中测深；水流速度可达5m/s左右，是水文测验、水电厂、库区、湖泊、河道勘测和环境水域监测的理想水深测量仪器。

六、OTT CBS气泡式水位计

OTT CBS气泡式水位计如图1-1-8所示，具有高量程、高精度的特点，并带有4～20mA模拟输出和SDI12标准接口，最新设计的智能型气泵可以在满足测量精度的前提下减小打气体积，以便节省系统功耗。

图1-1-7 超声波水位计

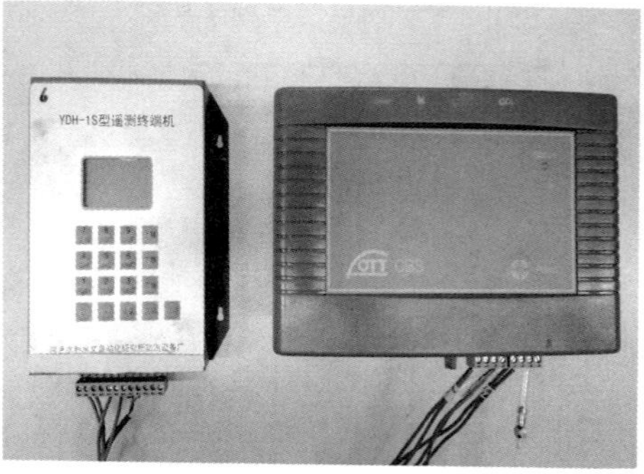

图1-1-8 OTT CBS气泡式水位计

气泡式水位计内部的活塞泵产生压缩空气，流经专用气流线，按设定好的间隔进入气室，在气室里，气泡均匀地冒出来进入水中。

气泡室孔上水的液位（h）与测量管内流体静压（p）建立关系如下：

$$p=\rho gh \tag{1-1-2}$$

那么，假设液体的密度保持不变，则测量液位和测量管内的空气压力之间就存在一定的线性关系。通过测量测管内的空气压力，就可以换算出当前的水位了。这就是气泡式水位计测量液位的基本原理。

气泡式水位计应用范围：河流、湖泊、水库、地下水、湿地等。

第二节 流 量 量 测

流量是单位时间内流经某一过水断面的流体体积。某瞬时单位时间内流过的流体体积称为瞬时流量。某段时间内流过的流体总体积除以该段时间为该段时间内的平均流量。

在实验室中量测恒定流流量的方法可分为直接量测法与间接量测法两大类。根据流量的定义进行量测，称为直接量测法。根据量测其他水力要素如水位、压差或流速等换算得到流量的方法，称为间接量测法。

一、直接量测法

1. 体积法

设备：秒表一只，标定容积的量水器一个（量杯或水箱）。

方法：用秒表记录时间 T，同时读出标定容积的量水器上的容积读数就是该段时间内流入量水器内的水体体积 V，可得平均流量的量测值为

$$Q=\frac{V}{T}\quad (\mathrm{cm^3/s})或(\mathrm{L/s}) \tag{1-2-1}$$

2. 质量法

设备：秒表一只，磅秤及水桶各一个。

方法：用秒表记录出时间 T，用磅秤称出 T 时段内流入水桶中水的质量 m，根据公式 $G=\rho gV$，ρ 为水的密度，可以换算出平均流量的量测值为

$$Q=\frac{V}{T}=\frac{G}{\rho gT}\quad (\mathrm{cm^3/s})或(\mathrm{L/s}) \tag{1-2-2}$$

直接量测流量的方法在量测较小流量时简单且比较精确。应用此法时还应注意量测时间 T 需足够长，一般接水时间大于10s，以保证量测精度，必要时应对流量进行多次量测取平均值。

二、间接量测法

量水堰法是在明渠中量测流量。将量水堰置于明渠中，当水流从堰顶溢流时，水流发生收缩，并在上游形成壅水现象。此时堰上水头与过堰流量之间具有一定关系，根据实测的堰顶水头、堰的溢流宽度、堰高等数值就可由堰流公式计算出过堰流量。

薄壁堰适用于小流量并有较高的精度，多用于实验室、灌溉渠道和钻井等处测定流量。河道或实际工程中也常采用宽顶堰和实用堰来量测较大流量。

常用的薄壁堰有矩形堰和三角堰两种，如图 1－2－1 所示，其过流纵剖面如图 1－2－2所示。

1. 矩形薄壁量水堰

如图 1－2－1（a）所示，其堰口为矩形。其流量公式为

$$Q=m_0 b\sqrt{2g}H^{3/2} \tag{1-2-3}$$

式中：H 为堰上水头；b 为溢流宽度；m_0 为堰的流量系数，由实验确定。该系数可用经

验公式进行计算，如雷包克（T. Rehbock）对于自由出流和无侧收缩矩形薄壁堰给出如下公式 $m_0=0.4034+0.0534\dfrac{H}{P}+\dfrac{1}{1610H-4.5}$，其中 H 为堰上水头，P 为堰高，均以 m 计。

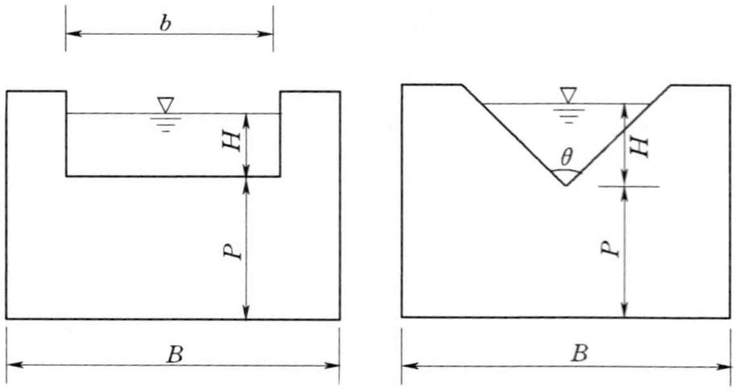

(a) 矩形堰　　(b) 三角堰

图 1-2-1　薄壁量水堰

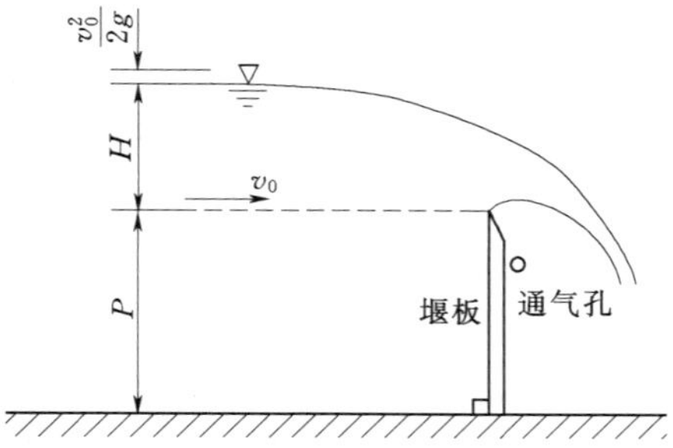

图 1-2-2　量水堰过流剖面

该式的适用条件为

$$H\geqslant 0.025\text{m};\quad \frac{H}{P}\leqslant 2;\quad 0.15\text{m}<P<1.22\text{m};\quad 0.1\text{m}<H<1.24\text{m}$$

2. 三角形薄壁堰

三角形薄壁堰的堰口形状为等腰三角形，简称三角堰。如图 1-2-1（b）所示，使用三角堰测小流量时，较小的流量变化会使堰上水头产生较大的变化。所以常用三角堰来测较小流量。当三角堰的堰上水头 H 变化时，溢流宽度 b 也同时改变。

$$Q=\frac{4}{5}m_0\sqrt{2g}H^{5/2}\tan\frac{\theta}{2}$$

对于直角形三角堰 $\theta=90°$，由上式可写为

$$Q=CH^{5/2}$$

式中：C 为直角三角堰的流量系数；H 为堰上水头，m；Q 为流量，m^3/s。

适用于堰高 $P\geqslant 2H$，堰箱宽 $B\geqslant(3\sim4)H$ 范围。当 $Q<0.1m^3/s$ 时，具有足够高的精度。根据实验（$H\approx 0.05\sim0.25$m），$m_0=0.396$，可得 $C=1.4$，则流量公式为

$$Q=1.4H^{5/2}\qquad(1-2-4)$$

3. 文丘里管流量计

文丘里管包括收缩段、喉管和扩散段三个部分，安装在需要测定流量的管道上，如图 1-2-3 所示。

在收缩段进口断面 1-1 和喉管断面2-2处设测压孔，并连接压差计。

若暂不考虑能量损失，对断面 1-1 和断面 2-2 可写能量方程如下：

$$z_1+\frac{p_1}{\rho g}+\frac{\alpha_1 v_1^2}{2g}=z_2+\frac{p_2}{\rho g}+\frac{\alpha_2 v_2^2}{2g}$$

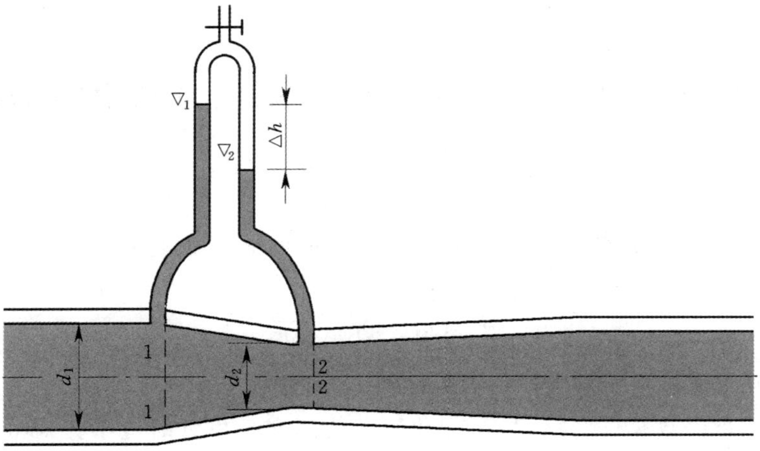

图 1-2-3 文丘里管流量计

令 $\alpha_1=\alpha_2=1$，有

$$\left(z_1+\frac{p_1}{\rho g}\right)-\left(z_2+\frac{p_2}{\rho g}\right)=\frac{v_2^2}{2g}-\frac{v_1^2}{2g}$$

由实验可测得

$$\left(z_1+\frac{p_1}{\rho g}\right)-\left(z_2+\frac{p_2}{\rho g}\right)=\Delta h$$

该值是水流单位势能的减少量，也正是水流单位动能的增加量。如果管道断面为圆形，进口断面直径为 d_1，喉管断面直径为 d_2，由连续方程

$$A_1v_1=A_2v_2$$

即

$$\frac{v_1}{v_2}=\left(\frac{d_2}{d_1}\right)^2$$

则通过喉管时的水流单位动能的增加值为

$$\frac{v_2^2}{2g}-\frac{v_1^2}{2g}=\frac{v_2^2}{2g}\left[1-\left(\frac{d_2}{d_1}\right)^4\right]$$

即

$$\Delta h=\frac{v_2^2}{2g}\left[1-\left(\frac{d_2}{d_1}\right)^4\right]$$

解得

$$v_2=\frac{1}{\sqrt{1-\left(\frac{d_2}{d_1}\right)^4}}\sqrt{2g\Delta h}$$

通过有压管道的流量为

$$Q_{理}=v_2A_2$$

$$Q_{理}=\frac{\pi d_1^2d_2^2}{4}\sqrt{\frac{2g\Delta h}{d_1^4-d_2^4}}$$

令

$$K=\frac{\pi d_1^2d_2^2}{4}\frac{\sqrt{2g}}{\sqrt{d_1^4-d_2^4}}$$

当已知 d_1 及 d_2 时，K 为定值。

即
$$Q_{理}=K\sqrt{\Delta h} \tag{1-2-5}$$

由于在实际的水流流动中存在着能量损失，因此管道中通过的实际流量 $Q_{实}<Q_{理}$，引入一个小于 1 的系数 μ 后就可将管道实际流量的计算式写为

$$Q_{实}=\mu K\sqrt{\Delta h} \tag{1-2-6}$$

实验中，由测量流量 Q 和测压管水头差 Δh，就可求得流量系数 μ。

$$\mu=\frac{Q_{实际}}{Q_{理想}}=\frac{Q_{实际}}{K\sqrt{\Delta h}} \tag{1-2-7}$$

式中：μ 为文丘里管的流量系数，由实验得到。

μ 随水流的雷诺数 Re 及 d_2/d_1 而变化。在使用文丘里管时应事先对 μ 值加以率定。但在雷诺数 Re 较大时（$Re>2\times10^5$），μ 值接近常数。

标准文丘里管常采用 $d_2/d_1=0.5$，其扩散部分的扩散角度 α 不宜太大，一般以 $5°\sim7°$ 为宜，通常用铜管来制作，以免生锈。

在安装时，管道在距文丘里管上游 10 倍管径的距离，下游 6 倍管径的距离内均不得有其他管件，以免水流产生漩涡而影响其流量系数。

文丘里管具有能量损失较小，对水流干扰较少和使用方便等优点。其缺点是测流范围较小，管内壁面加工精度要求较高。

4. 电磁流量计

电磁流量计由电磁流量传感器和转换器两部分组成。传感器安装在管道上，其作用是将流进管道内的液体体积流量值线性的变换成感生电势信号，并通过传输线将此信号送到转换器，它将传感器送来的流量信号进行放大，并转换成与流量信号成正比的标准电信号输出，以进行显示、累积和调节控制。

电磁流量计是基于法拉第电磁感应定律而制成的。当液体进入管道时，在产生交变磁场的两个磁极之间，固定一段由绝缘材料制成的管道，管道上下有一对电极。当导电液体沿管道在交变磁场中在与磁力线成垂直方向运动时，导电液体切割磁力线产生感应电势。在管道轴线和磁场磁力线相互垂直的管壁上安装了一对检测电极，将这个感应电势检出。感应电动势 E 的大小与磁通密度 B、管道内径 d 以及被测流体在横截面上的平均流速 v 有关，可表示为

$$E=Bdv \tag{1-2-8}$$

然而体积流量 Q 等于流体的流速 v 与管道截面积 $\pi d^2/4$ 的乘积代入式（1-2-8）得

$$Q=\frac{\pi d}{4B}E=kE \tag{1-2-9}$$

式中：k 为仪表常数，当仪表常数 k 确定后，感应电动势 E 与流量 Q 成正比。

图 1-2-4、图 1-2-5 为电磁流量计及结构原理图。理论上只要流体的参数（压强、温度、密度、粘滞系数与导热系数等）不影响其导电程度，则量测仪表的读数就与流体的性质无关。

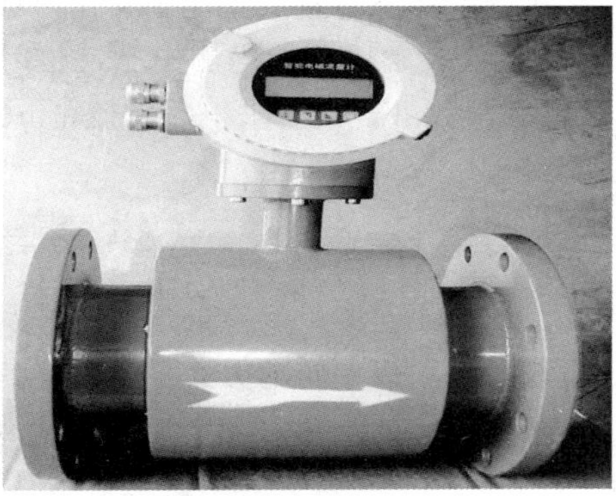

图 1-2-4　电磁流量计

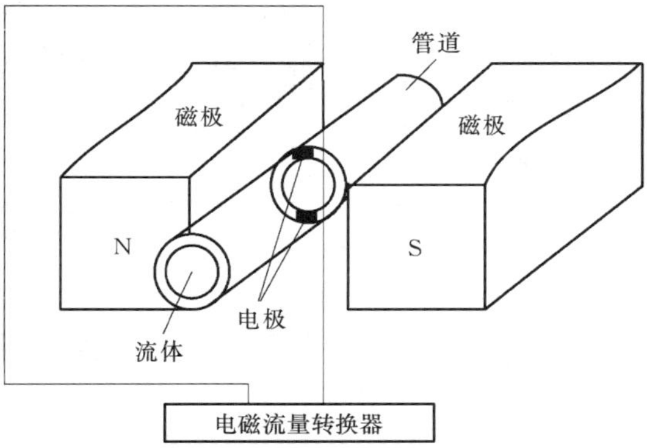

图 1-2-5　电磁流量计的结构原理图

电磁流量计结构简单，没有插入流体的探头部分，不干扰流场，且水流能量损失也很小，并且对耐高温、防腐、防毒来说也具有明显优点，尤其适用于含砂水流及浆体等流量的测定。

电磁流量计的缺点是易受外界电磁干扰的影响，不能用来测量气体。

5. 涡轮流量计

涡轮流量计及结构原理如图 1-2-6、图 1-2-7 所示，由壳体、叶轮（涡轮）、前后导向架和带磁电感应器的放大器等组成。涡轮安装在管道中心，两端由导向架支撑。当被测流体通过管道时，冲击涡轮叶片，涡轮受到驱动力矩而旋转。旋转中的涡轮叶片能周期性地改变磁电感应转换系统中的磁阻值，使通过线圈的磁通量周期性地发生变化而产生电脉冲信号。在一定的流量范围下，叶轮转速与流体流量成正比，即电脉冲数量与流量成正比。该脉冲信号经放大器放大后送至二次仪表进行流量和总量的显示或计算。其精度可达 1%左右。但小流量的精度不高，且水流通过旋转涡轮时能量损失较大，对水质有较高的要求。

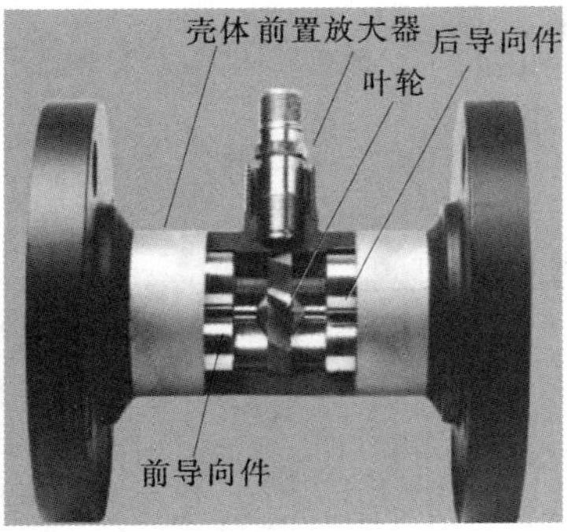

图 1-2-6　涡轮流量计

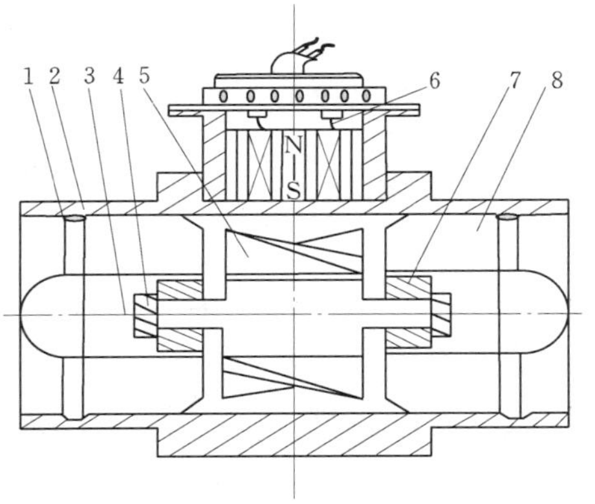

图 1-2-7　涡轮流量计变送器结构

1—紧固件；2—壳体；3—前导向件；4—止推片；5—叶轮；6—电磁感应式信号检出器；7—轴承；8—后导向件

在测量范围内，传感器的输出脉冲总数与流过传感器的体积总量成正比，其比值称为仪表常数，以 K 表示。每台传感器都经过实际标定测得仪表常数值。当测出脉冲信号的频率 f 和某一段时间内的脉冲总数 N 后，分别除以仪表常数 K，便可求得瞬时流量 $q(L/S)$ 和累计流量 Q（L）。

$$Q=\frac{N}{K} \tag{1-2-10}$$

6. 超声波流量计

超声波流量计的测流原理是通过发射换能器产生超声波，以一定的方式穿过流动的流体，通过接收换能器转换成电信号，并经信号处理反映出流体的流速以测定流量。超声波流量计为无阻式仪表，应用范围与电磁流量计类似。

超声流量仪表是以“速度差法”为原理，测量圆管内液体流量的仪表。它采用了先进的多脉冲技术、信号数字化处理技术及纠错技术，能够有效地抵抗来自变频设备的干扰、电磁场的干扰和系统流态的干扰。仪表由转换器和传感器两大部分组成。传感器测流方式有插入式传感器、外夹式传感器、管段式传感器。

超声波流量计所依据的测流原理有传播速度差法、多普勒法、波速偏移法、噪声法、漩涡法、相关法和流速液面法。按不同的测流原理，超声波流量计可以具有多种不同的形式。上述各种方法用于流量测量各有利弊，可以根据不同的用途和精度选择。从精度上看，传播速度差法较好。

传播速度差法又分为时差法和频差法（多普勒效应），如图 1-2-8、图 1-2-9 所示。

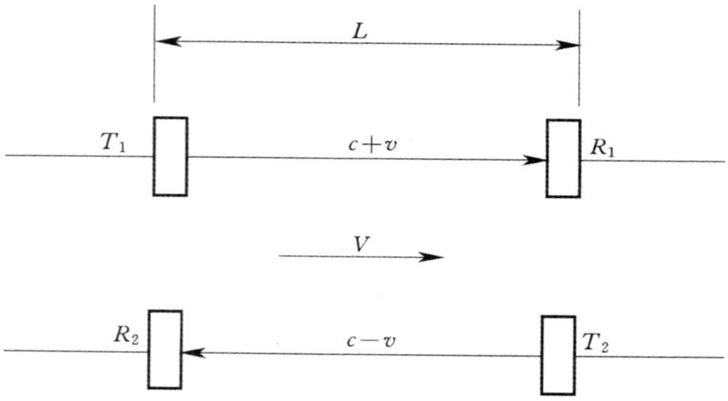

图 1-2-8 时差法

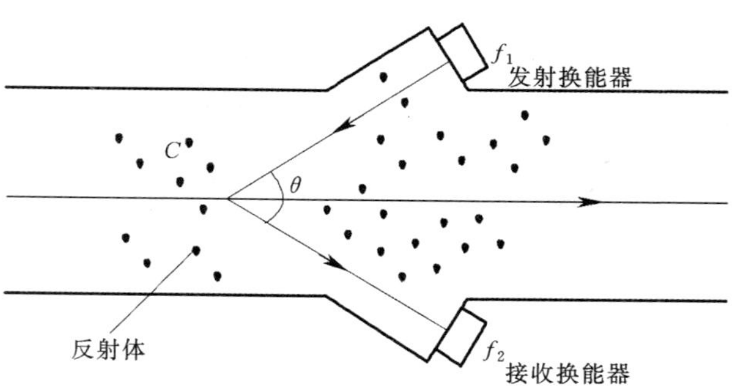

图 1-2-9 多普勒效应

时差法是将流体流动时与静止时超声波在流体中传播的情况进行比较，由于流速不同会使超声波的传播速度发生变化。设静止流体中的声速为 c，流体的速度为 v，当声波的传播方向与流体的流动方向一致时，其传播速度为 $c+v$，当声波的传播方向与流体的流动方向相反时，其传播速度为 $c-v$，如果距离为 L 的两处 T_1 和 T_2 放两个超声波发生器与接收器则当在 T_1 顺方向、T_2 逆方向发射超声波时，分别到达接收器 R_1 和 R_2 处的时间为：

$$t_1=\frac{L}{c+v}$$

$$t_2=\frac{L}{c-v}$$

由以上两式消去 c 得平均流速与距离、时间的关系为：

$$v=\frac{L}{2}\left(\frac{1}{t_1}-\frac{1}{t_2}\right)$$

一般情况下，液体中的声速达 1000m/s 以上，远远大于管道中的流速，即 $v^2\ll c^2$，所以又可以得到

$$v=\frac{c^2}{2L}\Delta t \qquad (1-2-11)$$

由此可见，当声速一定时，只要测出 Δt，就可以求得流体的流速，进而计算出流量。

多普勒法是超声波向管中流体发射声束，声波经流体中微粒或气泡散射后，产生频率差，传感器接收到的频率差信号与流速成正比，可由下式表示：

$$v=\frac{\Delta fC}{2f_1\cos\theta} \qquad (1-2-12)$$

式中：f_1 为发射频率；Δf 为频率差；θ 为流体轴向与发射或接收声波之间的夹角。

第三节　流　速　测　量

一、毕托管法

毕托管是实验室内量测水流中某点流速最常用的仪器。这种仪器是 1730 年由亨利·毕托（H. Pitot）首创，后经 200 多年来各方面的改进，目前已有几十种形式。下面介绍一种常用的毕托管，这种毕托管又称为普朗特（L. Prandtl）毕托管。

毕托管测流速原理：设水流中某点 A 处的流速为 v，如将一根两端开口的直角弯管插入水流并使其下端管口方向正对 A 点的流速方向，则 A 点的流速由原来的 v 值变为零，而弯管中的液面将比测压管中的液面升高 Δh（测压管液面为未受毕托管干扰时 A 点的测压管液面），弯管中液面的升高是由于水流的动能转化为势能所引起的。对于 A 点处质量为 dm，重量为 dmg 的微小水体，在弯管插入前具有的动能是 $\frac{1}{2}dmv^2$ 当弯管插入水流后，A 点流速由 v 变为零，该微小水体的动能 $\frac{1}{2}dmv^2$ 全部转化为势能 $dmg\Delta h$。

即
$$\frac{1}{2}dmv^2=dmg\Delta h$$

解得
$$\Delta h=\frac{v^2}{2g}$$

可见弯管与测压管的液面之差 Δh 表示水流中 A 点处的单位动能。这个两端开口的直角弯管就称为毕托管，可用以量测水流中某点的流速。将关系式 $\Delta h=\frac{v^2}{2g}$ 改写

$$v=\sqrt{2g\Delta h}$$

只要量测出毕托管与测压管中的液面高差 Δh，即计算出 A 点的流速值。

考虑到水流机械能在相互转化过程中存在能量损失，毕托管对水流有干扰以及毕托管与测压管的进口有一定距离等影响，需加以修正，写为

$$v=\varphi\sqrt{2g\Delta h} \tag{1-3-1}$$

式中：φ 称为毕托管流速校正系数。

普朗特毕托管的构造如图 1－3－1（a）所示，由图可以看出这种毕托管是由两根空心细管组成。细管 1 为总压管，细管 2 为测压管。量测流速时使总压管下端出口方向正对水流流速方向，测压管下端出口方向与流速方向垂直。在两细管上端用橡皮管分别与压差计中的两根玻璃管相连接。图 1－3－1（b）为用毕托管测流速的示意图。

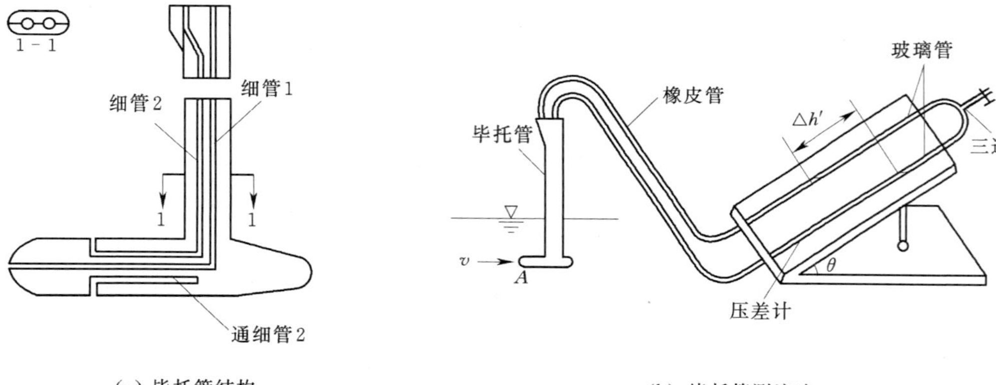

(a) 毕托管结构　　(b) 毕托管测流速

图 1－3－1　普朗特毕托管

用毕托管量测水流流速时，必须首先将毕托管及橡皮管内的空气完全排出，然后将毕托管的下端放入水流中，并使总压管的进口正对测点处的流速方向，此时压差计的玻璃管中水面即出现高差 Δh。如果所测点的流速较小，Δh 的值也较小。为了提高量测精度，可将压差计的玻璃管倾斜放置。实测时，读出两管沿倾斜方向的液面距离 $\Delta h'$，并根据玻璃管的倾斜角度 θ 换算出相应的垂直液面高差 $\Delta h=\Delta h'\sin\theta$，将 Δh 代入公式 $v=\sqrt{2g\Delta h}$ 中，即可得出所量测点的水流流速值。

关于毕托管流速较正系数 φ，因其值与毕托管的构造、尺寸及表面光滑程度等因素有关，须经专门的率定实验来确定。一般 φ 值由制造毕托管的工厂给出。由于 φ 值与 1 很接

近，故通常近似地采用 $\varphi=1$。

毕托管在明槽与管路中均可应用。毕托管的量测范围一般为 0.15～2.0m/s。毕托管不宜测量过小的流速，因流速太小时流速水头很小，相对误差就大。另外用毕托管测流速时，仪器本身对流场会产生扰动，这是使用这种方法测流速的一个缺点。

二、浮体追迹法

1. 表面浮子法

表面浮子法用于测水面流速。小纸片或小泡沫塑料块放在水面上，因其密度小于水，故可随水漂浮，测出流出距离 Δs 和所需时间 Δt。也可以用眼看、摄像等方法记录 Δs 和 Δt。

则流速为

$$V=\frac{\Delta s}{\Delta t} \tag{1-3-2}$$

2. 浮粒子法

用于水流流速不太高的试验中，在玻璃水槽中测底流速。要求浮子的密度必须于水相近，而其色泽又区别于水，一般浮子可以用石蜡和橡皮泥混合制成，石蜡密度小于 1，橡皮泥密度大于 1，用于制成小球，水流动时小球移动，用目测或摄影记录小球移动距离 s，所需时间 t 用秒表记录，则底流流速 $V=\frac{s}{t}$。

三、LS300 型便携式流速仪

LS300 型便携式流速仪是专门为水文站、厂矿、环保监测站、农田排灌、水文地质调查等部门在野外进行明渠流速测量而设计的便携式流速仪，如图 1-3-2 所示。配有新型流速旋桨传感器，量测时，将旋桨放入水流测点处并对准水流流向，水流作用于流速仪的旋桨时，由于它的迎水面的各部分受到的水压力不同而产生压力差，以致形成一转动力矩，旋桨将产生转动，流速越大，转动越快。

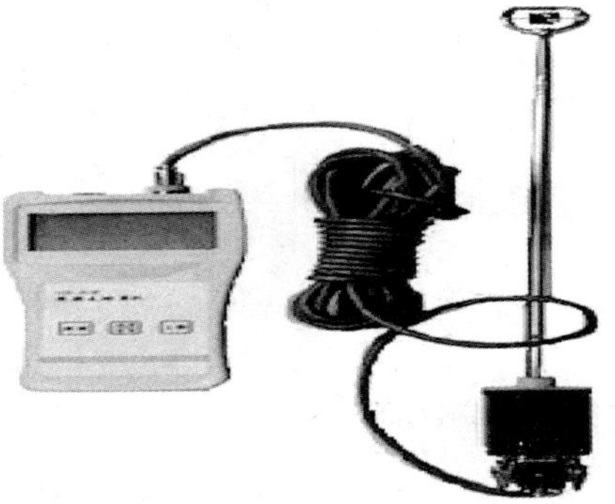

图 1-3-2　LS300 型便携式流速仪

测水流流速时，由水力推动旋桨式转子流速仪旋转，内置信号装置产生转数信号，流速与转速间具有如下线性关系，由下面公式计算流速：

$$V=\frac{KN}{T}+C \quad (\text{m/s}) \tag{1-3-3}$$

式中：V 为测流时段内平均流速，m/s；K 为桨叶水力螺距；C 为流速仪常数；T 为测流历时，s；N 为 T 时段内信号数；K、C 为常数，测流时，只要测出 T 和 N，即可算出流速。

四、斯德克 Pro Ⅱ 雷达测速仪

斯德克 ProⅡ 雷达测速仪是一个 Ka 波段表面流速雷达，它的设计是为了更方便地测量水流流速，如图 1-3-3 所示。该仪器采用高速 DSP 芯片处理水面多普勒回波，依据专门开发的智能水面回波频谱分析算法，该算法具有水流方向选择功能，可以有效地排除

与水面流速无关的干扰信号，适应各种复杂波浪环境，测量的水面流速稳定可靠，该仪器流速测量范围为0.2～18.0m/s，流速测量精度为±0.03m/s，并且可以在强降雨环境中使用。该仪器显示器为大屏幕LCD，可同时显示瞬时流速、平均流速、历时和强度，测流过程一目了然。

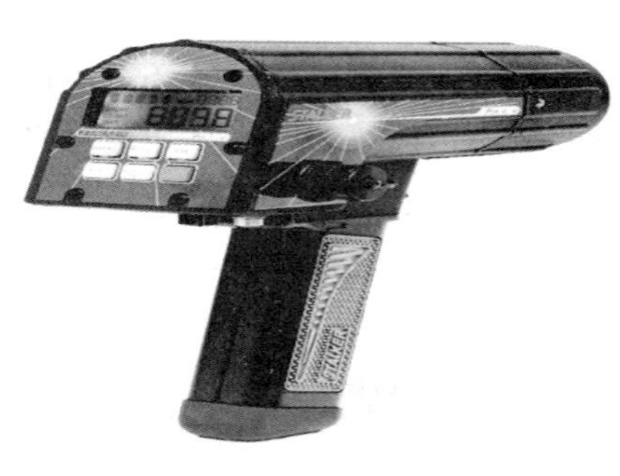

图1-3-3　斯德克 ProⅡ雷达测速仪

五、LB70-2C型旋杯式流速仪

LB70-2C型旋杯流速仪结构及设备图如1-3-4、图1-3-5所示，为江河水文测验中

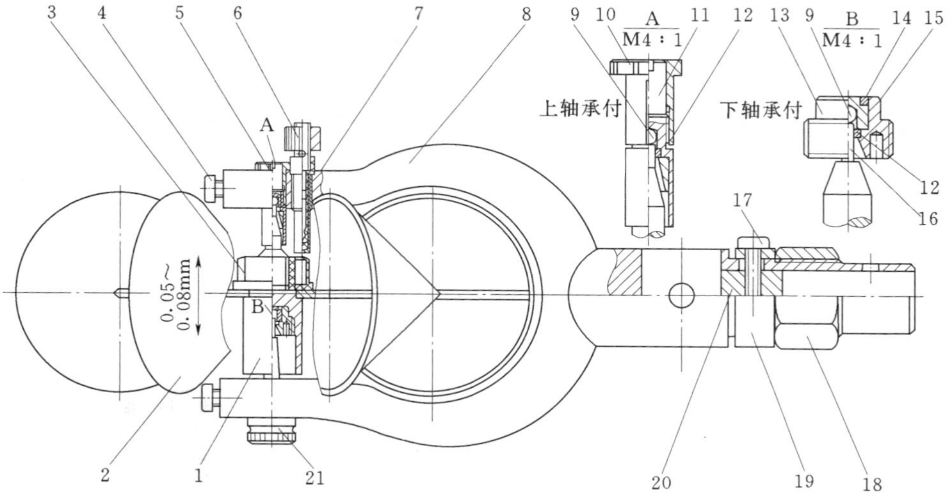

图1-3-4　旋杯式流速仪结构图

1—旋轴部件；2—杯盘支部件；3—法兰盘螺帽支件；4—M4×10圆柱头螺钉；5—上轴承支部件；6—压线螺帽；7—干簧管支部件；8—轭架；9—钢球；10—上轴承套；11—上轴承座；12—宝石轴承；13—轴承座；14—弹簧垫圈；15—下轴承；16—轴颈；17—圆柱头螺钉；18—六角螺帽；19—压圈；20—活动压块；21—轴颈支部件

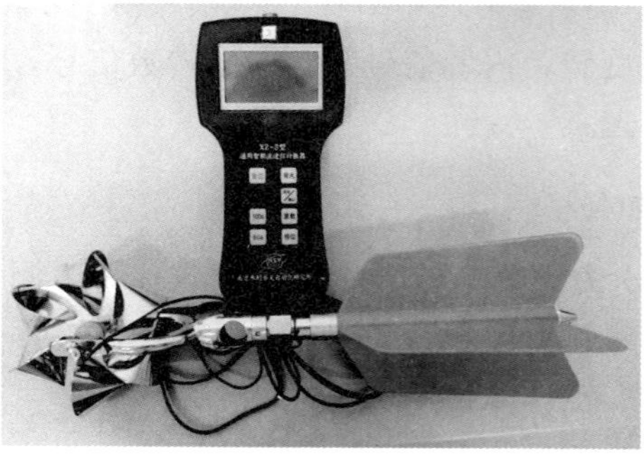

图1-3-5　旋杯式流速仪

流速测量常规通用型仪器，用以测定江河、湖泊、水库、渠道等过水断面中预定测点时段平均流速，通过测量全断面各点流速和断面积，可计算出断面流量。

水流作用到流速仪旋杯转子部件时，转子右侧杯口阻力大，左侧杯尖阻力小，此压力差形成一反时针回转力矩，推动旋杯转子旋转，其转速 n 随水流速度 V 有规律地变化，即 $V-n$ 有一定的函数关系：

$$n=N/T$$

$$V=a+bn \tag{1-3-4}$$

式中：a 为附加常数或摩阻系数；b 为桨叶水力螺距；n 为旋杯转子转速；T 为测流历时；N 为 T 时段内的总转数；V 为测流时段内平均流速，m/s。

六、LJ20－1A 型旋桨式流速仪

LJ20－1A 型旋桨式流速仪及结构图如 1－3－6、图 1－3－7 所示，为江河水文测验中流速测量常规通用型仪器，用以测定江河、湖泊、水库、渠道等过水断面中预定测点时段平均流速。

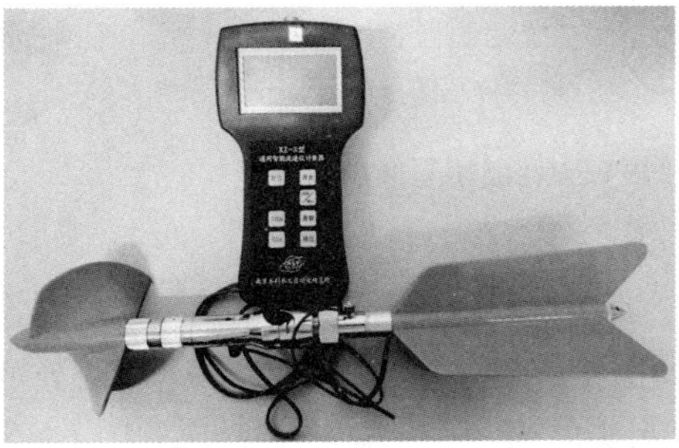

图 1－3－6 旋桨式流速仪

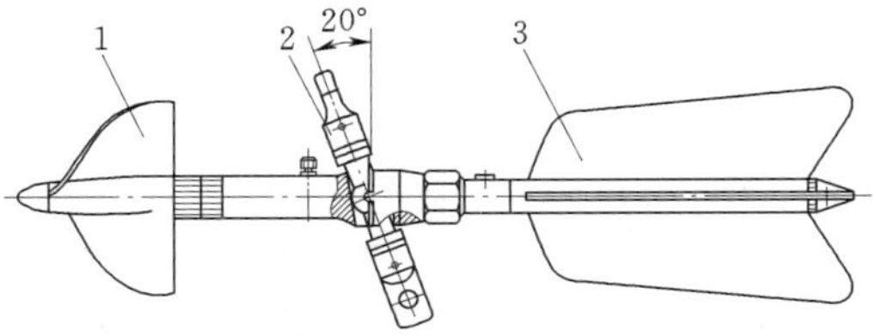

图 1－3－7 旋桨式流速仪结构

1—旋桨流速仪组件；2—悬挂转轴部件；3—尾翼部件

水流作用于旋桨使其产生旋转运动，需克服旋桨表面、形状阻力以及仪器内摩阻力，其运动过程中力的相互作用关系极其复杂，迄今尚难直接从理论上建立数学关系式，通过实验建立经验公式，函数关系近似直线，公式为

$$n=N/T$$

$$V=a+bn \tag{1-3-5}$$

式中：a 为附加常数，主要取决于仪器主机内摩阻力距 M_0；b 为水力螺距，当 M_0 值小而稳定时，主要取决于旋桨几何螺距及其结构阻力系数；n 为旋桨转速；T 测流历时；N 为 T 时段内的总转数；V 为测流时段内平均流速，m/s。

第四节 压 强 量 测

一、测压管

测压管是一根内径不小于 1cm 的直玻璃管，一端连接在要量测压强的容器壁上，另一端开口，和大气相通，如图 1－4－1 所示。如果 A 点的压强大于大气压强，测压管液面将上升，只要设置适当的标尺，测出测压管中自由液面在 A 点水平面以上的高度 h，A 点的相对压强即可求出。即

$$p_A=\rho gh \quad (\mathrm{N/m^2}) \tag{1-4-1}$$

式中：h 为压强水头或压强高度；ρ 为测压管内液体的密度。

为了提高量测较小压强值的精度，可将测压管倾斜放置，如图 1－4－2 所示，此时标尺的读数不是 h 而是 l，l 值随着倾角 α 减小而放大，因此可提高测量精度，其计算式为

$$p=\rho gl\sin\alpha \tag{1-4-2}$$

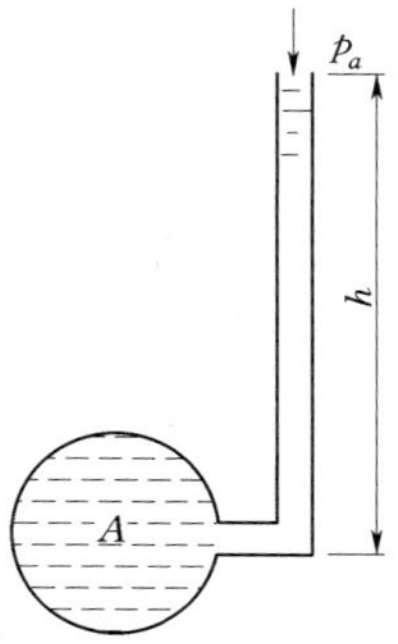

图 1-4-1　测压管垂直放置

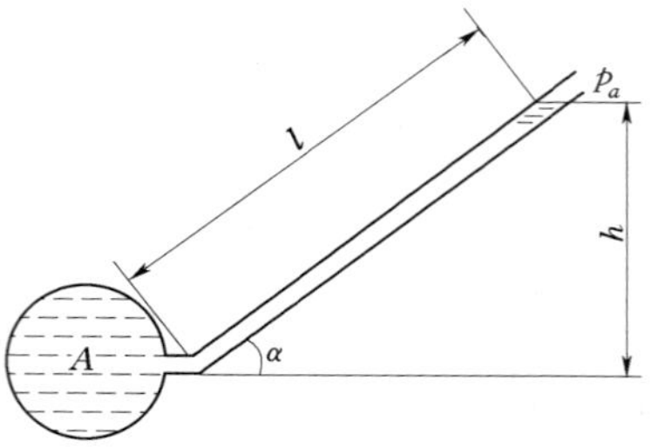

图 1-4-2　测压管倾斜放置

二、比压计

1. 水银比压计

为了测量较大的压强差，常用水银比压计。如图 1-4-3 所示，其中 A、B 两处的液体密度为 ρ，水银的密度为 ρ_m。A、B 两处的测管水头差为

$$\left(z_A+\frac{p_A}{\rho g}\right)-\left(z_B+\frac{p_B}{\rho g}\right)=\left(\frac{\rho_m-\rho}{\rho}\right)h_m$$

如果 A、B 同高，则

$$p_A-p_B=(\rho_m-\rho)gh_m \tag{1-4-3}$$

由此可见，对于同样的压差，如用水比压计，读数为 h，如采用水银比压计时，其读数为 h_m，有 $\rho gh=(\rho_m-\rho)gh_m$，$h=\frac{\rho_m-\rho}{\rho}h_m$。

即
$$h=\frac{13.6-1}{1}h_m=12.6h_m$$

比压计中所充的液体必须具备如下条件：不粘管壁、使管内液面清晰易读，与被测液体不能混合，不腐蚀管壁和所接触的物体，受温度影响极小，化学性能稳定，不易蒸发。

2. 水比压计

比压计是将两根或两根以上的测压管并排放在一起，顶部相连通并加小阀门而成。根据情况可造成 $p_0>p_a$ 或 $p_0<p_a$ 的条件。对于选定的任一基准面来说，各管的液面差就是测管水头差。如图 1-4-4 所示，就是一个接在管道上 A、B 两点间的水比压计。如 $p_0>p_a$，两根管表面压强 p_0 大于大气压 p_a 的部分所折合成的液柱高度 $(p_a-p_0)/\rho g$，对于 A、B 两点来说是相同的，因此 A 和 B 的测管水头差就是液面差 h：

$$h=\left(\frac{p_A}{\rho g}+z_A\right)-\left(\frac{p_B}{\rho g}+z_B\right)$$

当忽略空气柱的重量时，则有

$$p_A=p_0+\rho g(h+a)$$

$$p_B=p_0+\rho gb$$

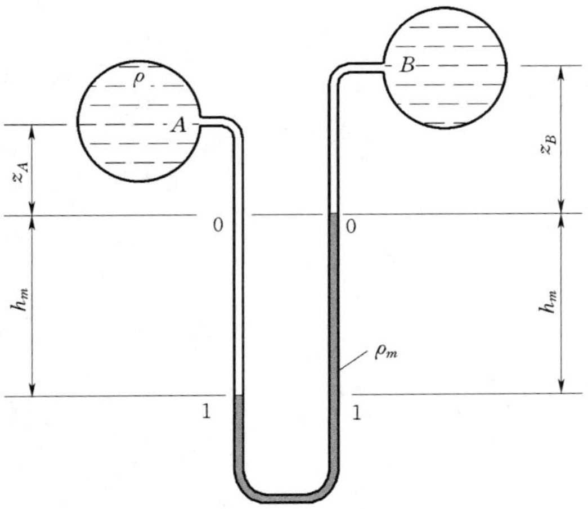

图 1-4-3 水银比压计

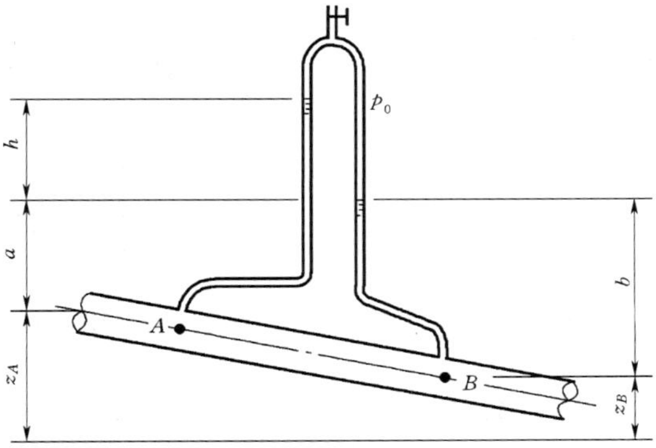

图 1-4-4 水比压计

所以

$$p_A - p_B = \rho g h - \rho g(b-a) = \rho g h - \rho g(z_A - z_B) \tag{1-4-4}$$

如果管是水平放置，也就是 A、B 位置相同，即 $z_A - z_B = 0$ 时，则测压管水头差 h 就是压强差$\left(\dfrac{p_A}{\rho g} - \dfrac{p_B}{\rho g}\right)$。

3. 微压计

在量测较小的压强时，最常用的是斜管式微压计。其工作原理如图 1-4-5 所示，结构图见 1-4-6 所示。

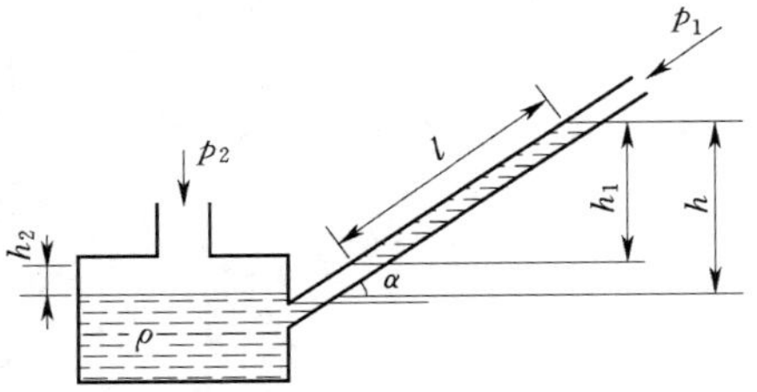

图 1-4-5 微压计工作原理示意图

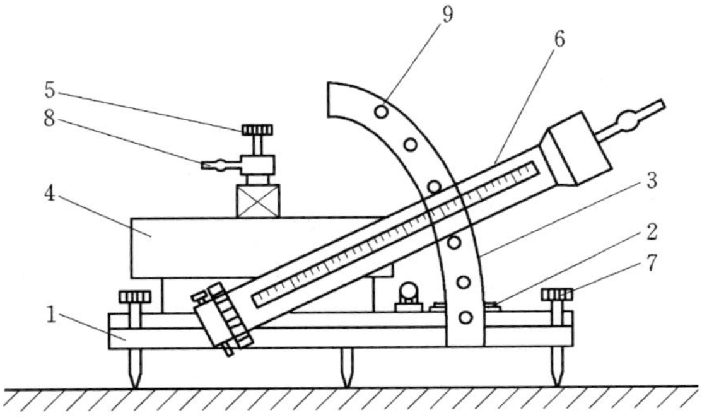

图 1-4-6 斜管式微压计结构图

1—底盘；2—水准器；3—弧形支架；4—宽广容器；5—零位调节旋钮；6—倾斜测压管；7—定位螺丝；8—多向阀门；9—倾角系数指示

$$h = h_1 + h_2$$

$$h_1 = l\sin\alpha$$

式中：l 为斜管的标尺读数；α 为斜管的倾角，不同倾角的比值系数刻在弧形支架上。

设 F_1 和 F_2 分别为倾斜测压管和宽广容器的截面积。由于液柱的变化，两容器中的

液体体积变化相等，即

$$lF_1 = h_2 F_2$$

$$h_2 = l\frac{F_1}{F_2}$$

整理后可得

$$h = l\left(\sin\alpha + \frac{F_1}{F_2}\right)$$

或

$$p = \rho g h = \rho g l\left(\sin\alpha + \frac{F_1}{F_2}\right) \tag{1-4-5}$$

式中：p 为所测压强；ρ 为工作液体的密度。

为了减少读数误差，在斜管微压计中常采用附加的光学精读装置，可使读数的绝对误差减少至 0.05mm 左右。

第二章　水力学实验

第一节　静水压强量测实验

一、实验目的和要求

(1) 通过实验加深对水静力学基本方程物理意义的理解，观察测点的位置水头、压强水头及测压管水头。

(2) 验证在静止液体中，不同点对于同一基准面的测压管水头为常数 $\left(\text{即}\ z+\dfrac{p}{\rho g}=C\right)$。

(3) 分别量测当水箱内液面压强 $p_0>p_a$、$p_0<p_a$（p_a 为大气压强）时静止液体中 A、B 两点的压强值及 p_0 的压强值，分析测压管水头的变化规律。加深对绝对压强、相对压强和真空度的理解。

(4) 测量其他液体的密度（设水的密度为已知）。

二、实验原理

在重力作用下，处于静止状态下不可压缩的均匀液体，其基本方程为

$$z_1+\frac{p_1}{\rho g}=z_2+\frac{p_2}{\rho g}=\cdots=c \tag{2-1-1}$$

式中：z 为液体相对于基准面的位置高度或称位置水头；$\dfrac{p}{\rho g}$ 为液体的压能水头或压强水头；p 为静止液体中任意点的压强；ρ 为水的密度；$z+\dfrac{p}{\rho g}$ 为测压管水头。

方程（2-1-1）水静力学基本方程的意义是：在重力作用下，同一种连通静止液体中，各点的测压管水头彼此相等。

静水压强方程也可以写成

$$p=p_0+\rho gh \tag{2-1-2}$$

式中：p_0 为作用在液体上的表面压强；h 为液面到液体中任一点的淹没深度。

方程（2-1-2）说明，在静止的液体中，任一点的静水压强 p，等于表面压强 p_0 加上该点在液面下深度 h 与液体容重 ρg 的乘积之和。如果液面上的压强 p_0 不变，则任一点的静水压强只随深度而变，即该点在液面下越深，压强越大。

如果作用在液面上的是大气压强 p_a，则式（2-1-2）可写为

$$p=p_a+\rho gh \tag{2-1-3}$$

式（2-1-3）说明当作用在液面上的压强为大气压强时，其静水压强等于大气压强 p_a 与液体的容重 ρg 和水深 h 乘积之和。这样所表示的一点压强叫绝对压强（当液面上压强不等于大气压强时以 p_0 表示）。绝对压强是以没有气体存在的绝对真空为零来计算的压

强，如果以当地大气压强为零来计算的压强称为相对压强，表示为

$$p=\rho gh \tag{2-1-4}$$

相对压强也叫表压强，所以表压强是以大气压强为基准算起的压强，它表示一点的静水压强超过大气压强的数值。

如果某点的静水压强小于大气压强，我们说“这点具有真空”。其真空压强 P_V 的大小以标准大气压强和绝对压强之差来量度，即

$$P_V=\text{大气压强}-\text{绝对压强} \tag{2-1-5}$$

当某点发生真空时，其相对压强必然为负，故把真空又称为负压，真空度也就等于相对压强的绝对值。

利用等压面和连通器原理，用测压管、U 形管分别量测密闭水箱内液面上的压强。在压差相同的情况下，不同的液体对应不同的液柱高，用这个原理可求出待测液体的密度 $\rho_{油}$。

三、实验设备

在一全透明密封有机玻璃箱内注水，并由一乳胶管将水箱与一可升降的调压筒相连，调压筒的顶部与大气连通。水箱顶部装有排气阀 K_1，另从孔口 K_2 接出管子与测压排中的三个 U 形比压计中的测压管 1、3、5 相通，U 形比压计 1－2 与水箱不连通，内装液体为油，$\rho_{油}<\rho_{水}$；U 形比压计 3－4、U 形比压计 5－6 与水箱分别在测点 A 和 B（底部）连通。从孔口 K_3 接出的管子插入另一容器中的染色水中。打开 K_1 时，水箱内液面压强为大气压强。当 K_1 关闭时，可通过升降调压筒调节水箱内液面压强，使它高于或者低于大气压强。设备如图 2－1－1 所示。

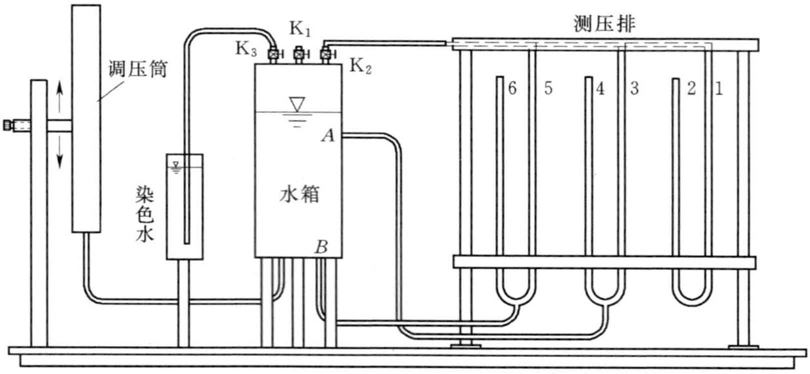

图 2－1－1 静水压强实验仪

四、实验步骤

（1）将调压筒放置在适当高度，打开水箱顶部排气阀 K_1，使水箱内的液面与大气相通，此时液面压强 $p_0=p_a$。待水面稳定后，观察各测压管水面位置，找到等压面，以验证等压面原理。

（2）关闭水箱顶部排气阀 K_1，将调压筒升至某一高度，此时水箱内液面压强 $p_0>p_a$，观察各测点 U 形比压计的压差变化，等水面稳定后，记录各测压管读数。

（3）将调压筒继续升高，再做两次实验，并测记各测压管的液面标高。

（4）打开水箱顶部排气阀 K_1，待液面稳定后再关闭（此时不要移动调压筒）。

（5）将调压筒降至某一高度，此时水箱内液面压强 $p_0 < p_a$，观察各测点 U 形比压计的压差变化，并测记各测压管的液面标高。

（6）将调压筒继续降低，再做两次实验，并测记各测压管的液面标高。

（7）打开开关 K_3，可以看到容器中的染色水被吸至一个真空高度。

五、实验数据记录

仪器编号：______

有关常数：A 点标高 $\nabla_A =$ ______ cm，B 点标高 $\nabla_B =$ ______ cm，$\rho_{水} = 1.0 \times 10^{-3}$ kg/cm^3

测压管液面标高读数记录

工况	测次	∇_1 /cm	∇_2 /cm	∇_3 /cm	∇_4 /cm	∇_5 /cm	∇_6 /cm
$p_0 > p_a$	1						
	2						
	3						
$p_0 < p_a$	1						
	2						
	3						

六、实验数据处理及结果

实　验　结　果

工况	测次	p_0 /(N/cm^2)	p_A /(N/cm^2)	p_B /(N/cm^2)	ρ /(kg/cm^3)
$p_0 > p_a$	1				
	2				
	3				
$p_0 < p_a$	1				
	2				
	3				

七、注意事项

（1）升降调压筒时，应轻拉轻放。

（2）读取测压管液面标高读数时，一定要待液面稳定后再读，并注意使视线与液面最低点处于同一水平面上。

八、思考题

（1）液面标高 $\nabla_4 - \nabla_3$ 与 $\nabla_6 - \nabla_5$ 相等吗？为什么？

（2）调压筒的升降为什么能改变水箱内液面压强 p_0？

（3）如何选取等压面？U 形比压计 1－2（装油）与 U 形比压计 3－4（装水）中位于

同一水平面上的液体测点压强是否相同？为什么？

（4）如果水箱和调压筒液面也有标尺显示，能否将U形比压计3－4和U形比压计5－6都省略？

九、讨论分析题

水箱内液面压强 p_0 的改变，基准面0－0线位置的改变，对 A、B 两点的位置水头与压强水头有什么影响？试分析讨论。

第二节　平面静水总压力量测实验

一、实验目的和要求

（1）测定矩形平面上的静水总压力。

（2）验证平面上静水总压力的计算公式。

二、实验原理

作用在任意形状平面上的静水总压力 P 的大小等于该受压平面形心 C 处的压强 P_C 与平面面积 A 的乘积。

$$P=P_CA \tag{2-2-1}$$

矩形平面上的静水总压力 P 等于压强分布体的体积 V。

$$P=V=\Omega b \tag{2-2-2}$$

式中：Ω 为矩形平面上静水压强分布图的面积；b 为矩形平面宽度。

（1）压强分布图为梯形分布，如图2－2－1所示。总压力为

$$P=\frac{1}{2}\rho g(h+H)ab \tag{2-2-3}$$

合力作用点距底边的距离为

$$e=\frac{a}{3}\frac{2h+H}{h+H} \tag{2-2-4}$$

式中：h、H 分别为梯形压强分布图上、下底边的压强水头；a、b 分别为作用面的长度和宽度。

（2）压强分布图为三角形分布，如图2－2－2所示。即 $h=0$，总压力为

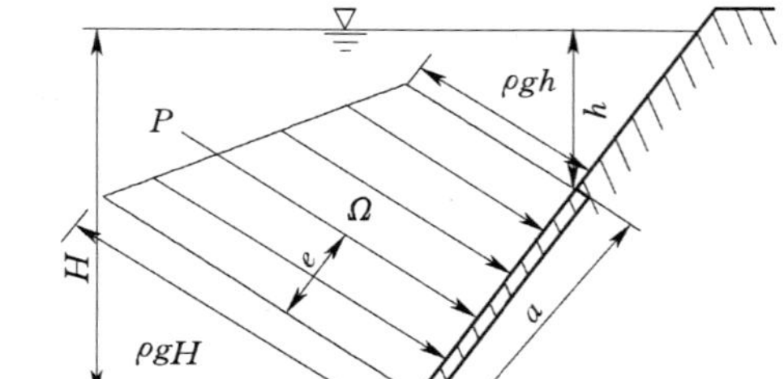

图2－2－1　梯形分布

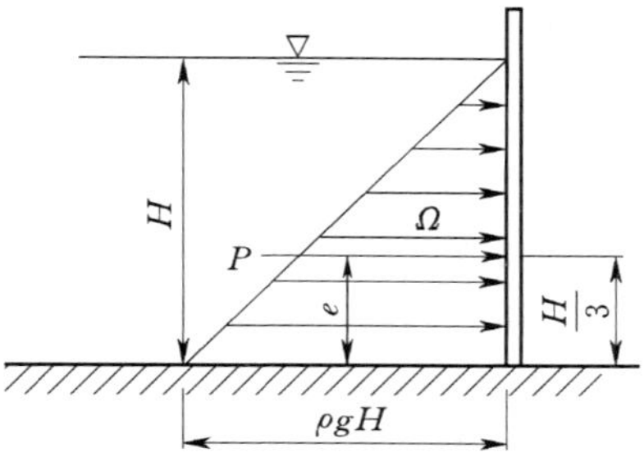

图2－2－2　三角形分布

$$P=\frac{1}{2}\rho gH^2b \tag{2-2-5}$$

合力作用点距底边的距离为

$$e=\frac{1}{3}H$$

在本实验中，由力矩平衡

$$GL_0=P_{实测}L_1$$

$$P_{实测}=\frac{M_0}{L_1} \tag{2-2-6}$$

式中：G 为砝码重量；L_0 为天平臂长；$P_{实测}$ 为实测的静水总压力；L_1 为静水总压力作用点至支点的垂直距离，$L_1=L-e$；L 为扇形体垂直距离。

又实测力矩 $M_0=GL_0=mgL_0$，m 为砝码质量。

三、实验设备

容器中放水后，扇形体浸没在水中，由于支点位于扇形体圆弧面的中心线上，除了矩形端面上的静水压力外，其他各侧面上的静水压力对支点的力矩都为零。利用天平测出力矩，可推算矩形端面上的静水总压力。实验设备如图 2-2-3 所示。

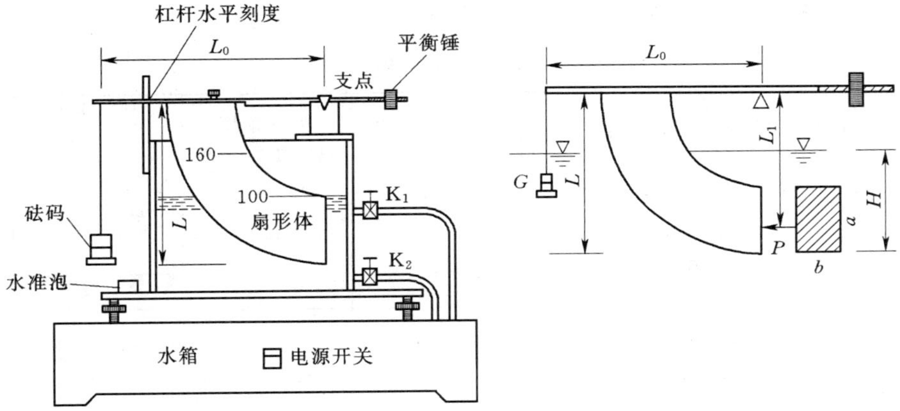

图 2-2-3　平面静水总压力实验仪

四、实验步骤

（1）熟悉仪器，记录有关常数。

（2）旋转底脚螺丝调平仪器，使水准泡居中。

（3）调节平衡锤使杠杆处于水平状态，此时扇形体的矩形断面处于铅垂位置。

（4）打开进水阀门 K_1，放水进入水箱，待水流上升到一定高度，关闭 K_1。

（5）加砝码到水平盘上，使杠杆恢复到水平状态，否则再加水或者放水直至杠杆平衡为止。

（6）测记砝码质量 m，记录水位的刻度数。

（7）计算受力面积、静水总压力作用点至底部距离 e 及作用点至支点的垂直距离 L_1。

（8）根据力矩平衡公式，求出静水总压力 $P_{实测}$。

（9）水位读数在 100mm 以下（三角形压强分布）进行三次实验，100mm 以上（梯形压强分布）进行三次实验，共进行六次实验。

五、实验数据记录

仪器编号：______

有关常数：天平臂长 L_0=________cm，扇形体垂直距离 L=________cm，扇形体宽 b=________cm，矩形端面高 a=______cm，$\rho=1.0\times10^{-3}\text{kg/cm}^3$

测量记录表格

压强分布形式	测次	水位读数 H /cm	水位读数/cm $h=\begin{cases}0 & H<a\\ H-a & H\geqslant a\end{cases}$	砝码质量 m /g
三角形分布	1			
	2			
	3			
梯形分布	1			
	2			
	3			

六、实验数据处理及结果

实验结果

压强分布形式	测次	作用点距底部距离 e/cm $e=\frac{H-h}{3}\frac{2h+H}{h+H}$	作用力距支点垂直距离 L_1/cm $L_1=L-e$	实测力矩 M_0/(N·cm) $M_0=mgL_0$	实测静水总压力 $P_{实测}$/N $P_{实测}=\frac{M_0}{L_1}$	理论静水总压力 $P_{理论}$/N $P_{理论}=\frac{1}{2}\rho g(H^2-h^2)b$	相对值 $\frac{P_{实测}}{P_{理论}}$
三角形分布	1						
	2						
	3						
梯形分布	1						
	2						
	3						

七、注意事项

(1) 测读砝码时，仔细观察砝码所注克数。

(2) 加水或者放水时，仔细观察杠杆所处的状态。

八、思考题

(1) 注水深度在 100mm 以下时，作用在矩形平面上的压强分布图是什么形状？影响本实验精度的因素是什么？

(2) 试问作用在液面下矩形平面图形上绝对压强的压力中心和相对压强的压力中心哪个在液面下更深的地方？为什么？

九、讨论分析题

(1) 在该实验中，为了准确测量矩形平面上的静水总压力，实验设备中采用了扇形体（即 1/4 圆弧体）的精妙设计。若不采用扇形体设计，通过何种设计能够实现相同的测量要求。试研究分析。

（2）在利用力矩平衡原理计算扇形体矩形平面上所受实际静水总压力时，是否需要考虑扇形体所受浮力这一因素？试分析原因。

第三节　文丘里流量计率定实验

一、实验目的和要求

（1）了解文丘里流量计的构造、原理及使用方法。

（2）利用量测到的文丘里管收缩前后两断面 1－1 和断面 2－2 的测压管水头差 Δh。根据理论公式计算管道流量，并与实测流量进行比较，从而对理论流量做出修正，得到文丘里流量计的流量系数 μ。

（3）绘制流量和压差的关系曲线 $Q-\Delta H$。

二、实验原理

（1）文丘里流量计是一种测量管道流量的仪器，属压差式流量计。它由收缩段、喉管、扩散段三部分组成。安装在需要测定流量的管道上。入口圆锥管段 $\alpha_1=21°\pm1°$，出口圆锥管段 $\alpha_2=7°\sim15°$。喉道长度与喉道直径相同。在喉道部和上游收缩段前 $D/2$ 的圆管段设测压孔。

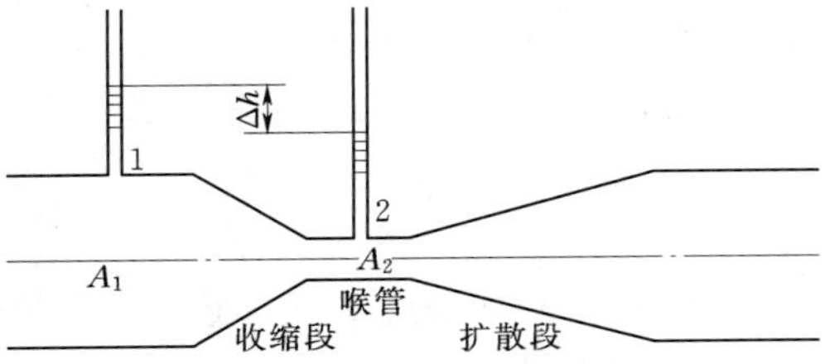

图 2－3－1　文丘里流量计结构图

在收缩段进口断面 1－1 和喉道断面 2－2 上设测压孔，并接上比压计。通过量测两个断面的测压管水头差 Δh，就可以计算出管道的理论流量 $Q_{理论}$，再经修正就可得到实际流量 $Q_{实际}$。结构如图 2－3－1 所示。

（2）当流体通过文丘里管时，由于收缩段前后断面不同而产生压差。通过的流量不同，其压差的大小也不同。因此，可以根据压差的大小来计算流量。对图 2－3－1 中的文丘里流量计收缩前 1－1 断面和收缩后 2－2 断面列能量方程（不计损失，$\alpha_1=\alpha_2=1.0$）。

$$z_1+\frac{p_1}{\rho g}+\frac{\alpha_1 v_1^2}{2g}=z_2+\frac{p_2}{\rho g}+\frac{\alpha_2 v_2^2}{2g} \qquad (2-3-1)$$

由上式得

$$\Delta h=\left(z_1+\frac{p_1}{\rho g}\right)-\left(z_2+\frac{p_2}{\rho g}\right)=\frac{\alpha_2 v_2^2}{2g}-\frac{\alpha_1 v_1^2}{2g} \qquad (2-3-2)$$

两断面测压管水头差为　$\Delta h=\left(z_1+\frac{p_1}{\rho g}\right)-\left(z_2+\frac{p_2}{\rho g}\right)$

式中：z_1、z_2、$p_1/\rho g$、$p_2/\rho g$、$\alpha_1 v_1^2/2g$、$\alpha_2 v_2^2/2g$ 分别为断面 1－1 和断面 2－2 的位置水头、压强水头和流速水头；Δh 为断面 1－1 和断面 2－2 的测压管水头差。

由恒定总流连续性方程　$v_1 A_1=v_2 A_2$

得

$$v_1=\frac{A_2}{A_1}v_2,\text{即}\frac{v_1}{v_2}=\left(\frac{d_2}{d_1}\right)^2 \qquad (2-3-3)$$

式中：A_1、A_2 分别为管道和文丘里流量计喉道断面的面积；d_1、d_2 分别为文丘里流量计管道和喉道断面的直径。

将式（2－3－3）代入式（2－3－2）解得

$$v_2=\frac{1}{\sqrt{1-\left(\frac{d_2}{d_1}\right)^4}}\sqrt{2g\Delta h}$$

得到理论流量为

$$Q_{理论}=\frac{\pi d_1^2 d_2^2}{4}\sqrt{\frac{2g(h_1-h_2)}{d_1^4-d_2^4}} \tag{2-3-4}$$

令

$$k=\frac{\pi d_1^2 d_2^2}{4}\frac{\sqrt{2g}}{\sqrt{d_1^4-d_2^4}}$$

$$\Delta h=h_1-h_2$$

则

$$Q_{理论}=K\sqrt{\Delta h} \tag{2-3-5}$$

考虑到实际液体总会有能量损失的存在，通过的实际流量 $Q_{实际}<Q_{理论}$。引入流量系数 μ 对计算所得的理论流量值进行修正。其中 $\mu<1.0$。

$$\mu=\frac{Q_{实际}}{Q_{理论}}=\frac{Q_{实际}}{K\sqrt{\Delta h}} \tag{2-3-6}$$

即在 $Q_{理论}=K\sqrt{\Delta h}$ 式上必须乘上流量系数 μ，得到实际液体流量公式

$$Q_{实际}=\mu Q_{理论}=\mu K\sqrt{\Delta h} \tag{2-3-7}$$

一般 $\mu=0.92-0.99$。

三、实验设备

为了保证恒定的实验水头和提高实验精度，水力学实验室常采用水流自循环恒定管道系统。它利用水泵将储水箱中的水抽至实验用水箱，实验用水箱中设置溢流槽以保证水头恒定；通过供水管路供水至实验设备，实验后水经量水箱和回水管路流回储水箱。如图2－3－2所示。自循环恒定管道系统主要由动力抽水设备即水泵、储水箱、实验用水箱、供水管路、量水箱和回水管路等六部分组成。

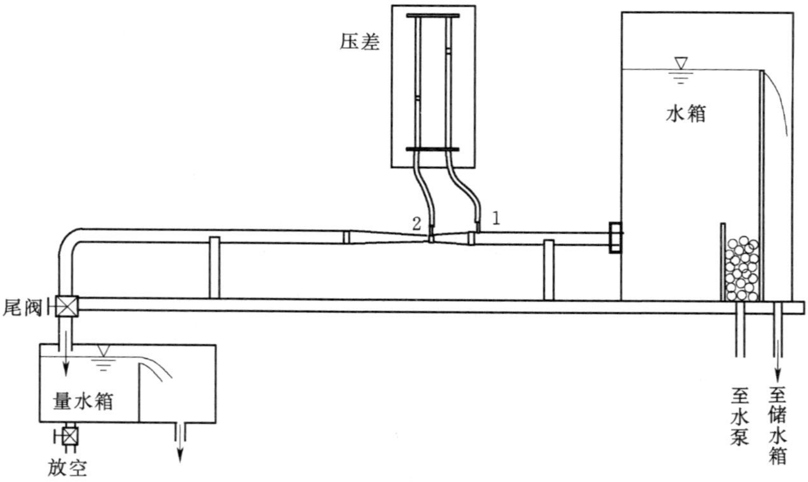

图2－3－2 文丘里管流量计实验仪

在自循环恒定管道上串联文丘里流量计。分别在文丘里流量计的收缩段进口断面和喉道断面上设测压孔，并接上测压管，用于量测断面的测压管水头差。

四、实验步骤

（1）启动水泵，打开进水开关，给水箱充水，并保持溢流状态，使水位恒定。

（2）检查下游阀门全关时，测压管水面是否处于同一水平面上，如不平，则需排气调平。

（3）实验要求改变几次流量，由大流量到小流量。先开启尾阀，使测压管上出现最大的压差，待水流恒定后，再进行量测，并将数据记录到表中相应位置。

（4）依次减小流量，待水流稳定后，按序记录数据。

（5）现实验设备配备了计算机数字采集系统，可直接在计算机上读出流量 Q 和测压管水头差 Δh。

五、实验数据记录

仪器编号：______

有关常数：量水箱断面积 $A=$______ cm^2，管径 $d_1=$______ cm，管径 $d_2=$______ cm

测量记录表格

测次	测压管读数			量水箱高度 /cm	量水体积 V/cm^3	量水时间 T/s	实际流量 $Q_实$ $/(cm^3/s)$ $Q_实=V/T$
	h_1/cm	h_2/cm	$\Delta h/cm$				
1							
2							
3							
4							
5							
6							
7							
8							

六、实验数据处理及结果

实　验　结　果

测次	$\Delta h/cm$	实际流量 $Q_实/(cm^3/s)$ $Q_实=V/T$	理论流量 $Q_理/(cm^3/s)$ $Q_理=K\sqrt{\Delta h}$	流量系数 $\mu=Q_实/Q_理$
1				
2				
3				
4				
5				
6				
7				
8				

七、注意事项

（1）测量压差、控制尾阀、测量流量的同学需要相互配合。

（2）实验时必须在水流稳定后方可读取数据。

八、思考题

（1）文丘里流量计的轴线可否非水平放置？为什么？

（2）安装文丘里管时，如果将上下游倒置，对结果会有什么影响？

（3）假如通过文丘里流量计的流体是理想液体，当流量不变时，压差 Δh 比通过实际液体时的压差大了还是小了？

（4）如果比压计中的液体密度为已知 $\rho_{液}$（$\rho_{液} \neq \rho_{水}$），怎样把实测的比压计压差值 $\Delta h_{液}$ 换算成为相应于水柱的测管水头差 $\Delta h_{水}$？

九、讨论分析题

（1）在该实验中，不断改变实验流量，通过率定得到的文丘里管的流量系数会随流量的改变发生怎样的变化？试通过雷诺数的概念进行分析。

（2）在通过文丘里管计量管中理论流量时，忽略了文丘里管中的水头损失，如果考虑该损失应如何分析？考虑该损失后，计算出的 $Q'_{理}$ 与 $Q_{理}$ 相比是大了还是小了？

第四节　孔板流量计流量系数实验

一、实验目的和要求

（1）了解孔板流量计的构造、测流原理和使用方法。

（2）掌握孔板流量计流量系数的测定方法。

二、实验原理

孔板流量计与文丘里流量计一样，也是一种管道流量测量仪器。它由上下游管道、孔板三部分组成。孔板是一块中间有圆孔的薄板，圆孔的直径比管径小，如图 2-4-1 所示。孔板流量计的水流流态如图 2-4-2 所示，由图中可以看出，在孔板截面前液体已开始收缩，流经孔板后液体并不立即扩散而是继续收缩，流经一小段距离后才开始扩散，最后扩散到整个管道截面。由于液流在孔板前后变化较大，因而在孔板前后产生涡流区和较大的压差。

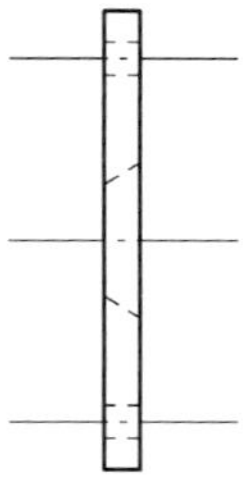

图 2-4-1　孔板流量计的构造

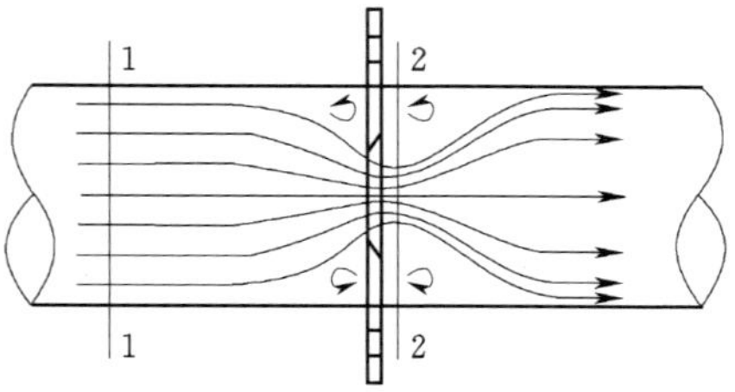

图 2-4-2　孔板流量计的水流流态

对孔板流量计如图 2-4-3 所示，在孔板前后断面 1-1、断面 2-2 设静压孔，测量这两个断面的测压管水头差 Δh，可求得管道的理论流量，再经修正得到实际流量。

设管道的面积为 A_1，水流流速为 v_1，孔口的面积为 A，流速为 v，孔口后收缩断面2－2的面积为 A_2，此处的流速为 v_2。取孔板前液体尚未受到孔板影响的断面1－1和孔板后水流的收缩断面2－2列能量方程，暂不考虑水头损失（不计损失，$\alpha_1=\alpha_2=1.0$）。

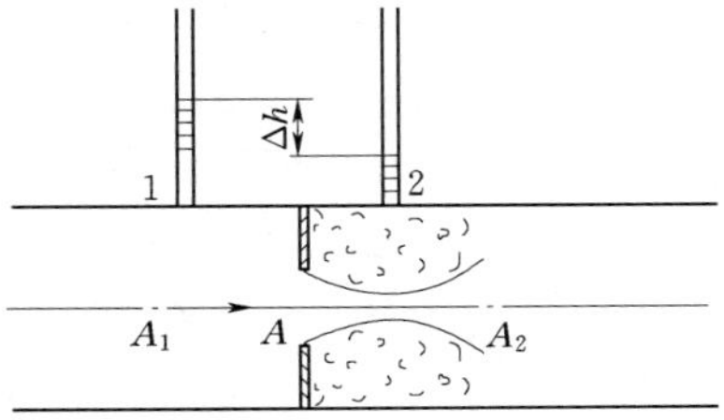

图2－4－3　孔板流量计原理图

$$z_1+\frac{p_1}{\rho g}+\frac{v_1^2}{2g}=z_2+\frac{p_2}{\rho g}+\frac{v_2^2}{2g} \qquad (2-4-1)$$

断面1－1与断面2－2的测压管水头差为

$$\Delta h=\left(z_1+\frac{p_1}{\rho g}\right)-\left(z_2+\frac{p_2}{\rho g}\right)$$

应用连续性方程

$$v_1A_1=v_2A_2 \qquad (2-4-2)$$

得

$$v_2=\sqrt{\frac{2g\Delta h}{1-\left(\frac{A_2}{A_1}\right)^2}}=K\sqrt{\Delta h}$$

$$Q=v_2A_2=\varepsilon v_2A_{孔}=\varepsilon A_{孔}\sqrt{\frac{2g\Delta h}{1-\left(\frac{\varepsilon A_{孔}}{A_1}\right)^2}}=KA_{孔}\sqrt{\Delta h} \qquad (2-4-3)$$

式中：ε 为断面收缩系数，$\varepsilon=A_2/A$。

引入流量系数 μ 后实际流量为

$$Q_{实}=\mu Q_{理}=\mu KA_{孔}\sqrt{\Delta h} \qquad (2-4-4)$$

三、实验设备

孔板流量计的实验装置与仪器如图2－4－4所示。实验装置为供水箱、水泵、上下管、进水阀、出水阀、接水槽。在实验管道上串联文丘里、孔板流量计，分别在文丘里流量计收缩段前后断面，孔板流量计孔板的前后断面开设测压孔，接测压管测量压差 Δh，流量由体积法测得。

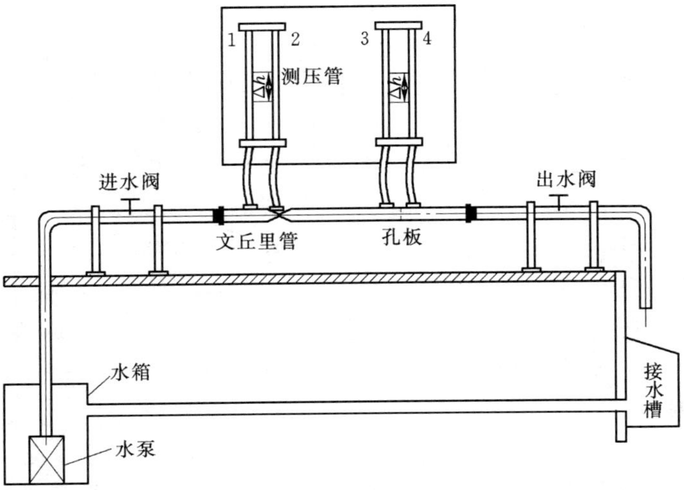

图2－4－4　文丘里、孔板流量计实验仪

孔板流量计的管道条件为上游直管段长度 $L_1 \geqslant 10D$，下游直管段 $L_2 \geqslant 4D$，除此之外，如果孔板流量计所在的管道上装有其他局部阻力件，这些局部阻力件距孔板流量计的距离也有一定的要求。孔板流量计的优点是构造简单，制作方便，缺点是阻力及水头损失较大。

四、实验步骤

（1）熟悉管道水流实验装置和流体构件的组成。

（2）打开水泵和实验装置固定部分的进水阀门和出水阀门，使管中充满水，将管道中的空气排出。

（3）关闭出水阀门，打开测压排上的排气阀门，将测压管中的空气排出，并检查空气是否排完。

（4）打开出水阀门，关闭进水阀门，将排气管提起，在测压排上选择一适当的测压管水位高度，这时观测测压管水面应在同一个高度上。

（5）这时打开进水阀门，待水流稳定后，读出测压排上各测点测压管水头值。

（6）用体积法测出管道中的流量。调节进水阀，使流量逐渐减小或增大。

五、实验数据记录

仪器编号：______

有关常数：孔板直径 $d=$______ cm，管道管径 $d_1=$______ cm

量测记录表格

测次	测压管读数			量水体积 V/cm^3	量水时间 T/s	实际流量 $Q_{实}$ /(cm³/s) $Q_{实}=V/T$
	h_1/cm	h_2/cm	Δh/cm			
1						
2						
3						
4						
5						

六、实验数据处理及结果

实验结果

测次	Δh/cm	实际流量 $Q_{实}/(cm^3/s)$ $Q_{实}=V/T$	理论流量 $Q_{理}/(cm^3/s)$ $Q_{理}=K\sqrt{\Delta h}$	流量系数 $\mu=Q_{实}/Q_{理}$
1				
2				
3				
4				
5				

七、注意事项

（1）每次改变流量，必须在水流稳定后方可测读数据，否则影响测量精度。

（2）每次用体积法测流量，量筒里的水要倒进接水槽，以免循环用水不够。

八、思考题

(1) 孔板流量计的实际流量与理论流量为什么会有差别，这些差别是由哪些因素造成的？

(2) 孔板流量计的流量系数为什么小于1.0？

九、讨论分析题

孔板流量计的流量系数是否与雷诺数有关？通常给出一个固定的流量计流量系数应该怎样解释？

第五节　流线与流谱演示实验

一、实验目的和要求

(1) 应用流动显示仪演示不同边界条件下的水流运动形态，以增强对流体运动特性的认识。

(2) 应用流动显示仪演示水流绕流不同形状物体的尾流涡街现象及非自由射流现象等，增强对这些现象的感性认识。

二、实验原理

流线是某一瞬时在流场中绘出的曲线，在此曲线上所有液体质点的速度矢量都和该曲线相切。

流线具有如下特性：一般来说流线是不能相交的，因为在某一时刻一个液体质点只能有一个运动方向，如果两根流线相交于某点，则处在该点的质点同时有两个运动方向，这显然是不能成立的。流线不能突然转折，它只能是光滑的曲线或直线。恒定流时，由于速度的量值和方向均不随时间变化，因此，流线在空间的位置不变，即流线形状保持不变。非恒定流时，由于速度随时间而变化，通常流线的形状也随时间变化。

流线的形状与固体边界的形状有关。在边界较平顺的地方流线比较平顺，而在边界形状急剧变化的地方，由于质点的惯性，边界附近的质点不能沿着边界急剧变化，因此流线往往与边界分离，在主流与边界之间形成漩涡区。

流线分布的疏密程度与过流面积大小有关。过流面积小的地方流速大、流线密，过流面积大的地方流速小、流线疏。

三、实验设备

流线和流谱可以形象地显示各种水流形态及水流内部质点运动的特性，通过各种演示设备可以演示出流线和流谱。本实验采用水中掺有气泡的流动显示仪，流动图像可以形象地显示出分离、尾流、漩涡等多种流动形态及其水流内部质点运动的特性。如图2-5-1所示，为流动显示仪的示意图。该仪器由有机玻璃制成，通过在水流中掺气的方法，演示出不同边界条件下的多种水流现象，并显示相应的流谱。整个实验仪器由四个单元组成，每个单元都是一套独立的装置。

四、实验步骤

1. 接通电源

2. 演示内容

(1) Ⅰ型：显示逐渐扩散、突然收缩、突然扩大、顶部突然缩小和直角弯道等管道纵剖面上的流谱图像。

1) 在逐渐扩散段可以看到边界层分离而产生明显的漩涡。

2) 在突然收缩段仅在拐角处出现小漩涡，在突然扩大段出现强烈的漩涡区。

3) 在直角转弯区段，流线弯曲，越靠近弯道内侧流速越小，由于流道很不顺畅，回流区范围较广。

(2) Ⅱ型：显示逐渐扩散、突然收缩、突然扩大、顶部突然缩小和直角弯道等管道纵剖面上的流谱图像，但是与Ⅰ型不同的是突然缩小断面内侧拐角为圆弧拐角，而不是Ⅰ型的直角拐角。

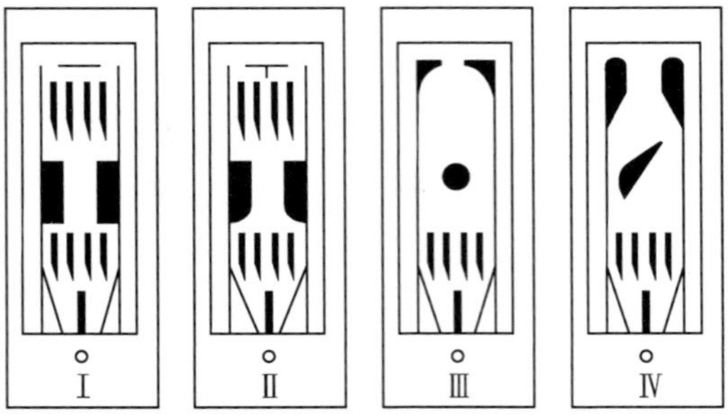

图 2-5-1 流动显示仪

1) 在逐渐扩散段可以看到边界层分离而产生明显的漩涡。

2) 在突然收缩段可以看到圆弧拐角处流线较顺畅通过，在突然扩大段出现强烈的漩涡区。

3) 在直角转弯区段，流线弯曲，越靠近弯道内侧流速越小，由于流道很不顺畅，回流区范围较广。

(3) Ⅲ型：显示圆柱绕流等的流谱。该单元装置能十分清晰地显示出流体在驻点处的停滞现象、边界层分离状况、卡门涡街的图像、顶部圆弧形逐渐收缩流线和直角弯道等管道纵剖面上的流谱图像。

1) 驻点：观察流经圆柱前端驻点处的小气泡运动特性，可了解流速与压强沿圆柱周边的变化情况。

2) 边界层分离：流谱显示了圆柱绕流边界层分离现象，可观察边界层分离点的位置及分离后的回流形态。

3) 卡门涡街：圆柱的轴与来流方向垂直，在圆柱的两个对称点上产生边界层分离，然后在圆柱下游两侧产生旋转方向相反的漩涡，并流向下游，称为卡门涡街。

4) 在圆弧形逐渐收缩段流线均匀收缩，无漩涡产生。

(4) Ⅳ型：显示机翼剖面模型绕流等的流谱。该单元装置可以不断改变机翼剖面模型的迎流方向，从而清晰地显示出不同迎流方向下机翼剖面模型上下表面流线的通过图像、流体在驻点处的停滞现象、边界层分离状况及顶部圆形弯道段的图像。

1) 驻点：观察流经机翼剖面模型前端驻点处的小气泡运动特性，可了解流速与压强沿机翼剖面模型周边的变化情况。

2) 边界层分离：流谱显示了机翼剖面模型绕流边界层分离现象，可观察边界层分离点的位置及分离后的回流形态，在机翼剖面模型处于不同迎流方向时，边界层的分离点位置不同，当尖角迎流时，则边界层的分离就从尖角开始；当曲线迎流时，由于流线形状，则分离点的位置将推后。当水流通过机翼时，在机翼的凸面，流线较顺畅，在机翼的凹面，主流与壁面之间形成一回流区。在机翼的尾部发生边界层的分离，形成尾流区。

3）顶部圆形弯道段，流线较顺畅，与Ⅲ型直角弯道相比，漩涡发生较少。

五、实验结果

（1）根据演示结果分析各单元的流谱特性。

（2）在实验各单元显示的流谱中，有的部位产生了分离、漩涡，解释这些现象发生的原因，试通过边界层基本概念分析原因。

六、思考题

（1）通过观察各单元的流谱特性，说明漩涡区与水流能量损失的关系，同时获得对各种水流条件下能量损失的感性认识。

（2）空化现象为什么常发生在漩涡区中？请指出演示设备中的急变流区。

（3）卡门涡街具有什么特性？其对绕流物体有怎样的影响？

第六节　恒定总流能量方程验证实验

一、实验目的和要求

（1）观察恒定流条件下，通过管道水流的位置势能、压强势能和动能的沿程转化规律，加深理解能量方程的物理意义及几何意义。

（2）考察均匀流、渐变流与急变流水流特征及断面压强分布规律方面的差别，明确恒定总流能量方程的运用条件。

（3）根据量测数据绘出测压管水头线和总水头线。

二、实验原理

（1）水流运动遵守能量守恒及能量转化规律，如图 2－6－1 所示。实际液体在有压管道中作恒定流动时，其能量方程如下

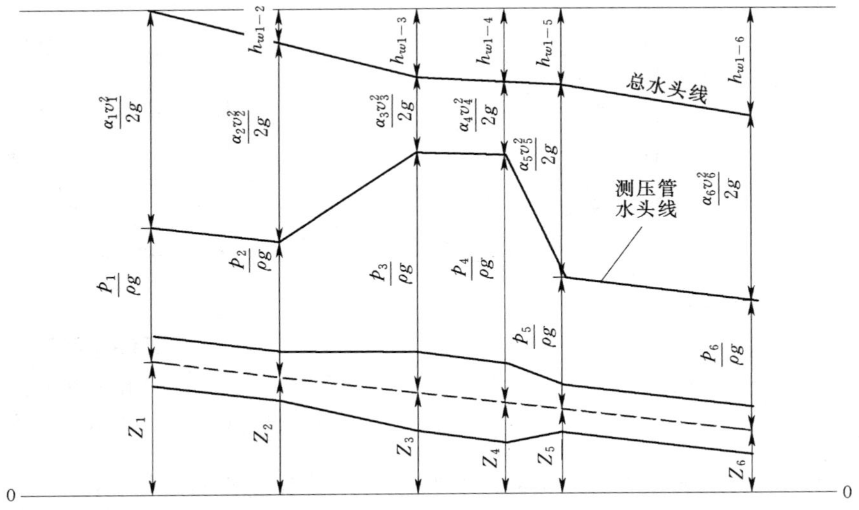

图 2－6－1　能量守恒与转换

$$z_1+\frac{p_1}{\rho g}+\frac{\alpha_1 v_1^2}{2g}=z_2+\frac{p_2}{\rho g}+\frac{\alpha_2 v_2^2}{2g}+h_{w1-2} \qquad (2-6-1)$$

式（2-6-1）表明能量方程物理意义是单位重量的液体在流动过程中所具有的各种机械能（单位位能、单位压能和单位动能）是可以相互转化的。但由于实际液体存在黏性，液体运动时为克服阻力要消耗一定的能量，也就是一部分机械能转化为热能而逸散，即水头损失，因而各断面的机械能沿程减小。几何意义是总流各过水断面上平均总水头沿流程下降，所下降的高度即为平均水头损失，表示了各项水头之间可以互相转化的关系。平均总水头线沿流程下降，平均测压管水头线沿流程可以上升，也可以下降。

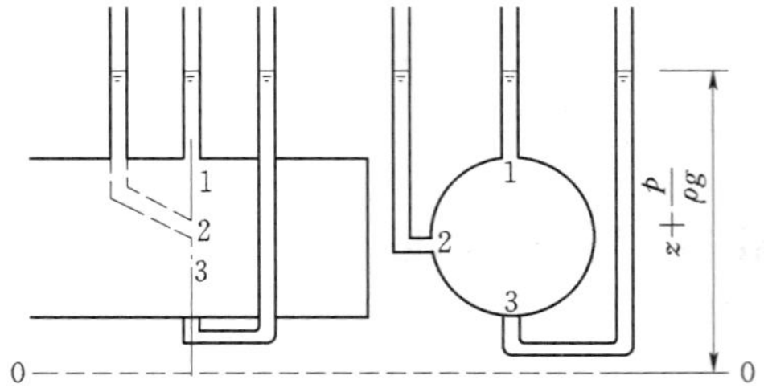

图 2-6-2　均匀流断面测压管分布

其中，z 为位置水头；$\frac{p}{\rho g}$为压强水头；$\frac{\alpha v^2}{2g}$为流速水头；h_{w1-2}为断面 1-1 到断面 2-2 之间的水头损失；α 为动能修正系数。

（2）均匀流及渐变流断面压强分布符合静水压强分布规律，如图 2-6-2 所示。在渐变流的过水断面上，惯性力的分量为零，质量力与压差力的分量在此平面上互相平衡，所以渐变流的过水断面上测压管水头为常数。

$$z_1+\frac{p_1}{\rho g}=z_2+\frac{p_2}{\rho g}=C(\text{常数})\text{或 } p=p_0+\rho g h$$

（3）在急变流段中，因惯性力在过水断面上有分量，它也参与了质量力与压差力的平衡，所以过水断面上测压管水头为常数的结论不成立。对于流线是曲线的弯段急变流情况，因离心力的存在，造成断面上测压管水头的分布规律如图 2-6-3 所示。

（4）毕托管是利用测压管和总压管测得总水头和测压管水头之差即为流速水头，而得到流场中某点的流速。原理图如 2-6-4 所示。

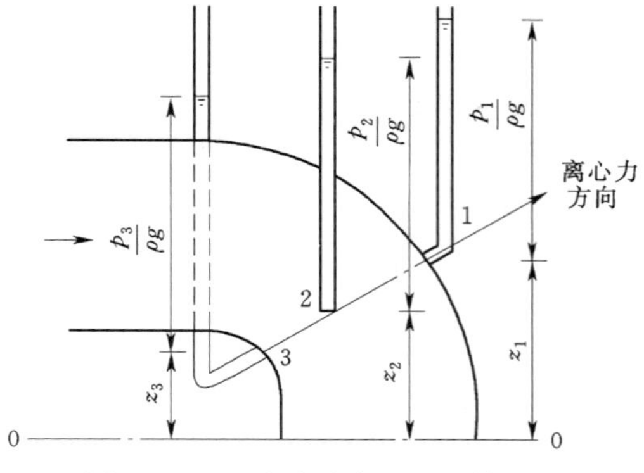

图 2-6-3　急变流断面测压管分布

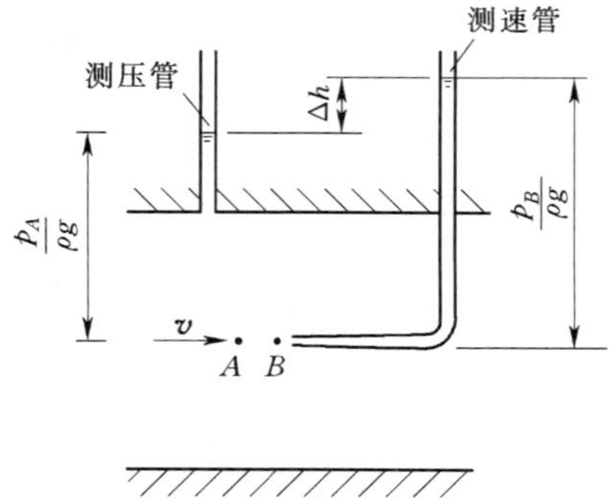

图 2-6-4　毕托管原理图

三、实验设备

在自循环恒定管道流上串联变截面圆管和弯管，实验装置如图 2-6-5 所示。在 A、B、C 三个断面上的不同位置各接出三个测压管，在断面 1～10 上各设一个毕托管，其中的测压管接在管壁上，总压管迎着来流方向放置在管轴处。管中流速可用尾阀来调节，设置专用量水箱进行流量的量测。

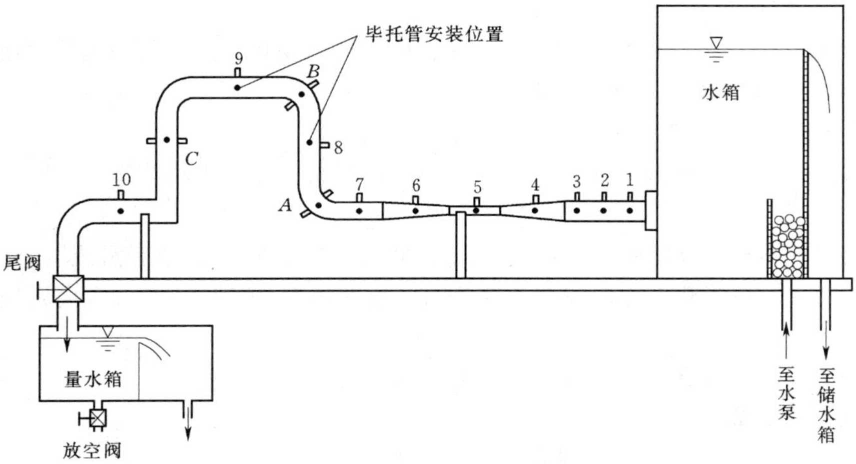

图 2-6-5　能量方程实验仪

四、实验步骤

（1）启动水泵，打开进水开关，给水箱充水，并保持溢流状态，使水位恒定。

（2）检查尾阀全关时，各个测压管的液面是否处于同一水平面上，否则需排气调平。

（3）核对设备编号。记录有关常数。

（4）打开尾阀，待水流稳定后，再进行数据的量测，并记录到数据记录表的相应位置。观察均匀流断面 C 和急变流断面 A、B 上的压强分布规律。

（5）改变尾阀开度，待水流稳定后，重复上述步骤，并按序记录数据。

（6）本实验要求做三个流量。

五、实验数据记录

仪器编号：______

有关常数：量水箱断面积 $A=$______ cm^2，$d_3=$______ cm，$d_5=$______ cm

测压管液面高程和量水体积 V、时间 T 测量记录表

测次	∇_1 /cm	∇_2 /cm	∇_3 /cm	∇_4 /cm	∇_5 /cm	∇_6 /cm	∇_7 /cm	∇_8 /cm	∇_9 /cm	∇_{10} /cm	V /cm^3	T /s
1												
2												
3												

总压管液面高程测量记录表格

测次	∇'_1 /cm	∇'_2 /cm	∇'_3 /cm	∇'_4 /cm	∇'_5 /cm	∇'_6 /cm	∇'_7 /cm	∇'_8 /cm	∇'_9 /cm	∇'_{10} /cm	V /cm^3	T /s
1												
2												
3												

六、实验数据处理及结果

（1）绘制测压管水头线和总水头线。

（2）计算断面3、断面5的平均流速和毕托管测点流速。

七、注意事项

（1）尾阀开启一定要缓慢，并注意测压管中水位的变化，不要使测压管水面下降太多以免空气倒吸入管路系统，影响实验进行。

（2）尾阀开启后一定要待流量稳定后才能读数。

（3）流速较大时，测压管水面有波动现象，读数时一律取平均值。

八、思考题

（1）在使用恒定总流能量方程时，应将上游断面和下游断面选择在何种流段中？为什么？

（2）为什么测压管开口方向应与流速垂直，而总压管（测速管）开口方向则应迎着流速方向？

（3）测压管水头线和总水头线变化趋势有何不同？为什么？

九、讨论分析题

（1）流量增加，测压管水头线有何变化？为什么？

（2）在该实验中，不断改变管中流量进行测量，当尾阀开度较大致使管道流量较大时，会出现5号测压管与管壁接口处涌出大量气泡的现象。试分析讨论出现该现象的原因。

第七节　恒定总流动量方程验证实验

一、实验目的和要求

（1）实测射流对平面板或者曲面板施加的作用力，并与由理论公式计算出的作用力相比较，验证恒定总流动量方程。

（2）学习用天平测力和用体积法测流量的实验技能。

二、实验原理

（1）对恒定总流运用动量守恒原理，可以得到动量方程

$$\rho Q(\alpha_{02}v_2-\alpha_{01}v_1)=\sum F \tag{2-7-1}$$

式中：ρ为水的密度；Q为水的体积流量；v_1与v_2分别为所隔离体的入流和出流两个断面的平均流速；$\sum F$为作用在该隔离体上所有外力的向量和，其中的α_0为动量修正系数（对一般渐变流动，通常取1.0）。

公式（2-7-1）表明总流中，过流断面上游断面1-1和下游断面2-2之间控制体内流体所受外力之矢量和等于单位时间经两断面流出控制体的动量，过流断面如图2-7-1所示。利用动量方程可以求出所需的作用力。包括边界对流体的作用力或者其反作用力。

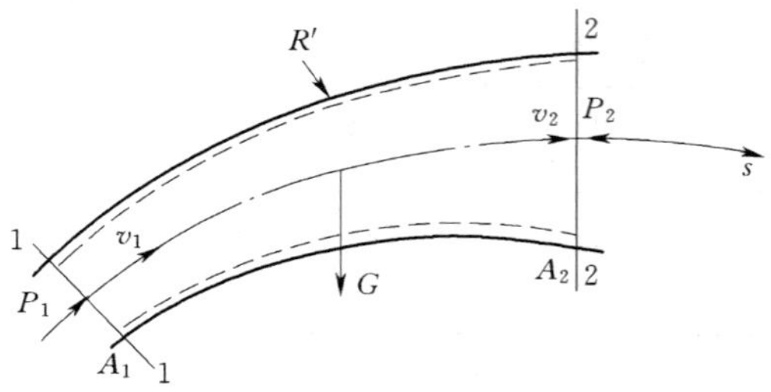

图2-7-1　过流断面

（2）水流从圆形喷嘴射出，如图2-7-2所示，垂直冲击在距离很近的一块平面板上，随即在平面板上向四周散开，流速方向转了90°，取射流转向前的断面1-1和水流完全转向后的断面2-2（是一个圆筒面，它

应截取全部散射的水流）之间的水流区域为控制体，运用动量方程可求出平面板对水流的作用力 R'。

控制面中除了水流和平面板的交界面外压强都为零。不考虑水流扩散、板面和空气阻力，由能量方程可得

$$v_1 = v_2 = v$$

若射流方向水平，重力沿射流方向无分量，沿射流方向的动量方程投影式为

$$\rho Q(0 - \alpha_{01} v_1) = -R'$$

取动量修正系数 $\alpha_{01} = 1.0$，则

$$R' = \rho Q v \tag{2-7-2}$$

（3）若射流冲击一块凹面板，如图 2-7-3 所示，则沿射流方向的动量方程投影式为

$$\rho Q(\alpha_{02} v_2 \cos\beta - \alpha_{01} v_1) = -R'$$

取动量修正系数 $\alpha_{01} = \alpha_{02} = 1.0$，$v_1 = v_2 = v$，则

$$R' = \rho Q v(1 - \cos\beta) \tag{2-7-3}$$

（4）实验装置设计的射流方向是铅垂向上的，如图 2-7-4 所示，重力沿射流方向有分量，考虑到重力的减速作用，射流冲击到实验板上的速度小于喷嘴出口流速。

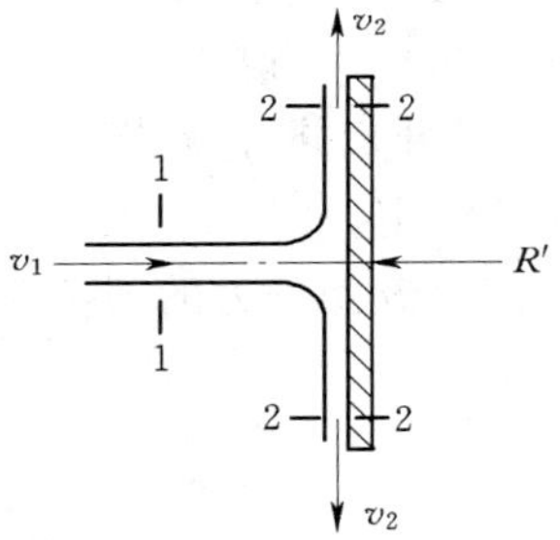

图 2-7-2　平面板

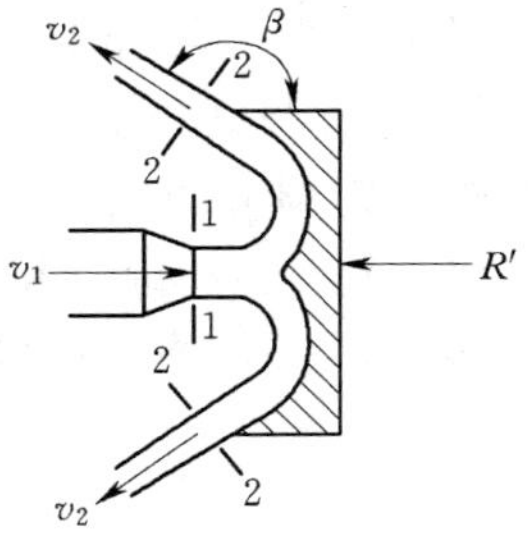

图 2-7-3　凹面板

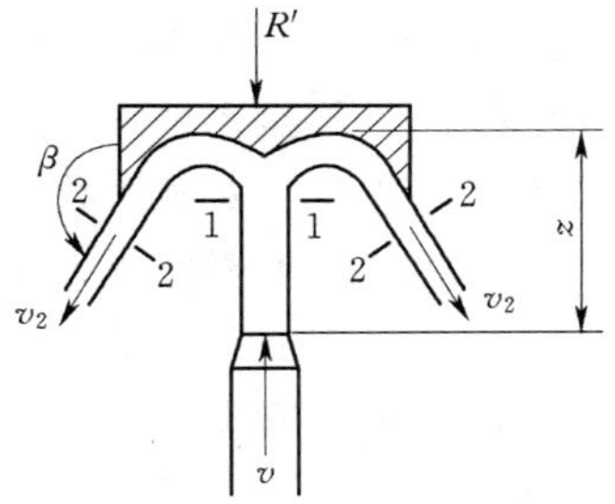

图 2-7-4　铅垂向上

即
$$v_1 = v_2 = \sqrt{v^2 - 2gz}$$

故将实验板受力公式改为

$$R' = \rho Q\sqrt{v^2 - 2gz}(1 - \cos\beta) \tag{2-7-4}$$

式中：z 为射流喷射高程（喷射出口到实验板的距离）。

三、实验设备

实验设备如图 2-7-5 所示，由储水箱、水泵、调压阀和稳压箱等组成的系统，提供一股恒定的水射流由喷嘴射出冲击平面板或者曲面板，射流对实验板的冲击力用天平量测，射流的流量用体积法量测。

四、实验步骤

（1）调节天平，将微调砝码拨到零位，配重放到 A 盘，使天平处于平衡状态。调节天平位置，使喷嘴中心与实验板中心在同一轴线上，然后用定位件将天平固定。在天平 B 盘放入砝码，实验板为平面板时放 60g 砝码，曲面板时放 100g 砝码。

（2）开启稳压箱调压阀，关闭进水调节阀，将量水箱存水放空后，关闭量水箱放空

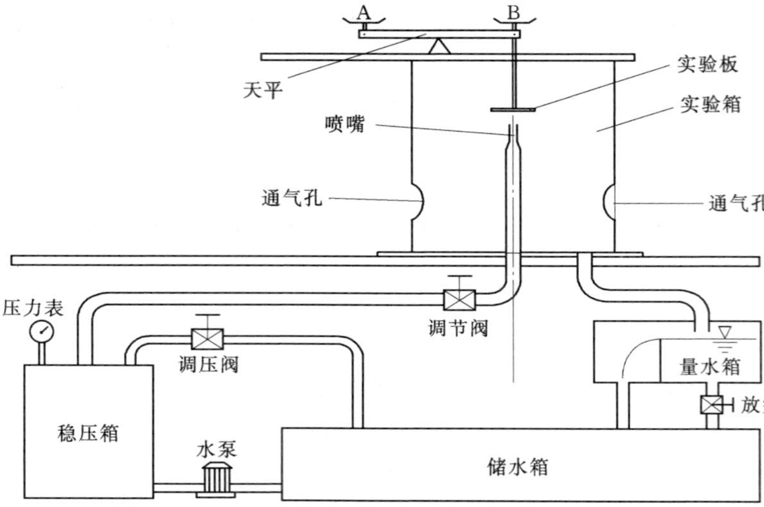

图 2-7-5　动量实验仪

阀。启动水泵，待稳压箱内的气体全部排除后关小调压阀，慢慢开启进水调节阀，由喷嘴喷出射流冲击实验板，当实验板受到的冲击力与砝码的重量相等时，天平重新处于平衡状态，停止调节阀门。也可以用微调砝码调天平。此时压力表读数在 1.5 格左右。

（3）在天平 B 盘再加入 10g 砝码，拨微调砝码到零位，慢慢开启进水调节阀，使天平再次平衡，观察压力表读数，若有改变则调节调压阀使其保持恒定。

（4）重复实验步骤，测出 8 组数据，每次均增加 10g 砝码。射流冲击力的测量值与计算值的偏差以小于 10%为合格，实验结果至少应有 5 组数据合格。

五、实验数据记录

仪器编号：______

有关常数：喷嘴直径 $d=$______ cm，喷射出口到实验板的距离 $z=$______ cm，量水箱面积 $F=$______ cm^2，角度 $\beta=$______

实验数据记录及计算结果

测次	砝码质量 m/g	量水箱初水位 h_1/cm	量水箱末水位 h_2/cm	T/s	Q/(cm^3/s)	v/(m/s)	R/N（计算）	R/N（实测）	dt/%
1									
2									
3									
4									
5									
6									
7									
8									

六、注意事项

（1）实验必须在水流稳定后方可进行。

（2）喷嘴与实验板中心定位要准确。

（3）开启阀门时一定要慢，不能使水冲到实验板上面。

七、思考题

（1）在相同的实验条件下，平面板与凹面板哪种所受到的冲击力较大？为什么？

（2）在该实验中，设置挡水板的作用是什么？挡水板下方为何还要设置排水槽？

（3）喷嘴与实验板中心位置没有对准会对实验结果产生什么影响？

八、讨论分析题

（1）通过实验测出的实验板所受射流冲击力的实际值与计算出的理论值有怎样的差别？试分析产生这种差别的原因。

（2）试分析讨论，实验仪器还有哪些改进的可能。

第八节　局部水头损失量测实验

一、实验目的和要求

（1）观察管径突然扩大时漩涡区测压管水面线的变化情况，以及其他各种边界突变情况下的测压管水头线变化情况。

（2）掌握测定管道局部水头损失系数的方法，并将突扩管的实测值与理论值比较。

二、实验原理

（1）水流在流动过程中，由于水流边界条件或过水断面的改变，引起水流内部各质点的流速、压强也都发生变化，并且产生漩涡。在这一过程中，水流质点间相对运动加强，水流内部摩擦阻力所做的功增加，水流在流动调整过程中消耗能量所损失的水头称为局部水头损失。

局部水头损失的一般表达式为

$$h_j=\zeta\frac{\alpha v^2}{2g}$$

式中：h_j为局部水头损失；ζ为局部水头损失系数，它是流动形态与边界形状的函数，即$\zeta=f$（边界形状，Re），当水流的雷诺数Re足够大时，可以认为ζ系数不再随Re而变化，可视作为一常数；v为断面平均流速，一般用发生局部水头损失以后的断面平均流速，也有用损失断面前的平均流速，所以在计算或查表时要注意区分。

局部水头损失可以通过能量方程进行分析。如图2-8-1所示，为一水流突然扩大的实验管段，在发生局部水头损失前后断面1-1和断面2-2，两个断面应属渐变流，写能量方程得：

$$z_1+\frac{p_1}{\rho g}+\frac{\alpha_1 v_1^2}{2g}=z_2+\frac{p_2}{\rho g}+\frac{\alpha_2 v_2^2}{2g}+h_j \tag{2-8-1}$$

$$h_j=\left(z_1+\frac{p_1}{\rho g}\right)-\left(z_2+\frac{p_2}{\rho g}\right)+\frac{\alpha v_1^2}{2g}-\frac{\alpha v_2^2}{2g}$$

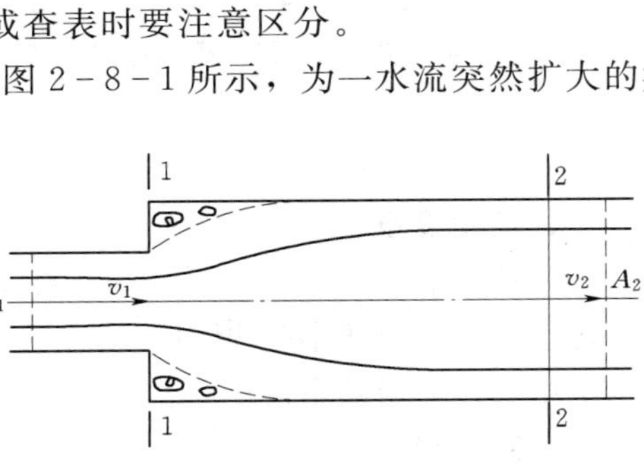

图2-8-1　突扩圆管断面

$$=\nabla_1-\nabla_2+\frac{\alpha v_1^2}{2g}-\frac{\alpha v_2^2}{2g}$$

式中：$\left(z_1+\frac{p_1}{\rho g}\right)-\left(z_2+\frac{p_2}{\rho g}\right)$ 为断面 1－1 和断面 2－2 的测压管水头差；v_1、v_2 分别为断面 1－1 和断面 2－2 的平均流速。

管道局部水头损失目前仅有断面突然扩大可利用动量方程、能量方程和连续方程进行理论分析，并可得出足够精确的结果，其他情况尚需通过实验方法测定局部阻力系数。对于管道突然扩大，理论公式为

$$\zeta_{1理(扩大)}=\left(\frac{A_2}{A_1}-1\right)^2,\ h_j=\left(\frac{A_2}{A_1}-1\right)^2\frac{v_2^2}{2g} \tag{2-8-2}$$

$$\zeta_{2理(扩大)}=\left(1-\frac{A_1}{A_2}\right)^2,\ h_j=\left(1-\frac{A_1}{A_2}\right)^2\frac{v_1^2}{2g} \tag{2-8-3}$$

式中：A_1、A_2 分别为断面 1－1 和断面 2－2 的过水面积，可以看出，突然扩大的局部水头损失可以用损失前的流速水头或者用损失后的流速水头表示，但两种表示方法其阻力系数是不一样的，在应用中要注意应用条件。

（2）对于断面突然缩小的圆管情况，如图2－8－2所示，断面 1－1 和断面 2－2 必须分别取在粗管和细管中，这是由流动结构决定的，因此突缩圆管的局部水头损失没有理论公式。

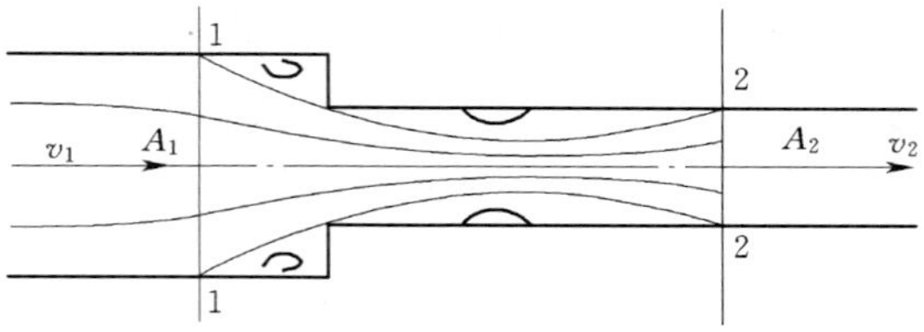

图 2－8－2 突缩圆管断面

对于$\frac{A_2}{A_1}<0.1$的情况，有下面的经验公式：

$$\zeta_{缩小}=\frac{1}{2}\left(1-\frac{A_2}{A_1}\right),\ h_j=\frac{1}{2}\left(1-\frac{A_2}{A_1}\right)\frac{v_2^2}{2g} \tag{2-8-4}$$

$$\zeta_{缩小}=-1.2255\left(\frac{A_2}{A_1}\right)^4+2.2096\left(\frac{A_2}{A_1}\right)^3-1.3859\left(\frac{A_2}{A_1}\right)^2-0.1167\left(\frac{A_2}{A_1}\right)+0.5 \tag{2-8-5}$$

三、实验设备

实验装置如图 2－8－3 所示，在自循环恒定管道上串联突扩管、突缩管、90°缓弯管、180°缓弯管、90°急弯管和阀门，沿程接上许多测压管。管中流速可用尾阀来调节，设置专用水箱进行流量的量测。

四、实验步骤

（1）启动水泵，打开进水开关，使水箱充水，并保持溢流状态，使水位恒定。

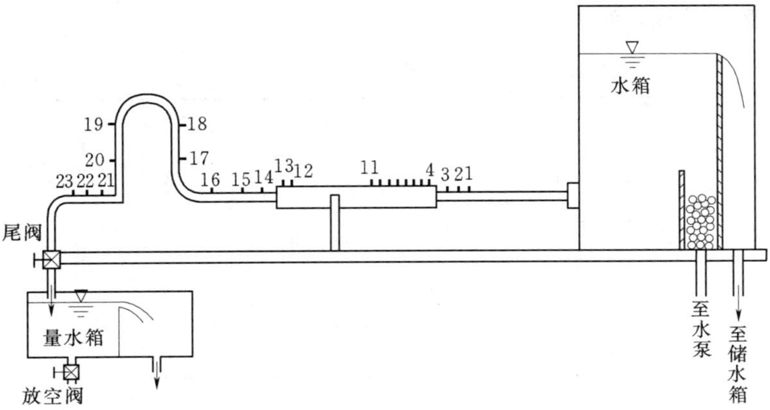

图 2-8-3 局部水头损失实验仪

(2) 检查下游阀门全关时，各个测压管水面是否处于同一水平面上，否则需进行排气调平。

(3) 核对设备编号，确认断面管径等数据。

(4) 开启下游阀门，待水流稳定后，观察测压管水头的变化，正确选择量测断面，进行数据的量测，并记录到数据记录表的相应位置。

(5) 改变阀门开度，待水流稳定后，重复上述步骤。本实验要求做三个流量。

(6) 流量用体积法测量。现设备配备了计算机数字采集系统，可在计算机上直接读出每次的流量 Q 和局部水头损失 h_j。

五、实验数据记录

仪器编号：______

有关常数：管道变化前管径 $d_1=$______ cm，管道变化后管径 $d_2=$______ cm，量水箱面积 $A=$______ cm^2

测量记录表格

测次	测压管液面高程读数/cm												
	∇_1	∇_2	∇_3	∇_4	∇_5	∇_6	∇_7	∇_8	∇_9	∇_{10}	∇_{11}	∇_{12}	∇_{13}
1													
2													
3													

测次	测压管液面高程读数/cm										流量	
	∇_{14}	∇_{15}	∇_{16}	∇_{17}	∇_{18}	∇_{19}	∇_{20}	∇_{21}	∇_{22}	∇_{23}	Δt /s	ΔV /cm^3
1												
2												
3												

六、实验数据处理及结果

实 验 结 果

测次	Δh /cm	Q /(cm^3/s)	A_1 /cm^2	A_2 /cm^2	$\frac{v_1^2}{2g}$ /cm	$\frac{v_2^2}{2g}$ /cm	$\zeta_{1理}$	$\zeta_{2理}$	$\zeta_{1实测}$	$\zeta_{2实测}$	Δ_1/%	Δ_2/%
1												
2												
3												

实 验 结 果

测次	突扩		突缩		90°缓弯管	90°急弯管	180°缓弯管
	$\zeta_{实}$	$\zeta_{理}$	$\zeta_{实}$	$\zeta_{经}$	$\zeta_{实}$	$\zeta_{实}$	$\zeta_{实}$
1							
2							
3							

七、注意事项

(1) 实验必须在水流稳定后方可进行。

(2) 计算局部水头损失系数 ζ 时，应注意选择相应的速度水头，所选量测断面应选在渐变流断面上，尤其下游断面应选在漩涡区的末端，即主流恢复并充满全管断面上。

八、思考题

(1) 在该实验中，通过理论公式计算出的突扩管局部水头损失与通过实验得到的实测值是否有差别？若有差别，试分析该差别由哪些因素导致。

(2) 如何通过测压管的水面变化寻找突扩管下游的渐变流断面？为什么如此寻找？

(3) 如果没有忽略管段的沿程水头损失，则通过实验所测得的局部水头损失系数 ζ 值与实际值相比，偏大还是偏小？

(4) 若管径相同、流量相同，突扩管和突缩管的局部水头损失是否相同？为什么？

九、讨论分析题

(1) 局部水头损失是否与流态有关，即是否与雷诺数有关？为什么一般情况下给定的局部水头损失系数为常数？

(2) 在测定突缩管和突扩管的局部水头损失系数时，上下游两断面应如何选取？二者有何区别？为什么突扩管的局部水头损失有理论值而突缩管却没有？

(3) 在该实验中，测得的突扩管局部水头损失结果与突缩管相比，哪个损失大？

(4) 通过实验数据比较 90°缓弯管、90°急弯管和 180°缓弯管的局部水头损失大小。

第九节 流态演示与临界雷诺数量测实验

一、实验目的和要求

(1) 观察水流的层流和紊流运动现象，并计算雷诺数 Re。

(2) 绘制水头损失 h_f 和断面平均流速 v 的对数关系曲线，即 $\lg h_f - \lg v$ 曲线，并计算图中的斜率 n，测定下临界雷诺数 Re_c。

二、实验原理

(1) 水流运动有两种不同的形态，即层流和紊流。当流速较小时，质点运动惯性较小，粘滞力起主导作用，液体的质点有条不紊地按平行轨迹运动，并保持一定的相对位置，这种形态的流动称作层流。当流速较大时，和惯性力相比较，粘滞力居次要地位，惯性力起主导作用，液体的质点将是杂乱无章的运动，质点互相碰撞、混掺，水流产生漩涡等，这种形态的流动称作紊流。流动形态变化过程如图 2-9-1 所示。

(2) 雷诺实验验证了在层流和紊流时沿程水头损失规律的不同。如图 2-9-2 所示。在图中 AE 段 $\theta=45°$，说明沿程水头损失 h_f 与断面平均流速 v 的 1 次方成正比例关系，为层流区。CD 段为紊流区，沿程水头损失 h_f 与断面平均流速 v 的 1.75～2 次方成正比，E 点为紊流向层流转变的临界点，对应的流速为下临界流速 v_c，对应的雷诺数为下临界雷诺数。B 点为层流向紊流转变的临界点，对应的流速为上临界流速，对应的雷诺数为上临界雷诺数。

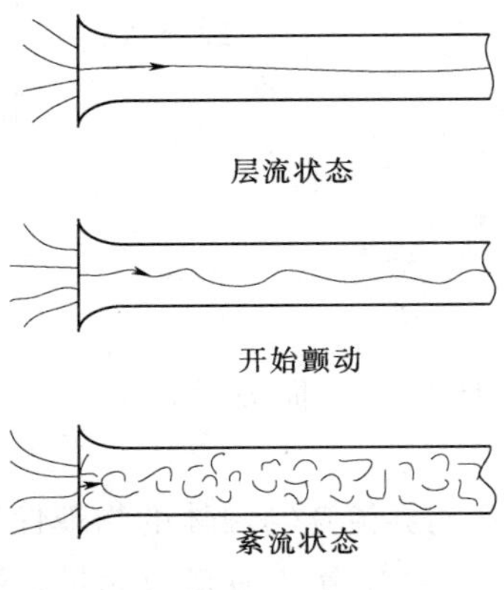

图 2-9-1 流动形态示意图

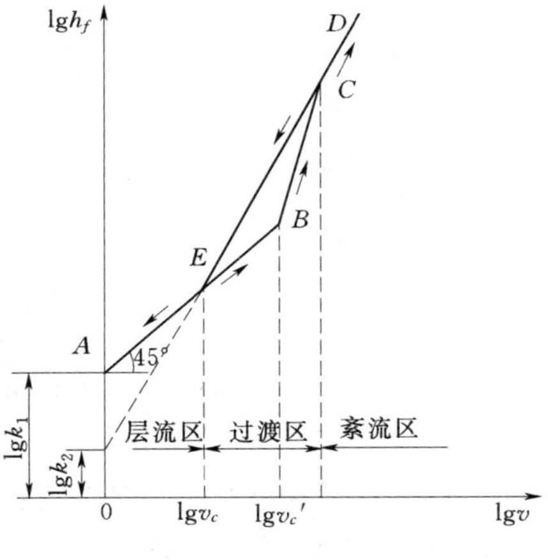

图 2-9-2 层流、紊流的水头损失规律

用公式表示

$$h_f = kv^n \tag{2-9-1}$$

式中：h_f 为沿程水头损失；v 为流速；n 为指数；k 为比例系数；层流时 $n=1.0$，紊流时 $n=1.75\sim2.0$。

(3) 层流、紊流的速度分布规律，如图 2-9-3 所示，对圆管层流和紊流流动的断面流速分布作一比较，可以看出层流流速分布为抛物线，而紊流流速分布为对数曲线，比较均匀，壁面流速梯度和切应力都比层流时大。

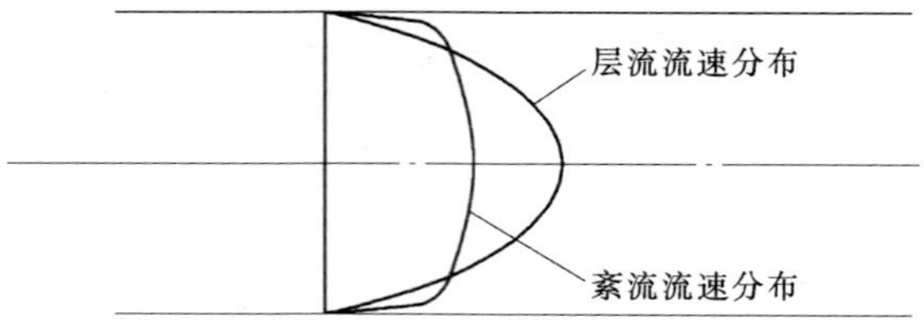

图 2-9-3 层流、紊流的速度分布规律

（4）在实验圆管断面 1-1 及断面 2-2 上装测压管，如图 2-9-4 所示。即可测出两个断面间的沿程水头损失。

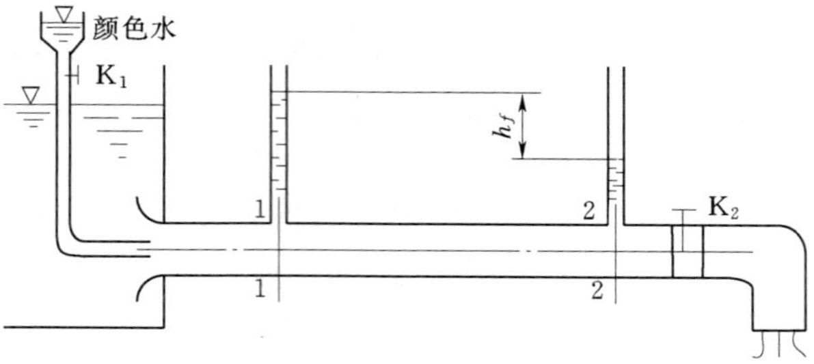

图 2-9-4 雷诺实验示意图

根据能量方程，可得

$$z_1+\frac{p_1}{\rho g}+\frac{\alpha_1 v_1^2}{2g}=z_2+\frac{p_2}{\rho g}+\frac{\alpha_2 v_2^2}{2g}+h_f \tag{2-9-2}$$

因 $z_1=z_2$，$\frac{\alpha_1 v_1^2}{2g}=\frac{\alpha_2 v_2^2}{2g}$，所以

$$h_f=\left(z_1+\frac{p_1}{\rho g}\right)-\left(z_2+\frac{p_2}{\rho g}\right)$$

由于流态不同，水头损失的规律也不同，所以在计算水头损失时，必须判别液流的形态。

（5）判别液流形态的准则。雷诺实验的结果，发现临界流速与液体的物理性质（密度 ρ、动力粘滞系数 μ）及管径 d 有密切关系，并提出一个表征流动形态的无量纲数——雷诺数。

$$Re=\frac{\rho v d}{\mu}=\frac{vd}{\nu} \tag{2-9-3}$$

$$\nu=\frac{0.01775}{1+0.0337t+0.000221t^2}$$

式中：ν 为运动粘滞系数，cm^2/s；t 为水温，℃。

圆管中流态发生变化时对应的雷诺数称为临界雷诺数。又分为上临界雷诺数和下临界雷诺数。当调节阀从小到大逐渐开启时，所求得的临界雷诺数称为上临界雷诺数，此雷诺数范围不稳定。当调节阀从大到小逐渐关闭时，所求得的临界雷诺数称为下临界雷诺数 Re_c，此雷诺数比较稳定，其值为 $Re_c=2300$，作为判断流动形态的标准。低于此雷诺数的流动必为层流。

三、实验设备

实验设备如图 2-9-5 所示，在自循环恒定圆管流上 1、2 两个测孔接上测压管，可量测沿程水头损失。将有颜色水注入装置，以便显示流态和圆管断面流速分布。管中流速可用尾阀来调节。设置专用水箱进行流量量测

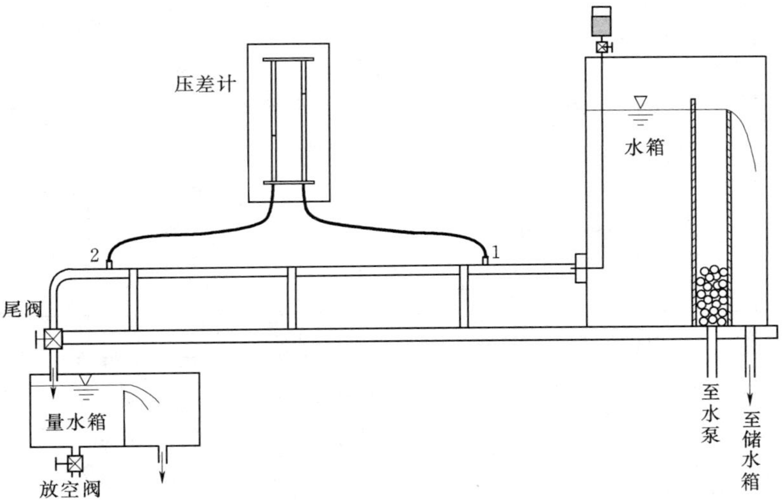

图 2-9-5　雷诺实验仪

四、实验步骤

（1）接通电源使水泵正常工作，水箱充水并保持溢流状态，使水位恒定。

（2）打开尾阀至最大，排出实验管道中气泡。关闭尾阀，排出测压管中的气泡。

（3）用尾阀调节流量，通过注入的颜色水，观察管中分别为层流和紊流时的流动形态和断面流速分布。

（4）打开尾阀至最大，用体积法量测管道出流流量，同时记录测压管的读数 Δh。逐渐减小尾阀开度，记录不同流量情况下的数据。

（5）在实验开始和结束时分别量测水温，加以平均作为实验水温。

（6）现设备配备了计算机数字采集系统，可在计算机上直接读出每次的流量 Q 和水头损失 h_f 值。

五、实验数据记录及计算结果

仪器编号：______

有关常数：管径 $d=$________ cm，量水箱断面积 $A=$________ cm^2，运动粘滞系数

$\nu=$______ cm^2/s，水温 $t=$______℃

测量记录表格

测次	量水箱高度 /cm	量水体积 V /cm^3	量水时间 T /s	流量 Q /(cm^3/s)	测压管读数			流速 v /(cm/s)	雷诺数 Re
					h_1/cm	h_2/cm	h_f/cm		
1									
2									
3									
4									
5									
6									
7									
8									
9									
10									
11									
12									
13									
14									
15									
16									
17									
18									
19									
20									

六、注意事项

(1) 实验过程中经常观察水箱溢流状况，以保证实验过程中水箱水位不变。

(2) 打开尾阀时，要注意开关的转向，调节流量由大到小，否则会影响水流从紊流到层流的变化次序，必须小心缓慢地旋转尾阀，不要瞬时关得太多，可以用压差计压差控制阀门开度。

(3) 层流时，每次调节尾阀时，使压差只能减少 3mm 左右；紊流时每次压差减少值可大些。

(4) 注意爱护秒表、温度计等设备。

(5) 实验结束后，关闭电源开关，拔掉电源插头。

七、思考题

(1) 在判断流态时，必须使注入的有颜色的水能够反映水流状态，在操作中应注意哪些问题？本实验特别强调实验环境的安定是出于什么考虑？

(2) 在该实验中，如果将压差计倾斜安装，压差计的读数是否为沿程水头损失 h_f？

如果不是，该如何将读数换算为沿程水头损失 h_f？

（3）试用自己的话描述水流为层流状态、过渡状态和紊流状态下，有颜色的水的运动形态，并可通过实验观察层流状态和紊流状态下的流速分布。

八、讨论分析题

（1）在该实验中，当水流位于层流流态时，量测的水头损失较小，可以采用哪些办法提高量测的精度。试分析讨论。

（2）根据该实验得到的上、下雷诺数为什么会有差别？为什么不能使用临界流速判断水流流态而使用雷诺数来判断？

（3）管段的长度会对实验的精度有何影响。试分析讨论。

第十节　沿程水头损失量测实验

一、实验目的和要求

（1）掌握测定管道沿程水头损失系数 λ 的方法。

（2）测定沿程水头损失系数与雷诺数的关系曲线（对于管径一定的管道）。

二、实验原理

通过一等直径管道中的恒定水流，在实验圆管断面 1－1 及断面 2－2 上装测压管，如图 2－10－1 所示。在断面 1－1、断面 2－2 上列能量方程，即可得到两个断面间的沿程水头损失。

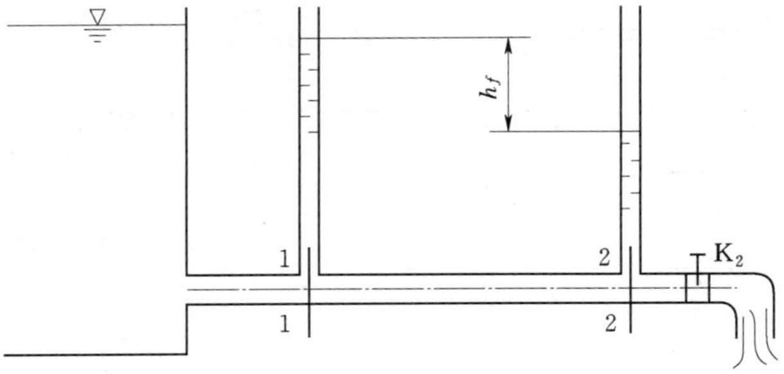

图 2－10－1　沿程水头损失示意图

$$z_1+\frac{p_1}{\rho g}+\frac{\alpha_1 v_1^2}{2g}=z_2+\frac{p_2}{\rho g}+\frac{\alpha_2 v_2^2}{2g}+h_f \qquad (2-10-1)$$

因为管径不变

$$\frac{\alpha_1 v_1^2}{2g}=\frac{\alpha_2 v_2^2}{2g}$$

可得沿程水头损失

$$h_f=\left(z_1+\frac{p_1}{\rho g}\right)-\left(z_2+\frac{p_2}{\rho g}\right)$$

又沿程水头损失表达式为

$$h_f=\lambda\frac{l}{d}\frac{v^2}{2g}$$

$$\lambda=\frac{h_f}{\frac{l}{d}\frac{v^2}{2g}} \quad (2-10-2)$$

式中：λ 为沿程水头损失系数；l 为两断面间距；d 为断面管径；v 为管道流速。一般可认为 λ 与相对粗糙度 Δ/d 及雷诺数 Re 有关。

$$Re=\frac{\rho vd}{\mu}=\frac{vd}{\nu} \quad (2-10-3)$$

圆管层流流动 $$\lambda=\frac{64}{Re} \quad (2-10-4)$$

光滑圆管紊流流动 $$\lambda=\frac{0.3164}{Re^{1/4}} \quad (Re<10^5) \quad (2-10-5)$$

可见在层流流动和紊流光滑区，沿程水头损失系数 λ 只取决于雷诺数 Re。

三、实验设备

实验装置如图 2-10-2 所示，在自循环恒定圆管流 1、2 两点接上测压管，可量测沿程水头损失。管中流速可用尾阀来调节，设置专用水箱进行流量的量测。

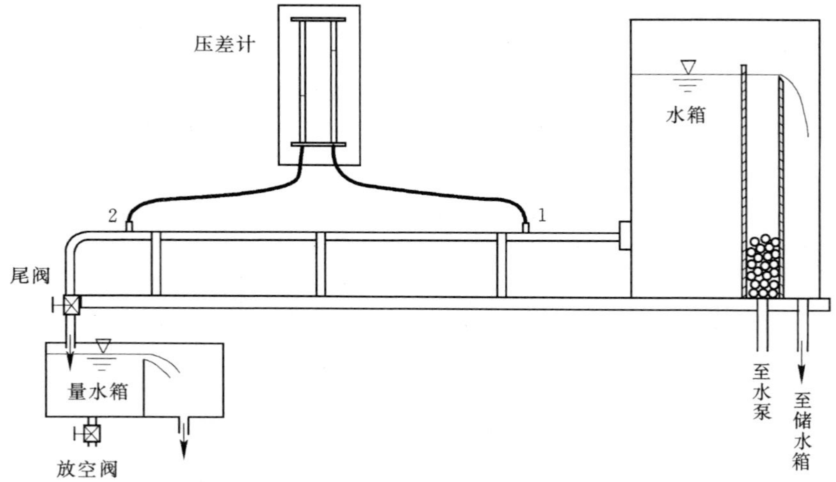

图 2-10-2 沿程水头损失实验仪

四、实验步骤

(1) 启动水泵，打开进水阀门，使水箱充水，并保持溢流，使水位稳定。

(2) 检查尾阀全关时，测压管的液面是否齐平，否则需排气调平。

(3) 开启尾阀，流量应先调到最大，待水流稳定后，观察两测压管水头的变化，量测流量及相应的水头损失，记录到数据表格上。

(4) 减小尾阀开度，重复上述步骤，并按序记录数据。流量的调整逐步由大到小，每改变一次流量需要等待 1～2min，待水流稳定后再进行量测。

(5) 检查数据记录表是否有缺漏。为了提高实验精度，便于分析整理，实验点尽可能多一些。要求改变流量不少于 20 次。

(6) 在实验开始和结束时分别量测水温，加以平均作为实验水温 t，查得 ν 值。从而可计算出相应于每次流量 Q 下的雷诺数 Re 值。

五、实验数据记录及计算结果

仪器编号：______

有关常数：管径 d=____ cm，两断面间距 l=____ cm，量水箱断面积 A=____ cm^2，

水温 t=______℃，运动粘滞系数 ν=______ cm^2/s

测量记录表格

测次	水头差			体积法			计算			
	h_1 /cm	h_2 /cm	h_f /cm	水箱高度 h/cm	V /cm^3	T /s	流量 Q /(cm^3/s)	流速 v /(cm/s)	Re	λ
1										
2										
3										
4										
5										
6										
7										
8										
9										
10										
11										
12										
13										
14										
15										
16										
17										
18										
19										
20										

六、注意事项

（1）每次关闭尾阀时要缓慢关闭，在层流时，压差为 2～3mm，在紊流时，压差可适量大些。

（2）用体积法测量流量时，接水时间越长，则流量越精确，尤其在小流量时，应该注意尽量有较长的接水时间。

（3）实验结束后，关闭电源开关，拔掉电源插头。

七、思考题

（1）在该实验中，量测出的测压管水头差为什么等于沿程水头损失？影响它的因素有哪些？

（2）在该实验前，需要将管道、测压管中的气泡排尽，采取这样措施的原因是什么？

怎样检查空气已经排尽？

（3）实验管道倾斜安装是否影响实验成果？

八、讨论分析题

（1）如果管道的使用年限不断增加，通过实验得到的 $\lambda - Re$ 关系曲线将会有怎样的变化？试根据尼古拉兹试验曲线进行分析。

（2）该实验中涉及的物理量有管径 d、管段长度 l、流量 Q、沿程水头损失 h_f 和水温 t，其中哪个物理量的测量精度对 λ 值的影响最大。试分析原因。

（3）试根据该实验说明，如何在生产实际中测定不锈钢管的 λ 值。

第十一节　管道水流实验

一、实验目的和要求

（1）让学生了解流体构件，锻炼组装流体构件的能力。

（2）能根据不同的流体构件，让学生自己动手，自行设计出流体构件的任意组合形式，并测量出所需的水力参数。

二、实验原理

流体的流动可以分为两种，一是封闭管道的流动，二是明流流动。封闭管道的流动也叫管流流动，最常见的是圆形管道的流动。当水流在管道中流动时，由于管路中安装各种阻力阀门，或者管路的管径发生变化，或者管路中装有节流流量计，如文丘里流量计、孔板流量计，或者管道分岔、管道收缩、管道放大，或者管道的位置发生变化，或者管路中流动突然变化，如阀门的突然关闭、突然开启等。在以前的水力学实验中，只是对上述某一种水流现象进行单个的实验和研究。本设计性实验是将各种不同的流体构件按照不同的方式组合起来，构成各种不同的水流流动现象，让学生根据所学的水力学理论和实验知识，运用能量守恒、动量守恒和质量守恒原理，分析水流的运动规律，并与实验结果进行对比。

能量方程为

$$z_1+\frac{p_1}{\rho g}+\frac{\alpha_1 v_1^2}{2g}=z_2+\frac{p_2}{\rho g}+\frac{\alpha_2 v_2^2}{2g}+h_{w1-2} \tag{2-11-1}$$

动量方程为

$$\sum F=\rho Q(\alpha_2 v_2-\alpha_1 v_1) \tag{2-11-2}$$

连续方程为

$$A_1 v_1=A_2 v_2 \tag{2-11-3}$$

三、实验设备

实验装置如图 2－11－1 所示。管道实验装置由固定部分和活动部分组成。固定部分由供水箱、水泵、上水管、下水管、进出水调节阀门、固定法兰和测压排组成；活动部分由组合流体构件组成。流体构件有 7 件，可以显示沿程水流变化、局部突然扩大和突然缩小的水流变化，由于管道位置变化而产生的水流空化现象、管道的分叉流动、水流局部突缩与水流渐缩的流动现象、水流通过孔板、文丘里管的水流现象、水流逐渐放大与水流沿程变化的流动现象、水流通过闸阀、弯道的流动现象等。

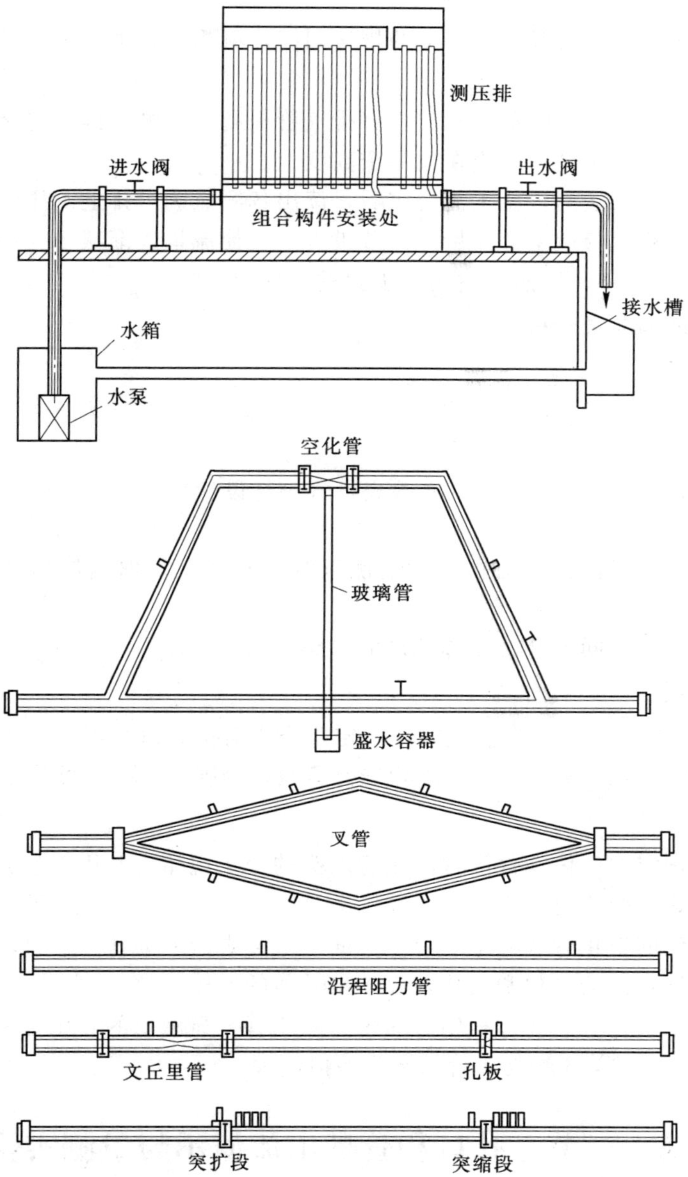

图 2-11-1　管道水流实验装置和流体构件

四、实验步骤

(1) 熟悉管道水流实验装置和流体构件的组成。

(2) 选择实验所需的流体构件组合形式安装到预留的活动空间中。

(3) 记录所选择的流体构件各变化断面的直径、变化形式。

(4) 分析所选择的流体构件水流沿程的变化规律，并画出草图。

(5) 打开水泵和实验装置固定部分的进水阀门和出水阀门，使管中充满水，将管道中的空气排出。

（6）关闭出水阀门，打开测压排上的排气阀门，将测压管中的空气排出，并检查空气是否排完。

（7）打开出水阀门，关闭进水阀门，将排气管提起，在测压排上选择一适当的测压管水位高度，这时观测测压管水面应在同一个高度上。

（8）这时打开进水阀门，待水流稳定后，读出各测点测压排上测压管水头值。

（9）用体积法测出管道中的流量。调节进水阀，使流量逐渐减小或增大。

（10）重换流体构件，按照上述实验步骤重新进行实验。

五、数据处理和成果分析

实验设备名称：____________________

仪器编号：__________

1. 实验记录

已知数据（自填）　　　　　　实验表格（自行设计）

2. 成果分析

（1）根据实验结果绘出各流体构件的测压管水头线。根据流量和管径，求出速度水头，绘制总水头线。

（2）分析并计算不同组合的流体构件的水头损失。

六、注意事项

（1）流体构件选定以后，在安装时，一定要小心对接，以防损坏流体构件。

（2）在实验时，一定要按照操作步骤进行实验，否则实验数据可能不对。

七、思考题

（1）试述所选定的流体构件沿程测压管水头的变化规律，并用能量方程解释之。

（2）管道位置的变化对压强有何影响？

（3）在你看到的空化管实验中，位于桌面上量杯中的水为什么会自动下降？

（4）请你根据自己的设想和实践，设计出其他的流体构件。

（5）在沿程水头损失实测过程中，为什么测压管上显示出的测压管差值 1 管和 2 管的水头差，比 2 管与 3 管，3 管与 4 管的水头差值略大？

第十二节　孔口和管嘴出流演示与量测实验

一、实验目的和要求

（1）观察各种典型孔口和管嘴自由出流的水力现象与圆柱形管嘴内的局部真空现象。

（2）通过对不同管嘴与孔口流量系数测量分析，了解进口形状对过流能力的影响及相关水力要素对孔口出流能力的影响。

（3）测定薄壁孔口出流和管嘴出流的断面收缩系数 ε、流速系数 φ、流量系数 μ，局部阻力系数 ζ。

二、实验原理

水流经过容器孔口流出的流动现象称为孔口出流。在孔口上连接长 3～4 倍孔口直径的短管，水流经过短管并在出口断面满管流动的水流现象称为管嘴出流。

（1）薄壁孔口出流。在盛有液体的容器侧壁上开一小孔，如图 2-12-1 所示，孔口具有尖锐的边缘，通过孔口的水流与孔壁的接触为一条线，出流仅受到局部阻力的影响。

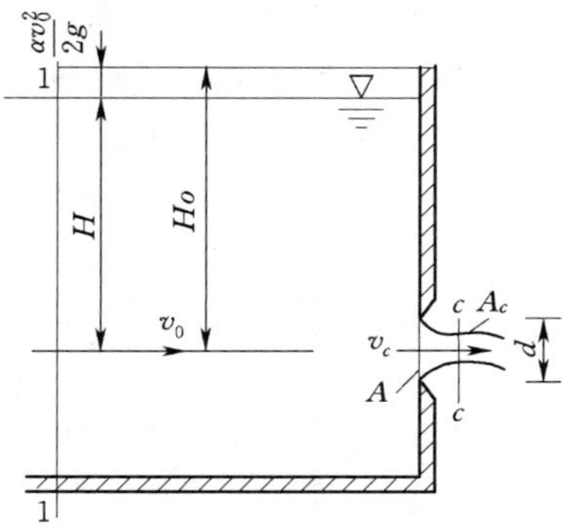

图 2-12-1　薄壁孔口出流

液体在一定水头作用下，从各个方向流向孔口，并以射流状态流出，由于水流惯性作用，在流经孔口后，断面发生收缩现象，在距孔口 $d/2$ 处达到最小值，形成收缩断面（图 2-12-1）中的 $c-c$ 断面。

收缩系数：收缩断面的过水面积 A_c 小于孔口断面面积 A，两者之比称为收缩系数 ε。

薄壁孔口出流，取符合渐变流条件的断面 1-1 和收缩断面 $c-c$，列能量方程得：

出流流量

$$Q=\varepsilon\varphi A\sqrt{2gH_0}=\mu A\sqrt{2gH_0}=\mu A\sqrt{2gH} \tag{2-12-1}$$

孔口收缩断面流速

$$v=\frac{1}{\sqrt{1+\zeta}}\sqrt{2gH_0}=\varphi\sqrt{2gH_0}=\varphi\sqrt{2gH}$$

收缩系数
$$\varepsilon=\frac{A_c}{A}$$

流量系数
$$\mu=\frac{Q}{A\sqrt{2gH_0}}$$

流速系数
$$\varphi=\frac{v_c}{\sqrt{2gH_0}}=\frac{\mu}{\varepsilon}=\frac{1}{\sqrt{1+\zeta}}$$

阻力系数
$$\zeta=\frac{1}{\varphi^2}-1$$

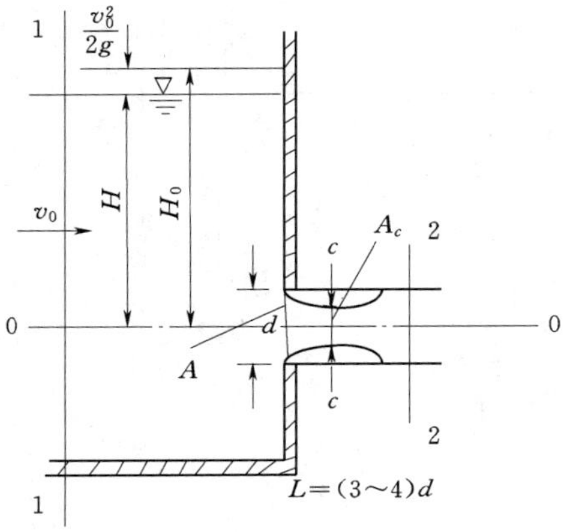

图 2-12-2　管嘴出流

其中，$H_0=H+\frac{v_0^2}{2g}$，由于 v_0 很小，速度水头$\frac{v_0^2}{2g}$可忽略不计。

由实验测得小孔口的 $\varepsilon=0.60\sim0.64$，$\varphi=0.97\sim0.98$，$\mu=0.6\sim0.62$。

（2）圆柱形外伸管嘴出流。如在孔口上装一段 $L=(3\sim4)d$ 的短管，如图 2-12-2 所示，此时水流的出流现象变为典型的管嘴出流。当液流经过管嘴时，在管嘴进口处，液流仍有收缩现象，使收缩断面的流速大于出口流速，因此管嘴收缩断面处的动水压强必小于出口处的大气压强，在管嘴内形成真空，其真空度约为 $h_V=0.75H_0$，真空度的存在相当于增大了管嘴的作用水头。在相同的作用水头下，同样断面管嘴的过水能力是孔口过流能力的 1.32 倍。

在恒定流条件下，取管嘴上游符合渐变流条件的断面 1－1 和断面 2－2，以管中心线为基准面，列能量方程可得（v 为断面 2－2 的断面平均流速）：

$$H+\frac{\alpha v_0^2}{2g}=\frac{\alpha v^2}{2g}+\zeta\frac{v^2}{2g}$$

由上式得
$$v=\frac{1}{\sqrt{\alpha+\zeta}}\sqrt{2gH_0}=\varphi_{管}\sqrt{2gH_0}$$

则通过管嘴的流量为
$$Q=vA=\varphi_{管}A\sqrt{2gH_0}=\mu_{管}\sqrt{2gH_0} \qquad (2-12-2)$$

$$\mu_{管}=\varphi_{管}=\frac{1}{\sqrt{\alpha+\zeta}}$$

式中：$H_0=H+\frac{\alpha v_0^2}{2g}$，速度水头$\frac{\alpha v_0^2}{2g}$可忽略不计；$A$ 为管嘴出口断面 2－2 的过水断面面积；$\varphi_{管}$为管嘴的流速系数；$\mu_{管}$为管嘴的流量系数。

由实验得到 $\mu_{嘴}=0.79\sim0.84$。

三、实验设备

实验设备如图 2－12－3 所示，孔口与管嘴均位于水箱的侧壁上，孔内径均为 d。水箱由进水管供水，箱内设有溢流板以保持水头恒定。各种孔口和管嘴安装门盖以控制出流。在圆柱形管嘴收缩断面处设测压管，以观察真空现象。

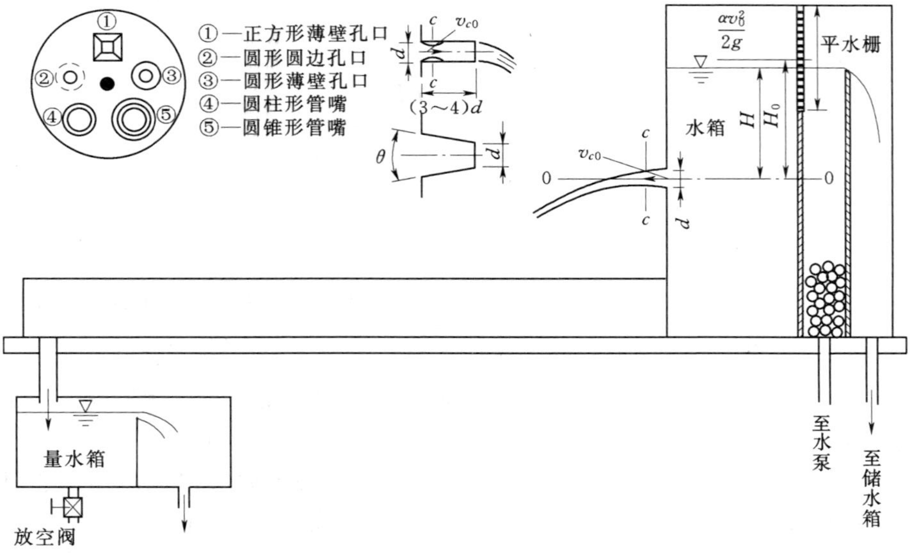

图 2－12－3 孔口、管嘴实验仪

四、实验步骤

（1）记录各种孔口与管嘴的内径 d 等有关常数。

（2）启动水泵，使水箱充水，使水箱的水位达到最高，并保持溢流，使水位恒定。

（3）观察分析各种薄壁孔口出流水股的收缩现象，观察和量测圆柱形管嘴出流时的真空高度 h_V 值，并比较圆柱形与圆锥形管嘴（相同内径 d）的泄流情况。

（4）用钢尺量测出各孔口及管嘴的作用水头 H。

（5）使水流从孔口（或管嘴）流出，用外卡尺测量距离孔口 $1/2d$ 处的收缩断面直径 d_c，断面积用 $A_c=\frac{\pi}{4}d_c^2$ 计算。

（6）用量筒、秒表算出体积流量 Q，应重复三次。

五、实验数据记录

（1）孔口。常数：$d=$______ cm

表 1

测次	时间 T/s	量筒体积 V/cm^3	$Q_{实}$ /(cm^3/s)	面积 A/cm^2	作用水头 H/cm	$Q_{计}$ /(cm^3/s)	$\mu=Q_{实}/Q_{计}$
1							
2							
3							
4							

（2）管嘴。常数：$d=$______ cm

表 2

测次	时间 T/s	量筒体积 V/cm^3	$Q_{实}$ /(cm^3/s)	面积 A/cm^2	作用水头 H/cm	$Q_{计}$ /(cm^3/s)	$\mu=Q_{实}/Q_{计}$
1							
2							
3							
4							

六、注意事项

（1）每次测量时，应保持水流稳定，水位无波动。

（2）测量孔口收缩断面直径时，卡尺既不能阻碍水流又不能离开水流。

（3）注意管嘴出流时，管嘴内形成真空，出水呈满流。

（4）孔口、管嘴不可同时量测。

（5）实验结束后，关闭电源开关，拔掉电源插头。

七、思考题

（1）在使用管嘴出流时，管嘴长度常取为 $L=(3\sim4)d$。请说明这样取值的原因。

（2）当计算圆柱形管嘴的真空高度 h_V 时，常采用经验公式 $h_V=0.75H_0$ 进行计算，将其与实测的真空高度进行比较，分析二者之间有所差别的原因。

（3）通过实验数据结果，说明孔口收缩系数 ε 的大小与哪些因素有关。

（4）薄壁孔口与厚壁孔口出流时收缩形式有什么不同？方形孔口的出流呈现何种截面

形式收缩？为什么？

八、讨论分析题

（1）在相同的直径和相同的水头条件下，薄壁孔口出流的流量系数与厚壁孔口相比，哪种较大？试分析原因。

（2）在相同的直径和相同的水头条件下，孔口出流的流量系数与管嘴相比，哪种较大？试分析原因。

（3）在相同的直径和相同的水头条件下，圆柱形管嘴出流的流量系数与圆锥形管嘴相比，哪种较大？试分析原因。

第十三节 非均匀流水面曲线演示实验

一、实验目的和要求

（1）通过水面曲线演示，加深对矩形水槽中非均匀渐变流的十二种水面曲线的感性认识，理解它们的特点及发生条件。

（2）观察变底坡情况下水面曲线衔接情况。

二、实验原理

（1）在可变坡的矩形有机玻璃水槽中，放置某一模拟的水工建筑物，改变不同的底坡时，在受边界条件变化的影响范围内，都会导致原有水流运动改变而形成非均匀流动。非均匀流动即可以是渐变流，也可以是急变流，而恒定渐变流的问题研究主要归结为水面曲线分析和计算，其棱柱形明槽非均匀渐变流水深沿程变化的微分方程式如下：

$$\frac{\mathrm{d}h}{\mathrm{d}s}=\frac{i-J_f}{1-\dfrac{Q^2B}{gA^3}}=\frac{i-J_f}{1-Fr^2} \tag{2-13-1}$$

式中：i 为底坡；$Fr=\dfrac{v}{\sqrt{gh}}$；$J_f=\dfrac{v^2}{C^2R}$是单位长度上的沿程水头损失，称水力坡度，其中 C 为谢才系数，R 为水力半径。

（2）临界水深的确定。流量及断面形状尺寸一定的条件下，相应的断面能量最小时的水深就是临界水深。

矩形断面临界水深：

$$h_c=\left(\frac{\alpha q^2}{g}\right)^{1/3} \tag{2-13-2}$$

（3）临界底坡的确定。明渠均匀流正常水深 h_0 与临界水深 h_c 相等时的底坡。

$$i_c=\frac{g\chi_c}{\alpha C_c^2B_c} \tag{2-13-3}$$

$$\chi_c=B_c+2h_c$$

$$h_c=\left(\frac{\alpha q^2}{g}\right)^{1/3}$$

$$C_c=\frac{1}{n}R_c^{1/6}$$

$$R_c=\frac{B_ch_c}{B_c+2h_c}$$

式中：χ_c、C_c、B_c、h_c、R_c 分别为明渠临界流时的湿周、谢才系数、槽宽、水深和水力半径；q 为单宽流量；n 为糙率。

（4）临界底坡确定后，保持流量不变，改变渠槽底坡，就可以形成陡坡（$i>i_c$）、缓坡（$0<i<i_c$）、临界坡（$i=i_c$）、平坡（$i=0$）、逆坡（$i<0$），分别在不同坡度下调节闸门开度，则可清楚地显示出十二种水面曲线。水面曲线的型式和名称见表 2－13－1。

表 2－13－1　　水面曲线的型式、名称

水槽底坡	与水流临界坡度 i 比较	水面曲线型式与符号		
		1 区	2 区	3 区
正坡 $i>0$	$i<i_c$ 缓坡	$M_1(a_1)$	$M_2(b_1)$	$M_3(c_1)$
	$i=i_c$ 临界坡	$C_1(a_3)$		$C_3(c_3)$
	$i>i_c$ 陡坡	$S_1(a_2)$	$S_2(b_2)$	$S_3(c_2)$
平坡 $i=0$			$H_2(b_0)$	$H_3(c_0)$
逆坡 $i<0$			$A_2(b')$	$A_3(c')$
水面曲线类型		壅水曲线	降水曲线	壅水曲线

三、实验设备

设备为自循环水面线演示系统，如图 2－13－1 所示。实验设备由储水箱、水泵、进水控制阀、上游升降机、下游升降机、回水系统等组成。有机玻璃制成的活动水槽，分为上下两段，每段长度均为 3.0m，宽度 b 为 0.078m，中间用转动铰链连接。每段槽身分别设有螺杆升降装置来改变底坡，坡度变化范围为 $\pm5°$，可由坡度指示器读出。水流由进水管引入，用阀门调节流量。在水槽上安设平板闸门，并配有薄壁堰、实用堰，形成不同底坡与不同流态时的水面曲线。

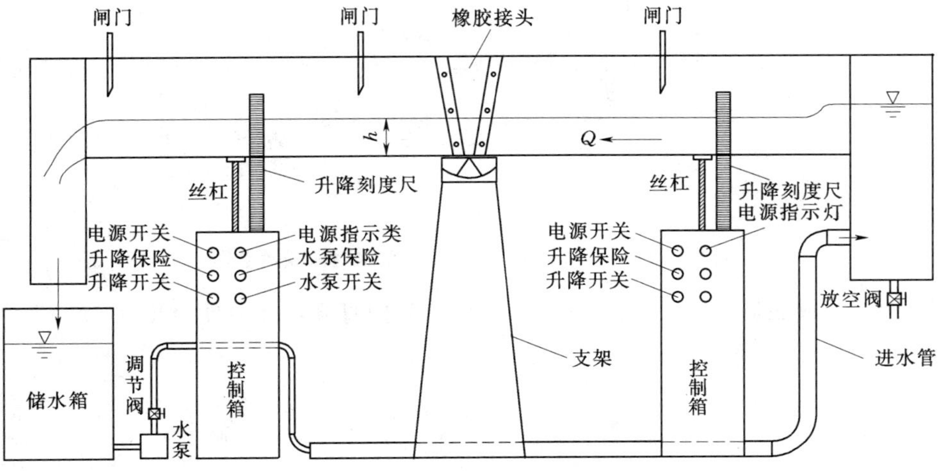

图 2－13－1　水面曲线演示仪

四、实验步骤

（1）开启进水阀门，放水入槽测定流量 Q，并计算出临界水深 h_c 及临界底坡 i_c 值。调整上下游升降机构，使水槽坡度 $i=i_c$ 为临界坡，并校核槽内水深应与 h_c 接近，此时槽中应为临界流。放下闸门①，使其开度小于 h_c，即可出现 C_1 型和 C_3 型壅水曲线，如图

2－13－2所示。

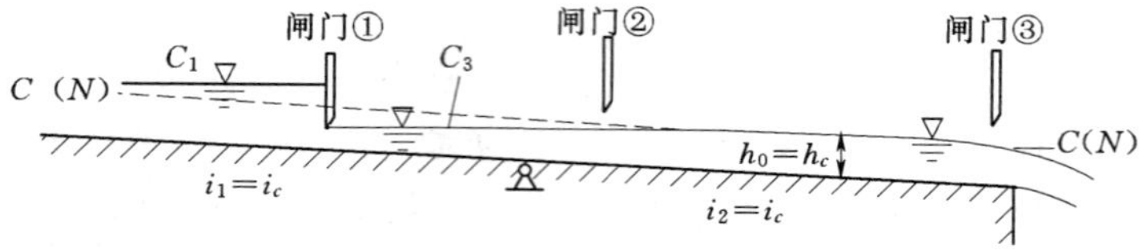

图 2－13－2　C_1、C_3 型水面曲线示意图

(2) 调整上下游槽底坡度，使 $i_1<i_c$（缓坡）和 $i_2>i_c$（陡坡），流量 Q 不变，此时在水槽上游段下部出现 M_2 型降水曲线，在下游段的上部出现 S_2 型降水曲线，M_2 型和 S_2 型两段曲线通过 h_c 相衔接。M_2 型曲线的上游趋向水槽上游段正常水深 h_{01}，S_2 型曲线的下游趋向水槽下游段正常水深 h_{02}，如图 2－13－3 所示。

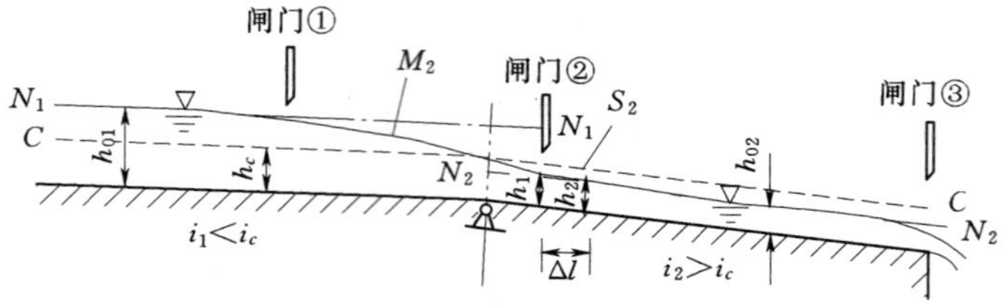

图 2－13－3　M_2、S_2 型水面曲线示意图

(3) 在相同底坡 i_1 和 i_2 情况下，放下闸门①、闸门②、闸门③，使其相应的闸门开度分别小于 h_{01} 和 h_{02}，此时在水槽上游段可以出现 M_1 和 M_3 型壅水曲线，在水槽下游段出现 S_1 和 S_3 型壅水曲线，如图 2－13－4 所示。

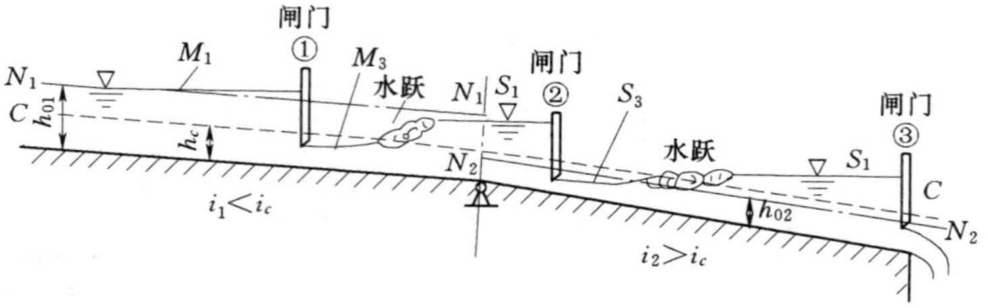

图 2－13－4　M_1、M_3、S_1、S_3 型水面曲线示意图

(4) 调整水槽底坡使 $i_1=0$ 和 $i_2<0$，将所有闸门打开，此时便可出现 H_2 和 A_2 型降水曲线，如图 2－13－5 所示。

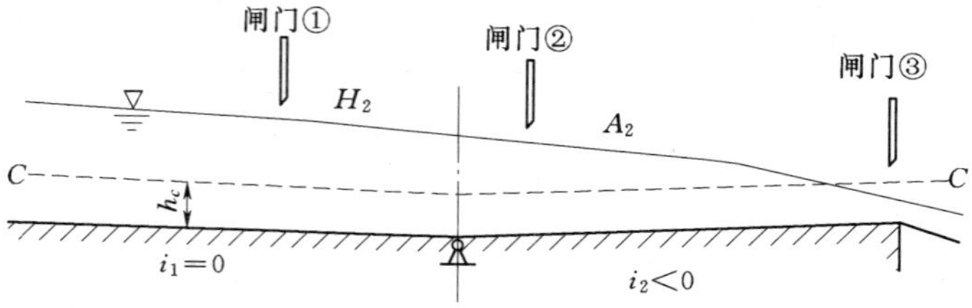

图 2－13－5　H_2、A_2 型水面曲线示意图

（5）在相同底坡情况下，放下闸门①和闸门②，使其开度都小于 h_c，此时便可出现 H_3 和 A_3 型壅水曲线，如图 2-13-6 所示。

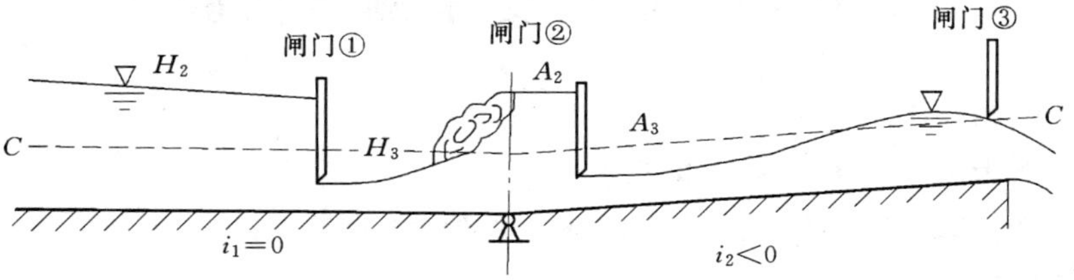

图 2-13-6　H_3、A_3 型水面曲线示意图

（6）可以通过计算作出流量与临界底坡关系图，便于在实验中根据流量确定临界底坡值，该实验也可作为设计型实验用以培养学生的设计能力。图 2-13-7 为根据实验室设备作出的流量与临界底坡关系图。

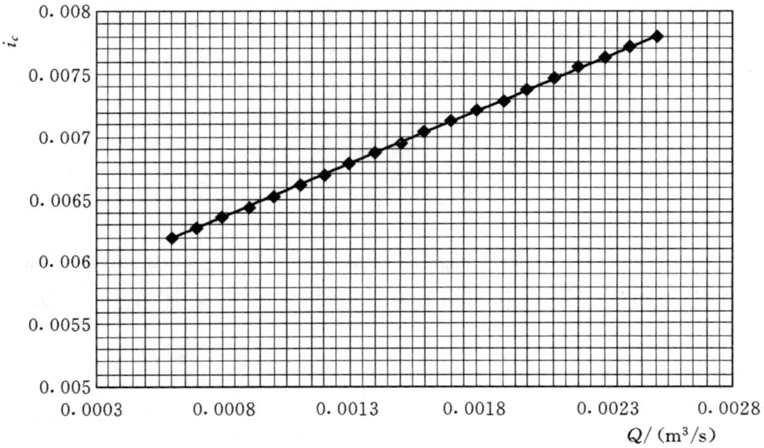

图 2-13-7　流量、临界底坡关系

五、注意事项

（1）在使用升降机构调节槽底坡度时，应注意升降机构的旋转方向，否则易损坏机械。

（2）水槽及闸门均由有机玻璃制作，在调节闸门开度时，不宜用力过大，以免损伤设备。

（3）量测水深时，应注意精度，在水深变化较大处，所取断面间距不宜过大。

六、思考题

（1）当改变槽中流量，临界水深及临界底坡的数值是否发生变化？

（2）临界水深 h_c 的影响因素有哪些？临界坡度 i_c 的影响因素有哪些？

（3）在该实验中，将底坡调整成为平坡或者负坡时，是否具有正常水深线 $N-N$？为什么？

七、讨论分析题

（1）通过该实验观察水跃和水跌现象，分别说明产生现象的原因。

（2）在该实验中，测量流量的方法有哪些？请具体说明测量步骤。

第十四节　明渠糙率测定实验

一、实验目的和要求

（1）掌握明渠糙率 n 值的测定方法。

（2）绘制均匀流水深和糙率的关系曲线（即 h_0-n 曲线）。

二、实验原理

在长直的正坡棱柱体明渠中，若底坡和糙率沿程不变，当通过某一固定流量时，就会发生均匀流动，对于明渠均匀流，流速可用谢才公式表示

$$v=C\sqrt{RJ}$$

因为均匀流中渠道底坡 i 等于水力坡度 J，即 $i=J$

则流量 Q 为

$$Q=Av=AC\sqrt{Ri} \tag{2-14-1}$$

其中，C 以曼宁公式表示

$$C=\frac{1}{n}R^{1/6}$$

$$Q=\frac{1}{n}AR^{2/3}i^{1/2}$$

$$n_{测}=\frac{1}{Q}AR^{2/3}i^{1/2} \tag{2-14-2}$$

式中：Q 为流量，m^3/s；A 为过流断面面积，m^2；v 为流速，m/s；C 为谢才系数；R 为水力半径；J 为水力坡度；i 为渠道底坡；n 为糙率，根据上述在已知 Q、A、R、i 的情况下即可算出糙率 n 值。

三、实验设备

设备为一个自循环、双变坡的有机玻璃活动水槽，如图 2-14-1 所示。实验设备由储水箱、水泵、进水控制阀、回水系统等组成。有机玻璃制成的活动水槽，分为上、下两段，中间用铰链连接。每段槽身分别装有手动摇把，用来升降，改变底坡。坡度变化范围为±5°，可由坡度指示器读出。水流由进水管引入，用阀门来调节流量，流量由涡轮流量

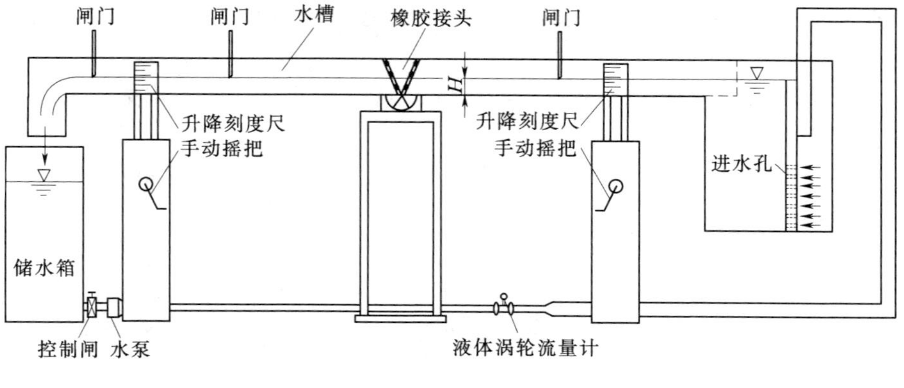

图 2-14-1　双变坡活动水槽

计直接读出。

四、实验步骤

(1) 将活动有机玻璃槽调至一适当坡度（$i>0$），使槽身底坡保持不变。

(2) 打开水泵电源开关，使水进入水槽，待水流稳定后，在水槽中部选取一均匀流段，用活动测针（或钢尺）沿该流段测取几个水深均近似相等时，此流段即为均匀流段，该水深即为均匀流水深。若相邻两段面的水深极为接近（不超过 2mm）亦可视该流段为均匀流段，以两段面水深的平均值作为正常水深，计算出过水断面面积 A 和水力半径 R。

(3) 在已选好的均匀流段上，确定好上游断面和下游段面，测读上、下游两断面的槽底高程 $Z_{上}$、$Z_{下}$ 和两断面间的距离 L，计算底坡 $i=\frac{Z_{上}-Z_{下}}{L}$。

(4) 在涡轮流量计中直接读出流量，代入公式算出有机玻璃的糙率 n 值。查 n 值表，求实测值和经验值二者相对误差为多少?

(5) 重复实验步骤，调节不同底坡或流量进行测量，共做五次，测量糙率随水深的变化，绘出 h_0-n 曲线。

五、实验数据记录

有关常数：水槽宽度 $b=$______ m，测试段长度 $l=$______ m

记 录 及 计 算 表

测次	槽底高程 Z_1/m	槽底高程 Z_2/m	底坡 $i=J$	均匀流水深 h_0/m	过水断面面积 A/m^2	水力半径 R/m	流量 $Q/(m^3/s)$	糙率 n
1								
2								
3								
4								
5								
6								

六、注意事项

(1) 调节底坡后，有机玻璃水槽的底坡和水流应保持稳定，否则会影响均匀流的产生。

(2) 调节流量时，要缓慢开启闸阀，不可全关阀门。

(3) 调节底坡时，要缓慢进行，以免槽身升降速度太快，难以调准。

七、思考题

(1) 量测糙率时，为什么要选取均匀流段？如果在非均匀流段，又如何量测槽的糙率?

(2) 试分析影响 n 值的因素。

第十五节　实用堰与宽顶堰溢流实验

一、实验目的和要求

(1) 观察堰流现象，掌握堰流流量的测量方法。

（2）了解堰的分类，分析影响堰流的因素。

（3）实测自由出流条件下实用堰（或无侧收缩宽顶堰）流量系数 m 值的大小，点绘流量系数 m 和堰上全水头 H_0 之间的关系曲线，加深对 m 值影响因素的理解。

二、实验原理

（1）堰在水利水电工程中既是挡水建筑物又是泄水建筑物。堰的作用是抬高水位和宣泄流量。根据堰壁厚度 δ 与堰上游水头 H 的比值不同而分成三种：薄壁堰（$\delta/H<0.67$）、实用堰（$0.67<\delta/H<2.5$）、宽顶堰（$2.5<\delta/H<10$）。

（2）堰的流量公式。对图 2-15-1、图 2-15-2 中两种堰流情况的断面 1-1 与断面 $C-C$ 写能量方程，可得收缩断面流速表达式为

$$v_{c0}=\frac{1}{\sqrt{\alpha+\zeta}}\sqrt{2g(H_0-h_{c0})}=\varphi\sqrt{2g(H_0-h_{c0})}$$

式中：φ 为流速系数；H_0 为堰上总水头，$H_0=H+\frac{\alpha v_0^2}{2g}$，其中 H 为堰上水头，v_0 为上游趋近流速；h_{c0} 为收缩断面 $C-C$ 处水深。

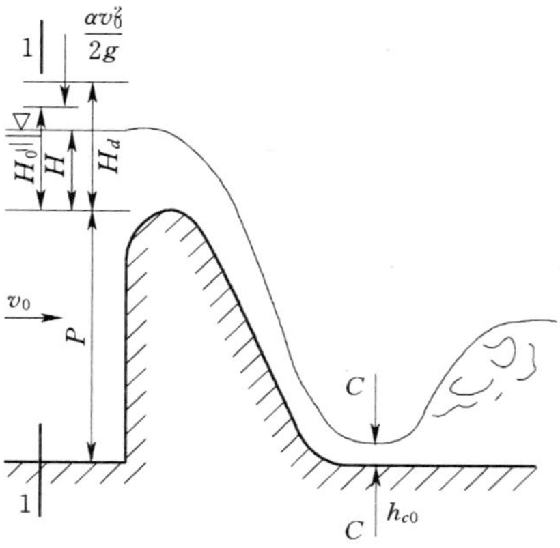

图 2-15-1 实用堰

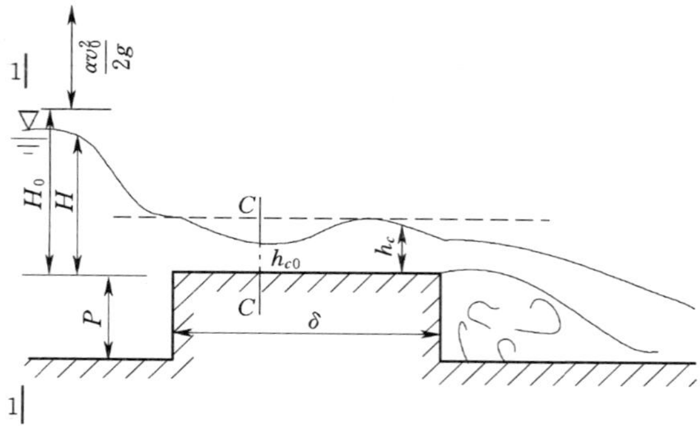

图 2-15-2 宽顶堰

经过假设和简化，得堰流流量公式

$$Q=\sigma\varepsilon mb\sqrt{2g}H_0^{3/2} \tag{2-15-1}$$

式中：Q 为过堰流量；σ 为淹没系数；ε 为侧收缩系数；m 为流量系数；b 为堰净宽；H_0 为堰上水头。

自由出流时，$\sigma=1$，$\varepsilon=1$，从而得出无侧收缩自由出流时流量系数 m 的计算公式为

$$m=\frac{Q}{b\sqrt{2g}H_0^{3/2}}$$

其中，$H_0=H+\frac{v_0^2}{2g}$，H 是距上游堰壁（3～5)H 处量取的堰上水头。

（3）堰的流量系数公式。

1）实用堰流量系数。

$P/H_d > 1.33$ 为高堰。WES标准实用堰的流量系数公式为

$$m = m_d\left(\frac{H_0}{H_d}\right)^{0.142} \tag{2-15-2}$$

式中：m_d 为 $H_0 = H_d$ 时的设计水头流量系数；H_d 为堰的设计水头。

2）宽顶堰流量系数。

a）直角前沿进口宽顶堰计算公式为

$$m = 0.32 + 0.01\frac{3 - P/H}{0.46 + 0.75P/H} \tag{2-15-3}$$

b）圆角前沿进口宽顶堰计算公式为

$$m = 0.36 + 0.01\frac{3 - P/H}{1.2 + 1.5P/H} \tag{2-15-4}$$

式中：P 为宽顶堰高；H 为堰顶以上水头。

（4）实验时，改变槽中不同的流量，即可测得相应于不同流量时堰顶水头 H 值，然后计算出 H_0（含行近流速水头）。利用流量系数公式计算出相应于不同堰顶水头 H_0 的 m 值，从而可以点绘出 m 与水头 H_0 的关系曲线。

流量采用直角形三角薄壁堰进行测定

$$Q = 1.365H^{2.48} \tag{2-15-5}$$

三、实验设备

实验采用自循环供水。设备由明渠水槽、测针、实用堰、宽顶堰、直角形三角薄壁堰等组成。实验时，由水泵向实验水槽供水，水流经三角堰量水槽，流回到蓄水箱中。实验在有机玻璃水槽中进行，如图2-15-3、图2-15-4所示（矩形断面平底渠道分别装有实用堰、直角宽顶堰、圆角宽顶堰）。水槽长2.76m、宽0.15m、高0.3m。槽中安装的实用堰堰高 $P = 15\text{cm}$，设计水头 $H_d = 5\text{cm}$，设计水头流量系数 $m_d = 0.502$；宽顶堰堰高 $P = 8\text{cm}$，宽顶堰厚度 $\delta = 40\text{cm}$，直角和圆角进口各一套。堰的上、下游及三角堰量水槽水位分别用测针量测。

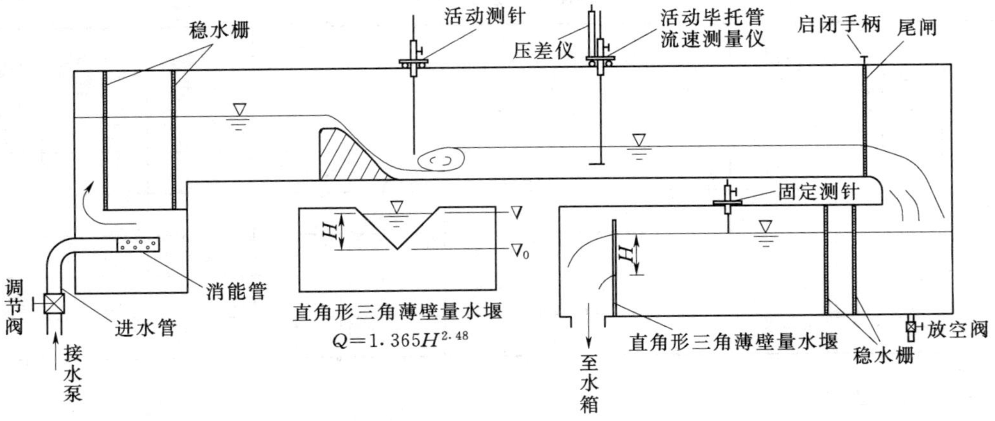

图2-15-3　闸堰实验仪（实用堰）

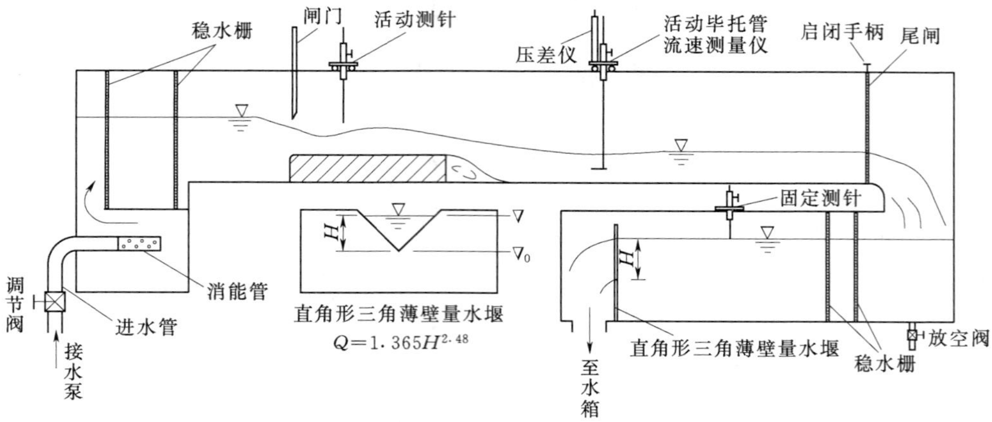

图 2-15-4　闸堰实验仪（宽顶堰）

四、实验步骤

（1）记录有关常数，如堰宽 b、堰高 P、设计水头 H_d 等，记录测针在堰顶、三角堰、槽底处的零点读数。

（2）开启进水阀门，使流量由大到小，待稳定后，使用三角堰测流量 Q。

（3）通过尾水阀门调节下游水深，使堰流为自由出流，注意观察堰顶及上、下游水流情况，待水流稳定后，记录所测堰的堰顶水面测针读数，从而得到所测堰的堰上水头。

（4）改变五次流量，重复上述步骤。

（5）选定某个流量，调节下游水位，仔细观察堰从自由出流到淹没出流的过程。

五、实验数据记录

仪器编号：______

有关常数：堰顶读数∇=____ cm，三角堰零点读数∇_0=____ cm，堰宽 b=____ cm，堰高 P=____ cm，槽宽 B=____ cm，实用堰设计水头 H_d=____ cm，渠底高程____ cm，宽顶堰厚度 δ=____ cm

数据记录及计算结果

测次	堰上游水面读数 ∇/cm	三角堰水面读数 ∇_1/cm	堰上水头 H/cm	三角堰堰上水头 H_1/cm	Q /(m^3/s)	v /(m/s)	$\frac{v^2}{2g}$ /m	流量系数（实测）$m_{实}$	流量系数（计算）$m_{计}$	误差 /%
1										
2										
3										
4										
5										

六、注意事项

（1）调节下游尾水闸门，切勿完全关闭，以免水槽中水流漫溢。

（2）量测堰上游水位时，一般应在距离上游堰壁（3～5）H 处，可免除溢流水面自由降落的影响。

七、思考题

（1）量测堰上水头 H 值时堰上游水位测针读数为何要在堰壁（3～5）H 附近处读数？

（2）宽顶堰自由出流时，水面有几次跌落？为什么？

八、讨论分析题

（1）当堰上水头 H 高于或者低于设计堰上水头 H_d 时，通过该实验所得到的流量系数 m 与设计流量系数 m_d 相比有怎样的结果？试分析说明原因。

（2）宽顶堰非淹没溢流的特点是什么？淹没溢流的特点是什么？淹没溢流对堰的泄流能力有何影响？

第十六节 明槽水跃实验

一、实验目的和要求

（1）观察水跃现象，了解水跃的水流结构、水跃类型及其形成的条件。

（2）测定矩形平底明槽中自由水跃的共轭水深与水跃长度，并绘制$\frac{h''}{h'}$-Fr 关系曲线。

（3）观察下游水深的变化对水跃位置的影响。

二、实验原理

（1）明槽水流由小于临界水深的急流过渡到大于临界水深的缓流所发生的水面局部跃起现象，称为水跃。水跃上部为激烈翻腾的表面旋滚，底部为流速急剧的主流，二者之间的交界面上流速梯度很大，产生漩涡和质量交换，水流内部产生剪切摩擦与混掺，因而消耗能量较大。因此，水利工程中常利用水跃来消除泄水建筑物下游高速水流中的巨大动能。

（2）水跃分类。旋滚开始的断面称为跃前断面，旋滚下游回流末端的断面称为跃后断面，两断面之间称为水跃区。按水跃跃首所处的位置，可以将水跃分为临界式水跃、远驱式水跃和淹没式水跃。按跃前断面弗劳得数可将水跃分为：①波状水跃（$1<Fr<1.7$），这种水跃的水流表面呈现逐渐衰减的波形；②弱水跃（$1.7<Fr<2.5$），这种水跃表面形成一连串小的表面旋滚，但跃后水面较平静；③不稳定水跃（$2.5<Fr<4.5$），这种水跃底部主流间歇地向上蹿升，旋滚随时间摆动不定，跃后水面波动较大；④稳定水跃（$4.5<Fr<9.0$），这种水跃形态完整，水跃稳定，跃后水面也较平稳；⑤强水跃（$Fr>9.0$），这种水跃高速水流挟带间歇发生的漩涡不断滚向下游，产生较大的水面波动。

（3）水跃方程。如图 2-16-1 所示，是水跃结构简图，图中跃前水深用 h' 表示，跃后水深用 h'' 表示。跃前、跃后两断面间的距离称为水跃长度，用 l_j 表示。

1）平底棱柱形明槽中的水跃函数为

$$\frac{\alpha_0 Q^2}{gA}+y_c A=J(h) \tag{2-16-1}$$

式中：A 为过水断面面积；y_c 为过水断面的重心在水面下的深度。

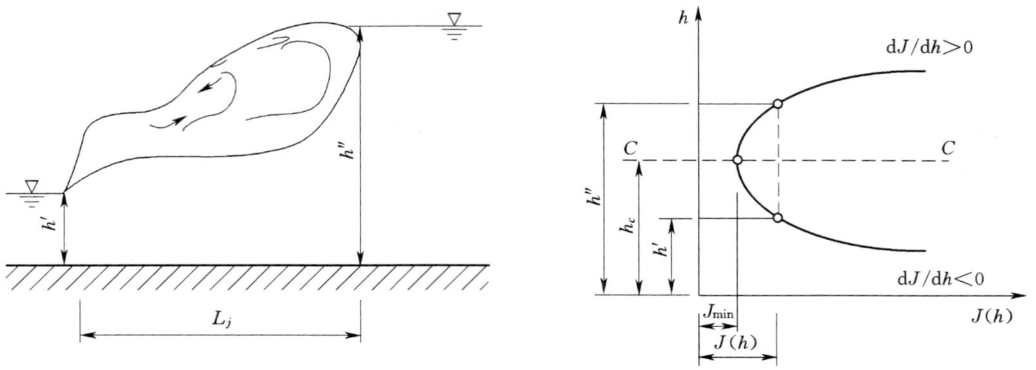

图 2-16-1　水跃结构简图

跃前水深 h' 和跃后水深 h'' 应满足的水跃方程式为

$$\frac{\alpha_0 Q^2}{gA_2}+y_{c2}A_2=\frac{\alpha_0 Q^2}{gA_1}+y_{c1}A_1 \tag{2-16-2}$$

此式说明在平底棱柱形明槽中，对于某一流量 Q，存在着具有相同的水跃函数 $J(h)$ 的两个水深，这一对水深就是共轭水深。

$$h'=\frac{h''}{2}(\sqrt{1+8Fr_2^2}-1)$$

$$h''=\frac{h'}{2}(\sqrt{1+8Fr_1^2}-1)$$

式中：Fr_1、Fr_2 分别为跃前断面、跃后断面水流的弗劳德数。

$$Fr=\frac{v}{\sqrt{gh}} \tag{2-16-3}$$

2）水跃长度是旋滚区在水平方向上投影的长度。确定旋滚区跃前断面和跃后断面，然后量测二者之间的长度。

矩形断面明槽中的水跃长度公式推荐用欧勒佛托斯基经验公式

$$l_j=6.9(h''-h'),4.5<Fr_1<10$$

$$l_j=9.4(Fr_1-1)h',Fr_1<4.5$$

3）矩形断面明槽中水跃的消能量可用下式表示：

$$\Delta E_j=H_1-H_2=\left(h'+\frac{\alpha_1 v_1^2}{2g}\right)-\left(h''+\frac{\alpha_2 v_2^2}{2g}\right)$$

经简化后为

$$\Delta E_j=(h''-h')^3/4h'h''$$

水跃消能率 K_j 用 $\Delta E_j/H_1$ 表示，H_1 为跃前断面的比能，K_j 也可以写成 Fr_1 的函数关系式：

$$K_j=\frac{(\sqrt{1+8Fr_1^2}-3)^3}{8(\sqrt{1+8Fr_1^2}-1)(2+Fr_1^2)} \tag{2-16-4}$$

由此可知跃前水流弗劳德数越大，消能效率越高。

三、实验设备

实验采用自循环供水。设备由明渠水槽、测针、实用堰、宽顶堰、三角堰等组成。实验时，由水泵向实验水槽供水，水流经三角堰量水槽，流回到蓄水箱中。实验在有机玻璃水槽中进行，如图 2－16－2 所示，槽中设置了实用剖面堰和宽顶堰，形成堰顶溢流后的平底水跃，槽尾设活动尾门控制水深，流量用三角堰测定，上下游水位用活动测针量测。

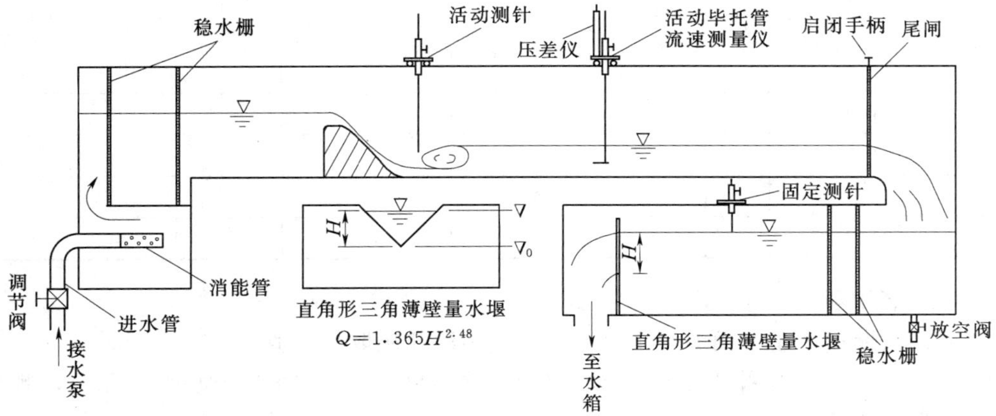

图 2－16－2　水跃实验仪

四、实验步骤

（1）熟悉有关设备及仪器，记录有关常数。

（2）开启进水阀门引水入槽，调节下游尾门，使水槽内分别产生淹没式水跃、临界式水跃及远驱式水跃。观察不同水跃现象。

（3）调节下游水位调节阀门，使水跃的跃首位于溢流坝址处，即水跃为临界水跃状态。用带颜色的毛线立杆在跃尾附近前后移动，当立杆上的毛线全部指向下游时即为跃后断面。

（4）待水流稳定后，用水位测针测量跃前断面和跃后断面的水面测针读数，用水面测针读数减去槽底高程即得临界水跃的共轭水深 h' 和 h''，用钢直尺测量水跃长度 l_j，并用三角堰量测流量。

（5）改变流量 3～4 次，重复进行实验。通过改变流量，观察不同 Fr 数的水跃类型。

（6）实验完毕，关闭进水阀门，关泵停水，整理好仪器设备。

五、实验数据记录

仪器编号：______

有关常数：堰顶读数∇=____ cm，三角堰零点读数∇_0=____ cm，堰宽 b=____ cm，

堰高 P=____ cm，槽宽 B=____ cm，渠底高程：____ cm

量测数据记录表

测次	堰上游水面读数 ∇/cm	三角堰水面读数 ∇_1/cm	堰上水头 H/cm	三角堰堰上水头 H_1/cm	流量 Q /(m^3/s)	流速 v /(m/s)	实测水跃 跃前 h' /cm	实测水跃 跃后 h'' /cm	水跃长度 l_j/cm
1									
2									
3									
4									

六、实验数据处理及结果

测次	流量 Q /(m³/s)	实测跃前水深 h' /cm	$\eta=\frac{h''}{h'}$	跃前断面弗劳德数 Fr_1	跃后水深 h'' /cm		水跃长度 l_j/cm		K_j/%	误差	
					实测值	理论值	实测值	经验值		$\frac{h''_{实}-h''_{理}}{h''_{理}}\times100\%$	$\frac{l_{j实}-l_{j经}}{l_{j经}}\times100\%$
1											
2											
3											
4											

七、注意事项

（1）跃后断面由于水面波动不易测准，应多测几次取平均值。

（2）跃前水深 h' 值测量精度，影响整个实验结果。由于水面波动应细心量测，测2～3次后，再取其平均值。

（3）流量不宜太小，否则将产生波状水跃。

八、思考题

（1）弗劳德数具有怎样的含义？请从能量角度说明，如何根据弗劳德数判断水流状态？

（2）如何判断跃前断面和跃后断面的位置？

（3）泄水建筑物下泄水流具有什么特点？为什么要采取消能措施？你看到的消能形式中，那种消能效果较好，为什么？

九、讨论分析题

（1）淹没水跃、临界水跃和远驱水跃三种水跃的消能率相比有怎样的结果？为什么工程实际中常采用淹没程度较小的淹没水跃进行衔接与消能？

（2）当流量一定时，调节尾门使水跃推前或者移后，水跃长度 l_j 和跃高（$h''-h'$）会有怎样的变化？当尾门开度一定时，改变流量大小，水跃长度 l_j 和共轭水深会有怎样的变化？

第十七节　闸下自由出流流量系数的测定实验

一、实验目的和要求

（1）观察平板闸门自由出流或淹没出流时的水流现象。

（2）测量平板闸门自由出流的流量系数 μ_0。

（3）绘制闸门流量系数与相对开启度的实验曲线。

二、实验原理

（1）在水利工程中，闸门形式一般为平板闸门或弧形闸门。闸是水利工程中的常用建筑物。当流经水闸的水流受闸门控制时，水流从闸门下缘泄出，其水面是不连续的，这种水流称为闸孔出流。如图 2－17－1 所示为平板闸孔出流，如图 2－17－2 所示为宽顶堰上闸孔的自由出流。取渐变流断面 1－1 和收缩断面 $C-C$ 列能量方程：

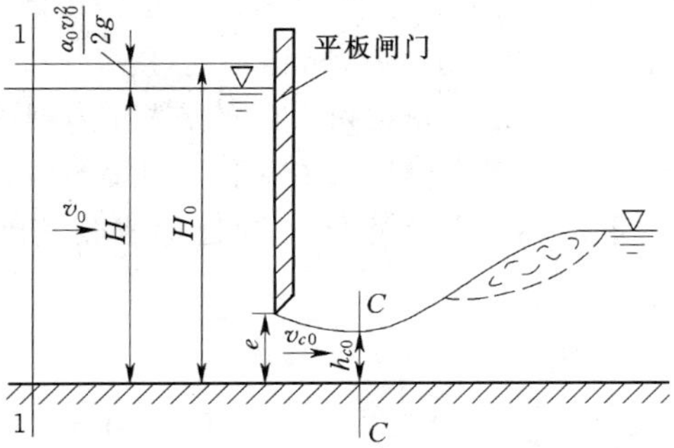

图 2－17－1　平板闸门出流

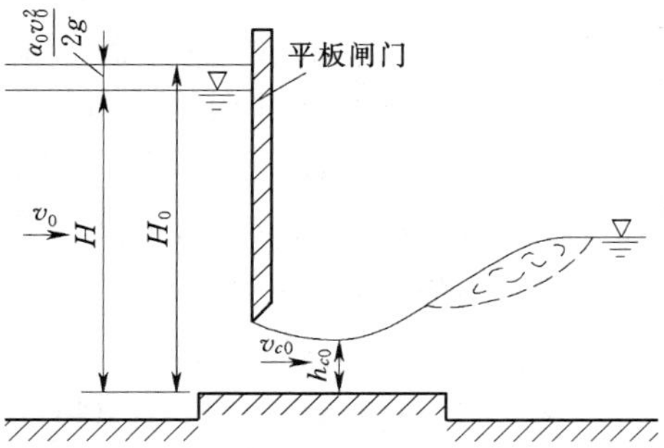

图 2－17－2　宽顶堰上闸孔出流

$$H+\frac{\alpha_0 v_0^2}{2g}=h_{c0}+\frac{\alpha_c v_{c0}^2}{2g}+\zeta\frac{v_{c0}^2}{2g} \tag{2-17-1}$$

式中：h_{c0} 为收缩断面的水深；H 为闸前水深；v_0、v_{c0} 分别为闸前和收缩断面的水流速度；ζ 为局部阻力系数。

令 $H_0=H+\alpha_0 v_0^2/2g$，则由式（2－17－1）解出

$$v_{c0}=\frac{1}{\sqrt{\alpha_{c0}+\zeta}}\sqrt{2g(H_0-h_{c0})} \tag{2-17-2}$$

令 $\varphi=1/\sqrt{\alpha_{c0}+\zeta}$，另外，收缩断面水深 h_{c0} 与闸孔开度 e 有关，引入比例系数 ε，$h_{c0}=\varepsilon e$，代入式（2－17－2）中得

$$v_{c0}=\varphi\sqrt{2g(H_0-\varepsilon e)}$$

式中：φ 为闸孔出流的流速系数，对平坎上闸孔出流，值为 0.85～0.95；ε 为垂直收缩系数，取决于闸门型式及闸门相对开度 e/H 以及闸底坎型式，一般取 ε 为 0.62～0.66。通过闸孔的流量 $Q=A_{C0}v_{c0}$；A_{C0} 为收缩断面的面积，$A_{C0}=bh_{c0}$。

经整理得到闸孔出流的流量公式为

$$Q=\mu_0 eB\sqrt{2gH_0}$$

$$\mu_0=\frac{Q}{eB\sqrt{2gH_0}} \tag{2-17-3}$$

式中：μ_0 为闸孔出流的流量系数。

在实验中，保持流量一定，改变闸门开度，经量测 Q、H_0、e、B 值后，便可按式（2－17－3）计算出 μ_0 值。根据不同的相对开度，点绘 μ_0-e/H 之间的关系曲线。

（2）对闸孔淹没出流如图 2－17－3 所示，由于收缩断面被淹没，尽管主流水深为 h_{c0}，但该处旋滚表面水深为 h_z，所以出流的有效作用水头由 H_0-h_{c0} 变为 H_0-h_z，从而影响闸孔的泄流能力。

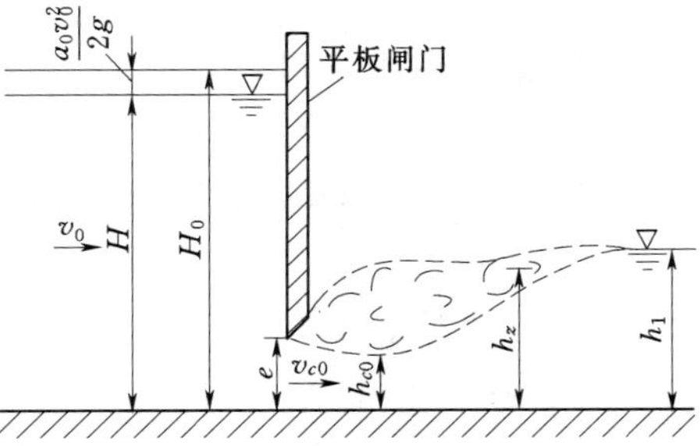

图 2－17－3　闸孔淹没出流

三、实验设备

如图 2-17-4 所示，是闸下出流实验装置，实验在玻璃水槽中进行。实验设备为自循环水槽，由供水箱、水泵、进水管、调节阀、消能管、实验水槽组成。水槽长 2.5m、宽 0.15 m、高 0.31m。槽中设有坎宽顶堰 $P=0.08$m，槽中安装可升降的有机玻璃平板闸门，水槽顶装有活动测针、毕托管。流量由三角堰测定。水槽尾部有尾闸，用以调节下游水位。平板闸门将水位提高，高水位的水流从闸下泄出，并在下游不远处形成收缩断面，然后流向水槽尾端。

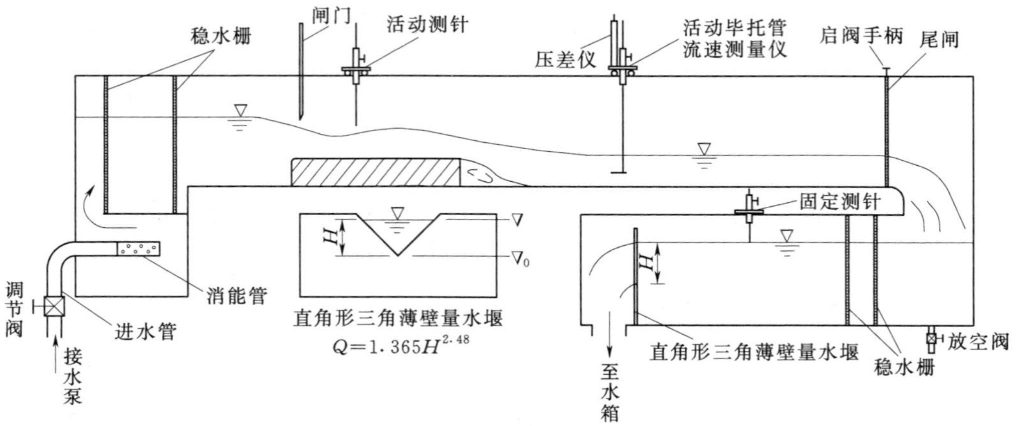

图 2-17-4　闸孔出流实验仪

四、实验步骤

（1）水槽放水之前，用水位测针测量水槽底面的高程，堰顶高程。

（2）全开平板闸门和尾阀，防止放水时闸门过低而使水溢出。

（3）开启进水阀门，调节流量，待水流稳定（一般需要 3～5min）后，用三角堰测量流量。在整个测量过程中，流量值不再改变。

（4）对每个流量，待水流稳定后，量测三角堰堰上水头高度，确定流量，利用测针量测收缩断面水深，用测针量测上游水位确定出作用水头值。

（5）调节闸门开启度，用钢尺量测平板闸门最低点至底板的高度 e，本实验开启度 e 改变不少于六次。

（6）改变开启度 e 之后，等待 2～3min，水流稳定后，用水位测针测量闸前水面高程。

（7）对某一流量，调节尾阀抬高下游水位使呈闸孔淹没出流，观察淹没流态的特点。

五、实验数据记录

仪器编号：______

有关常数：三角堰零点读数 $\nabla_0=$ ____ cm，槽宽 $B=$ ____ cm，渠底高程 $\nabla_{底}=$ ____ cm，

堰顶高程 $\nabla=$ ____ cm，闸门关闭时标尺起始读数 $e_0=$ ____ cm

量测数据记录表

测次	三角堰水面读数∇ /cm	三角堰堰上水头∇ /cm	闸前水面读数∇ /cm	闸前水深 $H=\nabla-\nabla_{底}$ /cm	闸门标尺读数 e' /cm	闸门开启度 $e=e'-e_0$
1						
2						
3						
4						
5						
6						

六、实验数据处理及结果

测次	流量 Q /(cm^3/s)	闸前过水断面面积 A/cm^2 $A=BH$	闸前流速 V_0/(cm/s) $v_0=\frac{Q}{A}$	$\frac{v_0^2}{2g}$ /cm	$H+\frac{v_0^2}{2g}$ /cm	$eB\sqrt{2gH_0}$ /(cm^3/s)	μ_0	$\frac{e}{H}$
1								
2								
3								
4								
5								
6								

七、注意事项

（1）本实验测量在同一流量下，不同开启度的流量系数，并绘制其相应的关系曲线，因此实验点不应少于 6 个。开启度 e 从最小值变至最大值，变化间隔力求均匀。

（2）闸门开启度较小时，注意观察闸前水位，防止水流漫溢。

（3）在实验过程中，使水槽尾阀保持全开，以保证闸下出流为自由出流。

（4）改变闸门开启度后，务必等待数分钟，水流稳定后方可测量，否则，测量结果将不可靠，实验点会分散、凌乱。

八、思考题

（1）闸孔出流的条件是什么？闸孔出流与堰流有什么区别？

（2）影响闸孔出流能力的因素是什么？

（3）当闸下出现淹没出流时，闸前水位将发生什么变化？

第十八节　管道水击现象演示实验

一、实验目的和要求

（1）观察管道水击现象的发生、传播与消失过程，增强对水击现象的感性认识。

(2) 通过调压室水位振荡现象的演示，以及使用调压室前后水击压强增量的变化情况，了解调压室消减水击压强的作用。

二、实验原理

(1) 水击现象是一种典型的有压管道非恒定流问题，在水击现象中，由于压强变化急剧，必须考虑流体的压缩性及管道的弹性。当有压管道中的流速因外界原因发生急剧变化时，将引起液体内部压强迅速交替升降现象，这种交替升降的压强作用在管壁、闸门或其他管路上好像锤击一样，故称水击。例如管路系统中闸门的急剧关闭或开启，管道系统中水泵的突然停机，以及在水电站运行过程中由于电力系统负荷的改变而迅速启闭导水叶或闸阀等，都会发生水击。水击可能导致管道系统的强烈振动、噪声和空化，甚至使管道严重变形或爆裂。

(2) 以阀门突然关闭为例，将有一个增压、增密度、增管道断面积、减流速的过程从阀门向上游传播，压强、流速、密度、管道断面积的间断面在管道中运动，即水击波。

(3) 调压室作用。在较长管道中设置调压室，缩短了管道长度，减小了相长，可以缓和水击，减低水击压强。由于调压室具有一定的储水容量，这一边界条件使水击压强得到释放而大幅下降，并限制了水击向上游的传播。

(4) 减小水击压力的有效方法是在压力引水管道中设置调压室。调压室的作用是反射水击波，即利用调压室扩大的断面面积和自由水面，水击波就会从调压室反射到下游去。这样就相当于把引水系统分为两段，调压室以前这段引水道，基本上可以避免水击压力的影响，调压室以后这段压力管道，由于缩短了水击波传播的路程，从而减少了压力管道的水击值。

(5) 水击现象的分析。为了更清晰地说明水击波传播、反射、叠加的发展过程，考察上游水库与阀门间的长度为 L 的直圆管（AB）中因阀门 B 突然完全关闭发生的水击现象，认为弹性力与惯性力起主要作用，忽略水头损失和流速水头。

水击波传播过程，一般分为四个阶段，如图 2-18-1 所示。图中管道末端 B 处为阀门，上游 A 端设为水库。

表 2-18-1 四个阶段水击现象的物理特性

阶段	时 段	速度变化	流速变化	压强变化	水击波传播方向	运动状态	液状态体
1	$0<t<L/c$	$v_0\to 0$	水库→阀门	增高 Δh	阀门→水库	减速增压	压缩
2	$L/c<t<2L/c$	$0\to -v_0$	阀门→水库	恢复原状	水库→阀门	增速减压	恢复原状
3	$2L/c<t<3L/c$	$-v_0\to 0$	阀门→水库	减低 Δh	阀门→水库	减速减压	膨胀
4	$3L/c<t<4L/c$	$0\to v_0$	水库→阀门	恢复原状	水库→阀门	增速增压	恢复原状

1) 第一阶段：当阀门在 $t=0$ 时突然关闭，B 断面的增压 Δh 以速度 c 向断面 A 传播，当 $t=L/c$ 时达到 A 断面。这时全管停止流动，压强普遍增高，密度增大，管壁膨胀。

2) 第二阶段：A 断面边界条件为恒定水位（体积很大的水库），故可使管道 A 端压强下降到原有的数据，并以速度 c 向 B 传播，$t=2L/c$ 时，全管压强恢复正常，但管中有一反向流速 v_0。

3）第三阶段：当减压水击波传到阀门断面 B 时，因水流具有一流向上游的负流速 v_0，故在 B 端产生减压 $-\Delta h$，以速度 c 向上游传播，于 $t=3L/c$ 时到达 A 端。

4）第四阶段：A 端压强水头比水库水位低了 Δh，水流又向下游流动使压强恢复正常，管中仍有一个向下游的流速 v_0，此时水流情况与 $t=0$ 时完全一样。

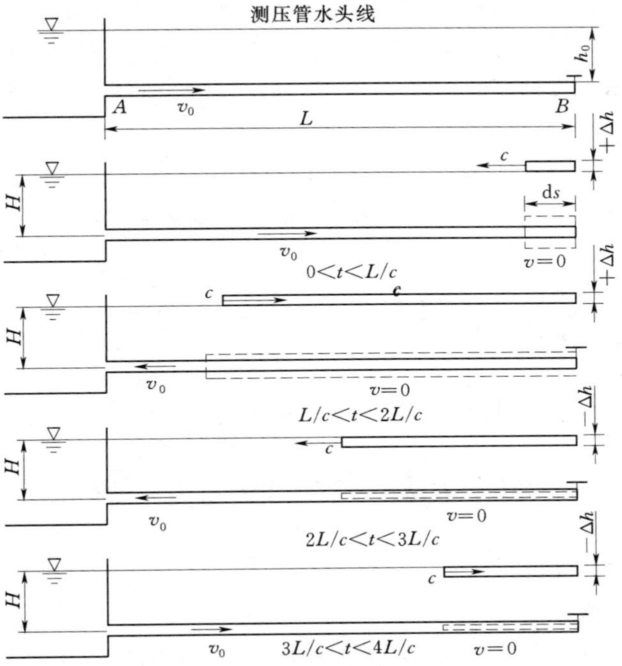

图 2-18-1　水击传播过程示意图

三、实验设备

水击与调压室现象演示设备如图 2-18-2 所示。供水箱有溢流装置，可保证实验水

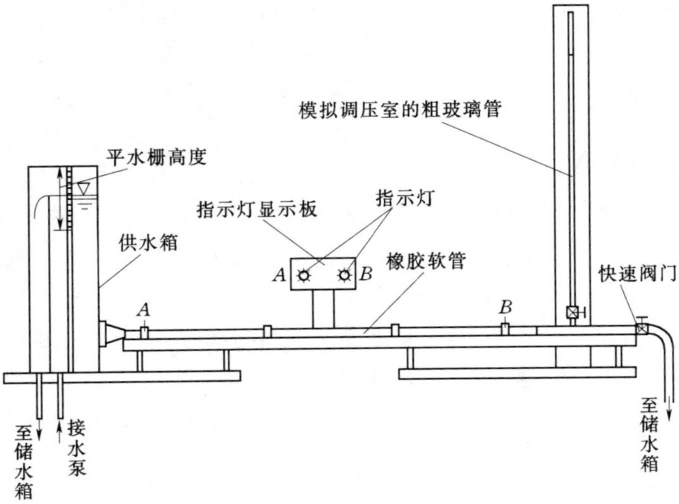

图 2-18-2　水击表演实验仪

流为恒定流。采用容易膨胀变形的橡胶软管作实验管段，可大大降低水击波速，易于演示水击波传播过程。在实验管段的上、下游端安装接触式指示灯，以显示水击波传播往复现象。在胶管下游安装钢管，上装快速阀门。在阀门前安装粗玻璃管以模拟调压室。

四、实验步骤

（1）启动水泵，打开进水开关，使水箱充水，并保持溢流状态，使水位恒定。

（2）将管端快速阀门突然关闭，产生水击现象。水击波传播使橡胶软管膨胀凸起，凸起处将电源接通，指示灯被点亮。管道两端的指示灯的亮灭显示了水击波的传播过程。

五、注意事项

（1）关闭和开启阀门要迅速。

（2）实验结束后关闭各仪器开关，切断电源，关好供水阀门。

六、思考题

（1）水击对压力管道有何影响？

（2）本实验为什么要用胶皮管作为实验管段？

七、讨论分析题

通过对该实验的观察，讨论消除或减弱管道水击的措施。

第十九节　虹　吸　实　验

一、实验目的和要求

（1）演示虹吸现象。

（2）读出 A、B、C、D、E 五个测点的测压管水头，计算这五点的压强水头，验证负压存在。

（3）根据相应的公式计算流量。

二、实验原理

虹吸管是一种自流式的引水管，可用来从高水位的水池或者河道向低水位的水池或者河道引水。由于虹吸管是通过明管从上游水面引水，部分管道高于进水口的水面，管中必然产生负压，最大真空度出现在图 2-19-1 中的 2 点。工程上对虹吸管真空度有一定限制，在虹吸管的设计中，要注意作用水头 h、2 点高程 z、管径 d 和管长 l 以及虹吸管水头损失的选取，在保证流量的同时满足对最大真空度的要求。若出口是自由出流，作用水头 h 为出水口到上游水面的高差；若出口是淹没出流，作用水头 h 为上、下游水面的高差。

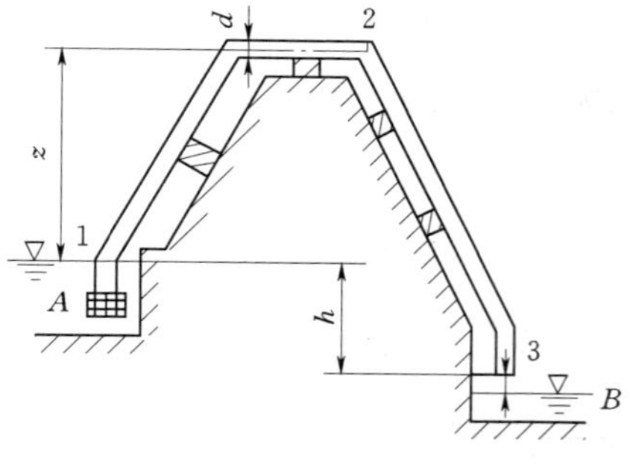

图 2-19-1　虹吸管示意图

对断面 1-1、断面 3-3 写能量方程

$$h=h_{w1-2}+h_{w2-3}+\frac{v^2}{2g} \tag{2-19-1}$$

式中：h_{w1-2}为 1 点至 2 点的水头损失；h_{w2-3}为 2 点至 3 点的水头损失；v 为管中流速。

对断面1-1、断面2-2写能量方程

$$\frac{p_2}{\rho g}=-\left(h_{w1-2}+z+\frac{v^2}{2g}\right) \tag{2-19-2}$$

三、实验设备

自循环有机玻璃制成。由潜水泵、进水管、调节阀、控制阀、进水管、测压排组成。如图2-19-2所示。

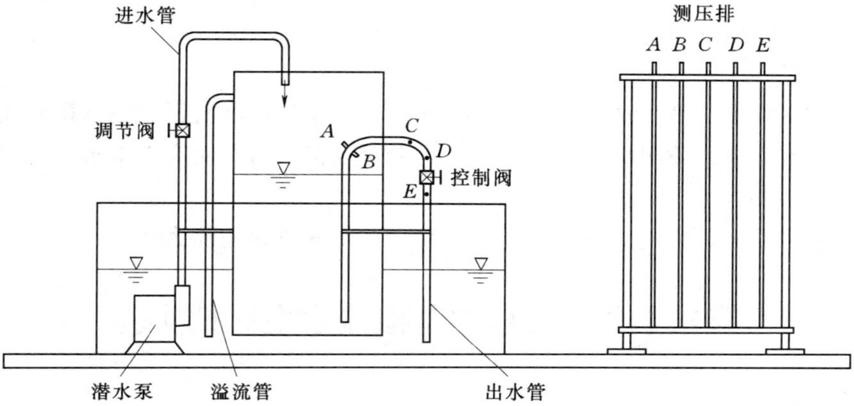

图2-19-2 虹吸实验仪

四、实验步骤

(1) 打开水泵开关，进水管上水，向中间水箱充水。

(2) 关闭出水管上的阀门，当中间水箱中的水面高于出水管时，测压排自动排气，使A、B、C、D四个测压管中液面平齐。

(3) 打开出水管上的阀门，排出出水管中的空气，同时出水管出水。

(4) 将进水管上的阀门关小，使出水管上部露出水面，使进水量和出水量逐渐趋向平衡。

五、实验数据记录

出水管高程 $z_{出}=$______cm，出水管直径 $D=$______cm，出水弯管曲率半径 $R=$______cm，虹吸管流量 $Q=\mu_K A\sqrt{2gh_V}=\sqrt{\frac{R}{2D}}\frac{\pi D^2}{4}\sqrt{2gh_V}$

式中：$\mu_K=\sqrt{\frac{R}{2D}}$为经验系数；$A$为出水管断面面积；$h_v$为$A$、$B$两点测压管水头差。

量 测 数 据 记 录

测次	h_A/cm	h_B/cm	h_C/cm	h_D/cm	h_E/cm
1					
2					

六、实验数据处理及结果

测次	$\frac{p_A}{\rho g}$/cm	$\frac{p_B}{\rho g}$/cm	$\frac{p_C}{\rho g}$/cm	$\frac{p_D}{\rho g}$/cm	$\frac{p_E}{\rho g}$/cm	$Q_{出}$/(m^3/s)
1						
2						

七、注意事项

按规定步骤使用仪器设备。

八、思考题

（1）在该实验中，最大真空度出现在哪一点？试通过列出断面能量方程来加以说明。

（2）在该实验中，关闭出水管，为什么当中间水箱中的水面高于出水管时测压排会自动排气？

（3）在该实验中，后期保持进水量和出水量平衡的原因是什么？

第二十节　有压地基渗流水电比拟实验

一、实验目的和要求

（1）使用水电比拟法测量建筑物基础渗流区的等势线（或流线），绘制流网。

（2）根据流网确定渗流量、渗透流速和浮托力。

二、实验原理

由于渗流和电流现象符合相同的数学物理方程，通过测量电流现象中的有关物理量可以解答渗流问题，这种方法叫做水电比拟实验法。

用导体来做渗流区的模型，以电场模型代替按一定比例缩小的渗流区域，做到几何相似和边界条件相似，则导体中的等电位线就相当于渗流区的等水头线，导体中的电流密度就相当于渗流流速，导体中的电流强度就相当于渗流的流量。

在实验中以水为的导电体，模拟渗流区，基础轮廓由不导电的有机玻璃制成，流场上下的边界等势线用铜条模拟，不透水边界用有机玻璃模拟，在几何条件相似、边界动力条件相似、模型本身的运动条件相似的情况下，我们可用电场中测得的等电位线代替渗流场中的等势线，从而绘制出渗流的流网。

应用流网进行渗流计算。

通过实验和绘图得到等势线与流线组成的流网，如图 2－20－1 所示。上下游水头分别为 h_1 和 h_2，水头差 $H=h_1-h_2$，流网共有 $n+1$ 条等势线，相邻等势线之间的水头差为常数 $\Delta h=H/n$；流网共有 $m+1$ 条流线，即有 m 个流段，则渗流计算如下。

（1）渗透压强。若从上游算起的第 i 条等势线上的水头为 h_i，则

$$h_i=h_1-\frac{i-1}{n}H$$

设从水头基准线向下到计算点的垂直距离为 y，则作用在该点的渗透压强为

$$P=\rho g(h+y) \tag{2-20-1}$$

式中：ρ 为水的密度；h 为该点的水头。

可以计算出各等势线和地下轮廓相交处的压强，并绘出地下轮廓的渗透压强水头分布图，如图 2-20-2 所示。作用在地下轮廓上的垂直渗透总压力为

$$F=\rho gAB \tag{2-20-2}$$

式中：A 为渗透压强水头分布图的面积；B 为建筑物宽度。总压力作用线通过该分布图的形心。

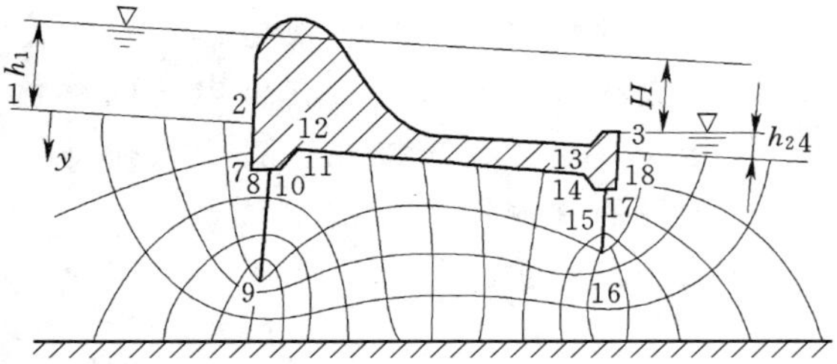

图 2-20-1　流网图

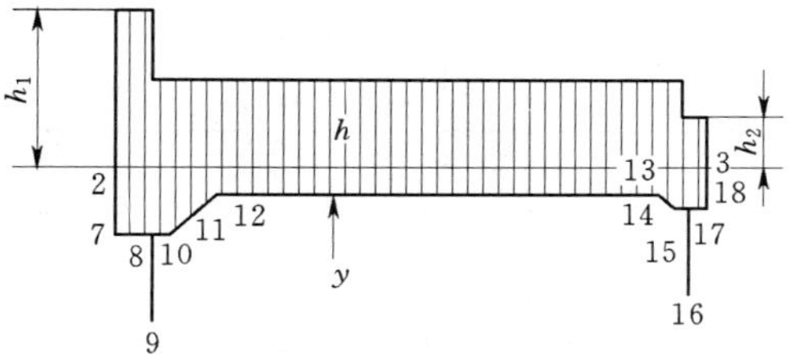

图 2-20-2　地下轮廓渗透压强水头分布图

(2) 水力坡度与渗透流速。各点的水力坡度为

$$J=-\frac{\Delta h}{\Delta s}=-\frac{H}{n\Delta s}$$

式中：Δs 为网格内的流线长度，可从流网图中直接量出。

渗流区内各点的渗透流速为

$$v=KJ$$

式中：K 为反映孔隙介质透水性能的综合系数，称为渗透系数。

(3) 渗流量。第 i 流段的单宽渗流量为

$$\Delta q_i=K\frac{\Delta h}{\Delta s_i}\Delta l_i=K\Delta h\frac{\Delta l_i}{\Delta s_i}$$

式中：Δl_i、Δs_i 分别为第 i 段网格的等势线和流线的长度，可从流网图中直接量出。

渗流区的单宽总渗流量为

$$q=K\frac{H}{n}\sum_{i=1}^{m}\frac{\Delta l_i}{\Delta s_i}$$

若网格成正方形，边长比例等于 1，则

$$q=KH\frac{m}{n} \tag{2-20-3}$$

三、实验设备

水电比拟实验盘如图 2-20-3 所示。建筑物模型比例为 1∶200。在盘中放入 1～2cm 深的导电溶液（本实验中为水）模拟渗流区。实验盘采取直接模拟方法，A、B、C 三边和建筑物地下基础边界由绝缘的有机玻璃制作，建筑物上、下游边界 E、D 分别为透水边界，由导体（铜）制作。这样，当上下游 E、D 边界之间保持恒定的电位差时，所测出的

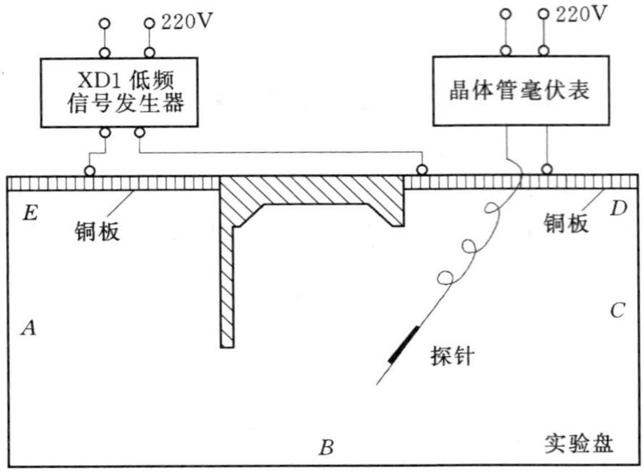

图 2-20-3　水电比拟实验盘

盘中导电液体的等电位线即为渗流的等势线。

实验装置中的点测系统包括电源部分和量测部分：

电源：由 XD1 型低频信号发生器作电源，输出频率为 1kHz、电压为 10V 的交流电，加到模型上、下游的导电板 E、D 上。

量测：使用晶体管毫伏表，将毫伏表输入端的黑线接在低电位的黑色接线柱上，红线接在探针上。探针所测得的渗流区各点的电位数值，由毫伏表直接读出。

四、实验步骤

（1）使用水平尺将实验盘调平。在量测过程中应始终保持盘面水平，如发现不平，应及时调整。

（2）检查电路无误后，接通电源，使上下游铜条导电板间的电位差为 10V。在实验过程中，保持电位差恒定，如有变化应立即调整。

（3）对于量测渗流等势线的实验，将 E、D 导电板间电位差分为 10 等份，需测 9 条等电位线，相邻两条等电位线之间的电位差为 1V，每条等电位线上至少应有 6 个点。量测时应先估计等电位线的方向和位置，然后将探针沿等电位线的正交方向左右移动，直至毫伏表上显示出所需要的电压值，记下探针的坐标位置。

（4）自备 8 开方格纸一张，实验时首先画好建筑物基础边界。根据坐标将量测点直接点绘在方格纸上，绘出等电位线。如发现错误，应及时重测。

（5）为了准确地绘出建筑物地下基础边界的压强分布图形，应在基础边界附近将测点加密。

五、实验数据记录

仪器编号：______

量测数据记录表

等势线	坐标/cm	测点										
		1	2	3	4	5	6	7	8	9	10	11
0.1H	x											
	y											
0.2H	x											
	y											
0.3H	x											
	y											

续表

等势线	坐标/cm	测点										
		1	2	3	4	5	6	7	8	9	10	11
0.4H	x											
	y											
0.5H	x											
	y											
0.6H	x											
	y											
0.7H	x											
	y											
0.8H	x											
	y											
0.9H	x											
	y											

六、数据处理及结果

（1）根据量测的等势线（或流线）绘制流网。

（2）计算建筑物地下基础的渗流量、渗透流速。已知数据为上游水头 $h_1=8.0$m，下游水头 $h_2=2.0$m［渗透压强 $p=\rho g(h+y)$，其中 h 为计算点的水头，ρ 为水的密度，y 为计算点的垂直坐标］。土壤的渗透系数 $K=5\times10^{-2}$cm/s。

（3）画出建筑物地下基础边界的渗流压强分布图，根据压强分布图求出作用在单宽基础边界上的垂直渗透总压力 F，即浮托力。

七、注意事项

（1）按操作方法进行，保证实验安全。

（2）使用仪表时应注意其量程及测试挡。

（3）在建筑物地下基础附近可多测一些等势线，网格可画密些，使得渗流计算更能反映实际。

（4）等势线最好边测边点绘在方格纸上。对于每一条等势线测点分布要求合理，在靠近底板处稍密些，中间点尽量均匀。

（5）等势线的形状和分布如有不合理现象时，应检查一下电压是否稳定，上下游电位差是否保持10V，实验盘是否水平（若不水平，渗透系数不能视为常数）。

（6）测试时要求探针保持铅垂。

八、思考题

（1）实验初为什么要求实验盘水平？

（2）如何根据流网的性质利用所测得的等势线绘制流网？

（3）在建筑物边界急骤变化的地方，流网的方格形状不是正方形的原因是什么？

九、讨论分析题

（1）在该实验中，测量等势线时电极为什么放置在地基轮廓线左右两侧？放置于其他位置是否可行？

（2）该实验是利用水电比拟法测量等势线再根据等势线绘制流网。若利用水电比拟法测量流线，实验模型将有怎样的改动？

第二十一节　平板边界层实验

一、实验目的和要求

（1）测量平板边界层内的流速分布，从而确定流速分布指数规律、边界层名义厚度 δ、位移厚度 δ_1 及动量损失厚度 δ_2。

（2）掌握毕托管和微压计的测速原理和量测技能。

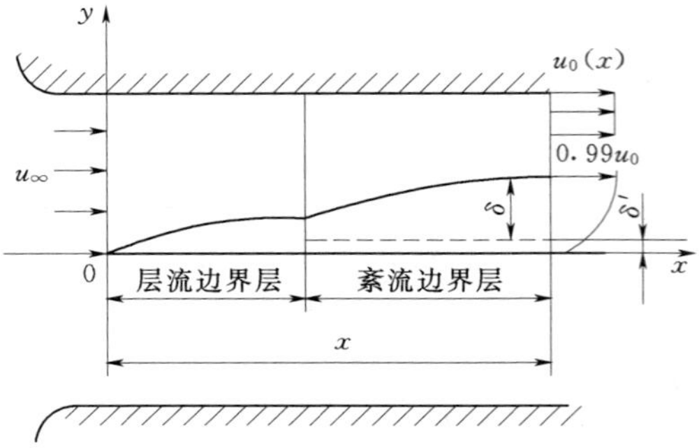

图 2-21-1　平板边界层厚度与流态变化

二、实验原理

（1）平板边界层厚度与流态的变化如图 2-21-1 所示，若量测断面坐标为 x，则该断面雷诺数为

$$Re_x=\frac{u_0x}{\nu} \tag{2-21-1}$$

（2）卜拉休斯用相似解理论数值求解边界层方程，得到平板层流边界层的三种厚度。

边界层厚度

$$\delta=5.0xRe_x^{-1/2} \tag{2-21-2}$$

边界层位移厚度

$$\delta_1=\int_0^{\infty}\left(1-\frac{u_x}{u_0}\right)\mathrm{d}y=1.72xRe_x^{-1/2} \tag{2-21-3}$$

边界层动量损失厚度

$$\delta_2=\int_0^{\infty}\frac{u_x}{u_0}\left(1-\frac{u_x}{u_0}\right)\mathrm{d}y=0.664xRe_x^{-1/2} \tag{2-21-4}$$

式中：u_x 为断面测点流速。

（3）平板紊流边界层的流速分布可用 $1/n$ 定律近似地描述。

$$\frac{u_x}{u_0}=\left(\frac{y}{\delta}\right)^{\frac{1}{n}} \tag{2-21-5}$$

当 $5\times10^5<Re_x<10^7$ 时，可取 $n=7$。七分之一定律对应的平板紊流边界层几种厚度为

$$\delta=\frac{0.37x}{Re_x^{1/5}},\quad \delta_1=\frac{1}{8}\delta,\quad \delta_2=\frac{7}{72}\delta$$

（4）边界层中各测点流速由毕托管测定，毕托管与酒精微压计相连。测点流速的计算公式为

$$u=\varphi\sqrt{2\left(\frac{\rho_s g\cdot l\cdot N+\psi}{\rho_a}\right)}\qquad(2-21-6)$$

式中：φ 为毕托管修正系数；ρ_a 为空气密度；ρ_s 为工作液体密度；l 为微压计斜管中液柱长度；$N=\frac{n}{0.81}$，n 为微压计常数因子；ψ 为微压计修正量。

三、实验设备

实验在空气动力学多功能实验装置上进行。该多功能实验台相当于一个小型风洞，它包括风机、稳压箱、收缩段与实验段等，如图 2-21-2 所示。由风机提供风源，风量由调节阀调节，气流经风道送入稳压箱，稳压箱下接收缩段，在收缩段进口装设阻尼网以均化气流，出口接各种实验段。实验后的气流从实验台面上的孔口吸入风机，以供循环使用。

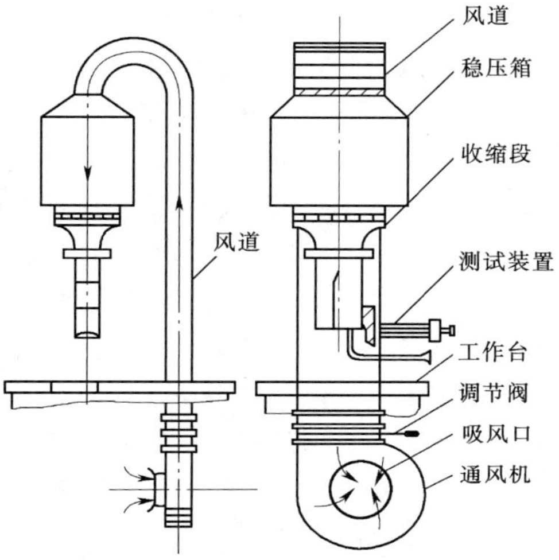

图 2-21-2　空气动力学多功能实验仪

进行平板边界层实验时，其实验段及扁嘴型毕托管如图 2-21-3、图 2-21-4 所示。在实验段中心轴线位置安装一长 $L=300$mm 的铝制平板，其一面光滑一面粗糙。平板能沿轴线上下移动，以便选择不同的量测断面。

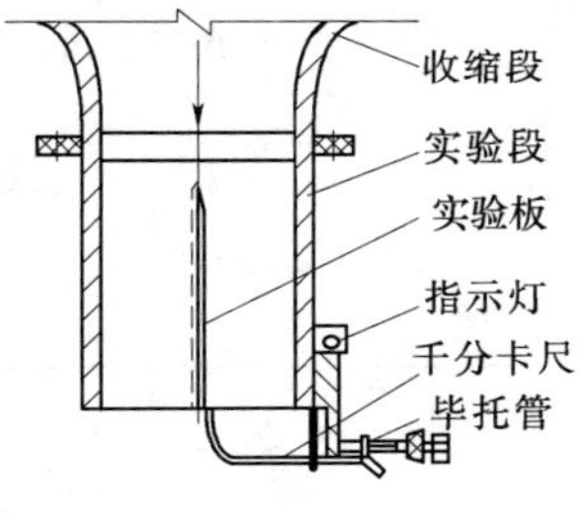

图 2-21-3　边界层实验段示意图

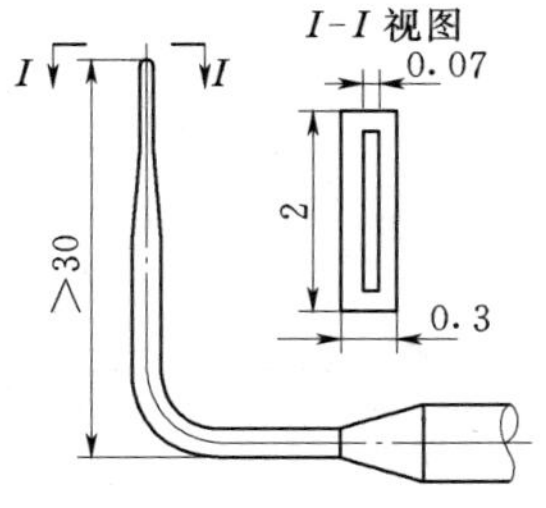

图 2-21-4　扁嘴毕托管示意图
（单位：mm）

在实验段出口装一小型毕托管，连接一个千分卡尺，用以调节和记录毕托管的横向位置，将毕托管刚接触到平板时的位置作为量测的起始点，此时指示灯发亮。毕托管与微压计相连，以测定各点流速。

四、实验步骤

（1）利用水平泡调整微压计使其处于水平位置，封闭加液孔，固定斜管的倾斜位置（测紊流边界层时放在弧形架 0.6 孔处，测层流边界层时放在弧形架 0.2 孔处），调节零位调节阀使斜管液面指零。将毕托管与微压计多项接头的“+”接头相连。

（2）检查实验平板位置是否与实验段轴线重合。

（3）测量并记录空气温度和大气压，记录实验板的实验长度（量测断面的 x 坐标）、

毕托管孔口宽度 b、毕托管修正系数 φ、微压计常数因子 n。

(4) 将指示灯电线的一端接到实验板上，另一端接到毕托管上，顺时针转动千分卡尺时毕托管向实验板靠近，接近实验板时一定要慢转以免损坏毕托管，当毕托管刚接触实验板时指示灯发亮，随即停止旋转，记录下相应千分卡尺读数 y'，该点作为第二测点，其 $y=0.5b$，第一测点为 $y=0$。

(5) 接通电源，取走实验台面上的活动板，开启调节阀到最大位置，当流动稳定后，记录第二测点的微压计读数 l 值。

(6) 反时针旋转千分卡尺使毕托管远离实验板以改变测点位置，每转一圈其 y 值增加 0.5mm，每转一小格则增加 0.01mm。测点在紧靠平板处布置要密，间距 0.02～0.03mm，随 y 增加间隔可逐渐增加为 0.05mm、0.3mm，甚至为 1mm，测点总数约 25 个。每次量测需有一定稳定时间，并记下相应千分卡尺读数 y''和微压计读数 l。测点坐标为 $y=(y''-y')+0.5b$。当微压计读数 l 不再继续变化时，表明测点已达主流区。在主流区中需任意量测三点流速取平均值，作为层外势流流速 u_0，并将 l 值乘 0.99^2 得到 l'，再顺时针慢旋千分卡尺，使微压计读数等于 l'，然后再从毕托管距实验板的距离中扣除顺时针前进的距离，其差值即为该断面边界层的厚度 δ。

(7) 为测定平板边界层厚度的发展，即 δ 随 x 的变化规律，可移动实验板的位置，使毕托管位于不同的 x 值处。

(8) 用同样测速的方法量测平板来流均匀流速 u_∞。

五、实验数据记录

仪器编号：______

有关常数：空气温度 $t=$______℃，毕托管头部宽度 $b=$______ mm，实验板的实验长度 $x=$______ mm，大气压 $p_a=$______ Pa，毕托管修正系数 $\varphi=$______，微压计常数因子 $n=$______

量测数据记录表

测次	千分卡尺读数 /mm	毕托管至铝板距离 y /mm	微压计读数 l /mm	$\frac{u_x}{u_0}$	$\frac{y}{\delta}$
1					
2					
3					
4					
5					
6					
7					
8					
9					
10					
11					

续表

测次	千分卡尺读数 /mm	毕托管至铝板距离 y /mm	微压计读数 l /mm	$\frac{u_x}{u_0}$	$\frac{y}{\delta}$
12					
13					
14					
15					
16					
17					
18					
19					
20					
21					
22					
23					
24					
25					

六、实验数据处理及结果

（1）计算量测断面各点流速 u_x、δ、δ_1、δ_2。

（2）绘制 $\lg \frac{u_x}{u_0}$ 和 $\lg \frac{y}{\delta}$ 关系曲线，确定指数 n 值并适当进行分析。

七、注意事项

千分卡尺应缓慢旋转以防损坏毕托管。

八、思考题

（1）在本实验条件下，平板边界层的主流区势流流速 u_0 与来流流速 u_∞ 不同。请说明原因，并且说明 u_0 是 x 的函数。

（2）测边界层的毕托管为什么做成扁嘴形？

（3）为什么在量测断面处的边界层内外的压强时，都可按均布的大气压强来考虑？

九、讨论分析题

在相同的实验条件下，若将光滑平板换作粗糙平板，则两种情况下，平板边界层的经验值和实测值各有什么区别？试通过实验比较分析。

第二十二节　气体紊动射流实验

一、实验目的和要求

（1）通过测定气体紊动射流断面流速分布，了解紊动射流的特性。

（2）掌握毕托管和微压计的测速原理和方法。

二、实验原理

如图 2－22－1 所示，气体紊动射流主体段各断面流速分布具有相似性，用无量纲半经验公式表示为

$$\frac{u}{u_m}=\left[1-\left(\frac{y}{y_0}\right)^{1.5}\right]^2 \tag{2-22-1}$$

式中：u 为测点流速；u_m 为量测断面轴心最大流速；y 为测点距轴心的距离；y_0 为射流半宽度，可按 $y_0=R_0+x\tan\theta$ 估算（适用于圆射角），其中 R_0 为喷嘴半径，x 为自喷嘴出口到实验断面的距离，θ 为射流扩散角。

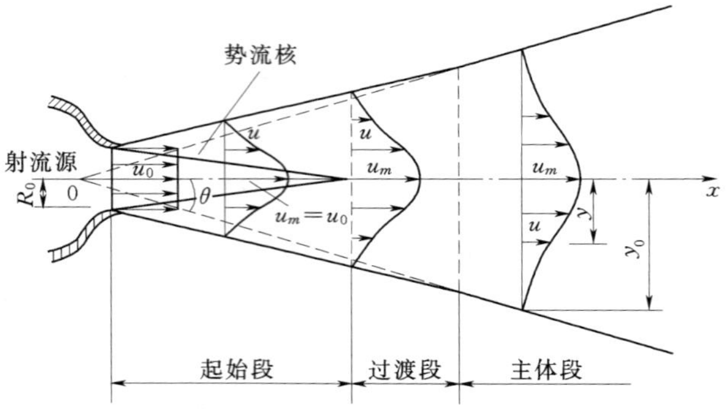

图 2－22－1　紊动射流各断面流速分布示意图

各测点流速由毕托管测定，毕托管与酒精微压计相连。测点流速计算公式为

$$u=\varphi\sqrt{2\left(\frac{\rho_s g\cdot l\cdot N+\psi}{\rho_a}\right)} \tag{2-22-2}$$

式中：φ 为毕托管修正系数；ρ_a 为空气密度；ρ_s 为酒精密度；l 为微压计斜管中液柱长度；$N=\frac{n}{0.81}$，n 为微压计常数因子；ψ 为微压计修正量。

三、实验设备

实验在空气动力学多功能实验装置上进行，如图 2－22－2 所示。该多功能实验装置相当于一个小型风洞，它包括风机、稳压箱、收缩段与实验段等。风机提供风源，风量由调节阀调节，气流经风道送入稳压箱，稳压箱下接收缩段，在收缩段进口装设阻尼网以均化气流，出口接各种实验段。实验后的气流从实验台面上的孔口吸入风机，以供循环使用。

圆射流实验在直径为 30mm 的圆柱形喷嘴和收缩形喷嘴实验段上进行如图 2－22－3 所示。喷嘴置于实验台的稳压箱底部，喷嘴右侧安装毕托管和测量标尺，毕托管和微压计相连，以测定各断面的流速分布。

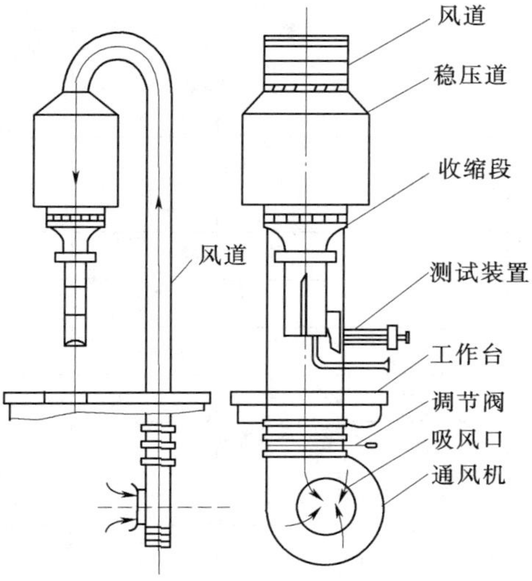

图 2-22-2 空气动力学多功能实验仪

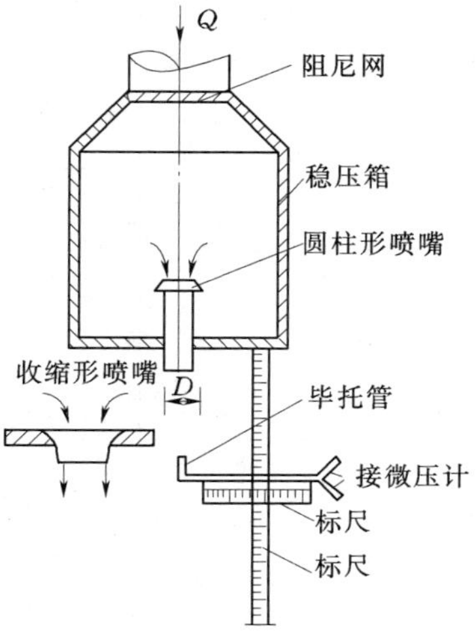

图 2-22-3 紊动射流示意图

四、实验步骤

(1) 调平微压计水平泡，将斜管固定在常数因子 $n=0.6$ 处，调节斜管内液面至零位。将毕托管总压管接在微压计的“+”接口，静压管接在倾斜管上。

(2) 用定位块和毕托管定出喷嘴中心坐标。

(3) 每个实验小组量测两个断面的流速分布。一个断面是喷嘴出口断面，测 7 个点的流速；另一个断面选在主体段，测 15 个点的流速。中心点两侧的测点数相同。量测前，先计算该断面的射流半宽度 y_0 值，大致确定测点的位置和间距。

(4) 接通电源，将毕托管调到喷嘴出口中心，慢慢开启实验台两侧的气流调节阀，使测压管内液面在 100mm 左右，待气流平稳后开始量测。首先记录射流中心点的标尺坐标和微压计斜管液柱差 l 值，再测定不同 y 值处的液柱差值。根据流速分布情况选择合适的测点，记录下每个测点的标尺坐标及相应的液柱差。

(5) 再选定一起始段断面，观察该断面内流速分布情况，滑动标尺看微压计读数的变化，可看到势流核区的微压计读数不变，势流核外逐渐减小。

(6) 量测空气温度和大气压。实验完毕断电停机，检查微压计斜管内液面是否回零。

五、实验数据记录

设备编号：______喷嘴形式：______，中心点标尺读数：______ mm

有关常数：大气压 $p_a=$ ______ Pa，喷嘴半径 $R_0=$ ______ mm，射流扩散角 $\theta\approx$ ______，微压计的常数因子 $n=$______，空气温度 $t=$ ______℃，空气密度 $\rho_a=$ ______ kg/m^3，酒精密度 $\rho_s=$ ______ kg/m^3，毕托管的修正系数 φ =______，微压计的修正量 $\psi=$______

气体紊动射流实验记录表

断面号	断面距喷嘴距离 x /mm	射流半宽 y_0/mm	测点号	测点标尺读数 /mm	测点距轴心 y /mm	微压计读数 l /mm	测点流速 u /(m/s)	$\frac{y}{y_0}$	$\frac{u}{u_m}$
			1						
			2						
			3						
			4						
			5						
			6						
			7						
			1						
			2						
			3						
			4						
			5						
			6						
			7						
			8						
			9						
			10						
			11						
			12						
			13						
			14						
			15						

六、实验数据处理及结果

（1）为使学生掌握计算方法，每个学生必须计算一个测点的流速。

（2）绘制两个测量断面的流速分布图（u 随 y 变化曲线）。

（3）绘制主体段断面的无量纲流速$\frac{u}{u_m}$随无量纲坐标$\frac{y}{y_0}$的分布图，并与半经验公式$\frac{u}{u_m}=\left[1-\left(\frac{y}{y_0}\right)^{1.5}\right]^2$绘制的图形进行比较。

七、注意事项

实验台面泄流口不能有物体阻挡气流。

八、思考题

（1）无量纲流速分布半经验公式能否运用于射流起始段？

（2）当由喷嘴出口附近沿中轴线下移时，为什么在一段距离内微压计的读数会保持不变？

九、讨论分析题

毕托管的存在是否会影响断面的流速分布？试根据实验结果分析。

第三章　水文原理与水文测验

第一节　降水、蒸发的观测

实验目的：掌握降水、蒸发仪器的使用、观测。

实验仪器：雨量器、雨量杯、虹吸式雨量计、翻斗式雨量计、蒸发器。

一、降水观测

降水量是指从天空降落到地面上的液态或固态（经融化后）的降水，未经蒸发、渗透、流失而在水平面上积聚的深度。

降水的观测包括降水量观测和降水强度观测，观测时还要记录起止时间。

（1）雨量器。雨量器是直接观测降水量的器具，它是一个圆柱形金属筒，由承雨器、漏斗、储水瓶和雨量杯组成，如图 3－1－1 所示。

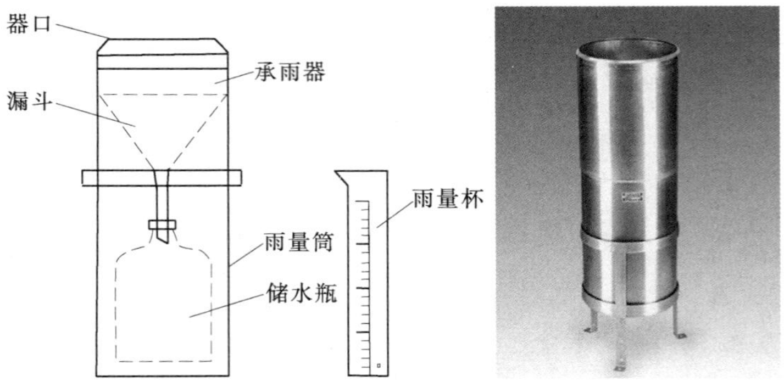

图 3－1－1　雨量器示意图

工作原理：承雨器口径为 20cm，安装时器口一般距地面 70cm，筒口保持水平。雨量器下部放储水瓶收集雨水。观测时将雨量器里的储水瓶迅速取出，换上空的储水瓶，然后用特制的雨量杯测定储水瓶中收集的雨水，分辨率为 0.1mm 。当降雪时，仅用外筒作为承雪器具，待雪融化后计算降水量。

用雨量器观测降水量的方法一般是采用分段定时观测，即把一天分成几个等长度的时段，如分成 4 段（每段 6h）或分成 8 段（每段 3h）等，分段数目根据需要和可能而定。一般采用 2 段制进行观测，即每日 8 时及 20 时各观测一次，雨季增加观测段次，雨量大时还需加测。日雨量是以每日 8 时作为分界，将本日 8 时至次日 8 时的降水量作为本日的降水量。

在天气炎热干燥的日子，降水停止后就要及时测量以免雨水蒸发。降水量的记录以毫米为单位，取一位小数。无降水时，降水量一栏可不填写。降水量不足 0.05mm 的，记为 0.0。

（2）虹吸式自记雨量计。虹吸式自记雨量计是常用的降水自记仪器，它能连续记录液体降水量和降水时数，从降水记录上还可以了解降水强度。虹吸式自记雨量计的构造如图 3－1－2 所示。虹吸式雨量计是由承水器、浮子室、自记钟、虹吸管、外壳等组成。

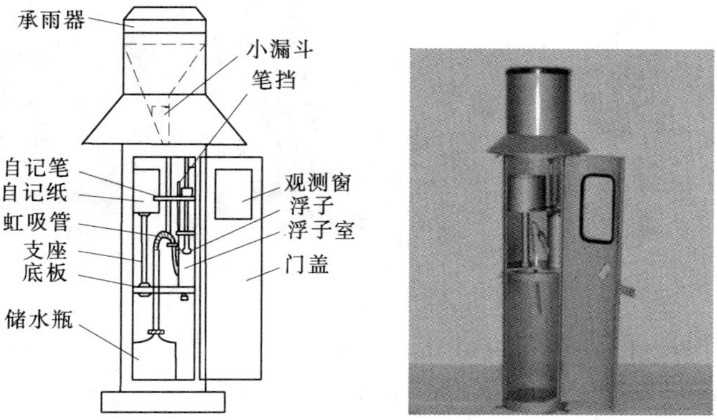

图 3－1－2　虹吸式自记雨量计示意图

工作原理：承水器的承水口直径为 20cm，降水由承水口进入经下部的漏斗汇集，注入小漏斗，导入浮子室。浮子室是由一个圆筒内装浮子组成，浮子随着注入雨水的增加而上升，并带动自记笔在附有时钟的转筒上的记录纸上画出曲线。记录纸上纵坐标记录雨量，横坐标由自记钟驱动，表示时间。当雨量达到 10mm 时，浮子室内水面上升到与浮子室连通的虹吸管顶端即自行虹吸，将浮子室内的雨水排入储水瓶，同时自记笔在记录纸上垂直下跌至零线位置，以后随雨水的增加而上升，如此往返持续记录降雨过程。记录纸上记录下来的曲线是累积曲线，既表示雨量的大小，又表示降雨过程的变化情况，曲线的坡度表示降雨强度。因此从自记雨量计的记录纸上，可以确定出降雨的起止时间、雨量大小、降雨量累积曲线、降雨强度变化过程等。虹吸式雨量计分辨率为 0.1mm，降雨强度适应范围 0.01 ～4.0mm/min 。自记钟固定在座板上，自记钟筒由钟机推动作用回转运动，使记录笔在记录纸上作出降水记录。外壳是用来保护整个仪器的。另外在门上装有观测窗便于在记录降水过程中检查降水及记录情况。

（3）翻斗式遥测雨量计。翻斗式遥测雨量计是由感应器及信号记录器组成的遥测雨量仪器。感应器由承水器、计量翻斗、计数翻斗、干簧开关等构成。记录器由计数器、记录笔、自记钟、控制线路板等构成，如图 3－1－3 所示。

工作原理：下雨时，雨水落入接水漏斗，经漏斗口流入翻斗的右斗，当积水量达到 0.1mm（指平地积水量 0.1mm 深），翻斗失去平衡，向右边倒，在右斗倒掉雨水的同时，左斗开始接水，积水量达到 0.1mm 时，翻斗又倒向左边。若雨下落不停，翻斗就连续翻动。每一次翻斗倾倒，都使开关接通电路，向记录器输送一个脉冲信号，记录器控制自记笔将雨量记录下来，如此往复即可将降雨过程测量下来。记录 100 次后，将自动从上到下落到自记纸的零线位置，再重新开始记录。由于翻斗每次翻动需要的雨水量

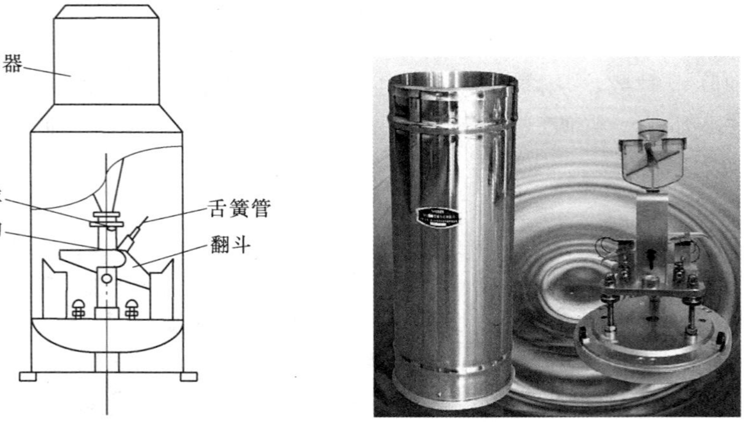

图 3-1-3　翻斗式遥测雨量计示意图

是固定的，翻斗式雨量计分辨率为 0.1mm，降雨强度适用范围在 4.0mm/min 以内，知道了翻斗翻动次数，就可以知道降雨量了。虹吸式和翻斗式雨量计的记录系统可以将机械记录装置的运动变换成电讯号，用导线或无线电信号传到控制中心的接收器，实现有线远传或无线遥测。

二、蒸发量的观测

气象上常用蒸发器测量水面蒸发，利用标准的器皿（称为蒸发器）测量饱和水面上水分的损失。蒸发器可分为小型蒸发器（器口面积较小）和大型蒸发器 E601B 型蒸发器（器口面积较大）为 3000cm^2，属于大型蒸发器。

没有 E601B 大型蒸发器的气象站，全年使用小型蒸发器进行观测，有 E601B 型蒸发器但冬季结冰期较长的气象站，在冬季结冰期间停止 E601B 型观测，用小型蒸发器进行冰面蒸发量观测，用称量法测量。

图 3-1-4　小型蒸发器

（1）小型蒸发器。工作原理：小型蒸发器为一口径 20cm，高约 10cm 的金属圆盆，口缘镶有内直外斜的刀刃形铜圈，器旁有一倒水小嘴，如图 3-1-4 所示。为了防止鸟兽饮水，器口附有一个上端向外张开成喇叭状的金属丝网圈。小型蒸发器安置在雨量筒附近，终日能够受到阳光照射的地方。要求器口水平，口缘距地面的高度为 70cm。

蒸发量的测定一般是前一日 8 时以专用量杯量清水 20mm 清水（原量）倒入器内，经 24h 后即当日 8 时，再量器内的水量（余量），其减小的量为蒸发量，即

$$蒸发量=原量-余量$$

若前一日 8 时到当日 8 时之间有降水，则计算式为

$$蒸发量=原量+降水量-余量$$

工作中注意，在有降水时，应取下金属丝网圈。冬季结冰期间，可 10d 换一次水。应定期检查蒸发器是否水平，有无漏水。

（2）E601B 型蒸发器。工作原理：E601B 型蒸发器由蒸发桶、水圈、溢流桶、测针和超声波蒸发传感器等组成，设备图与结构图如图 3－1－5、图 3－1－6 所示。测量范围 0～100mm，分辨率为 0.1mm。

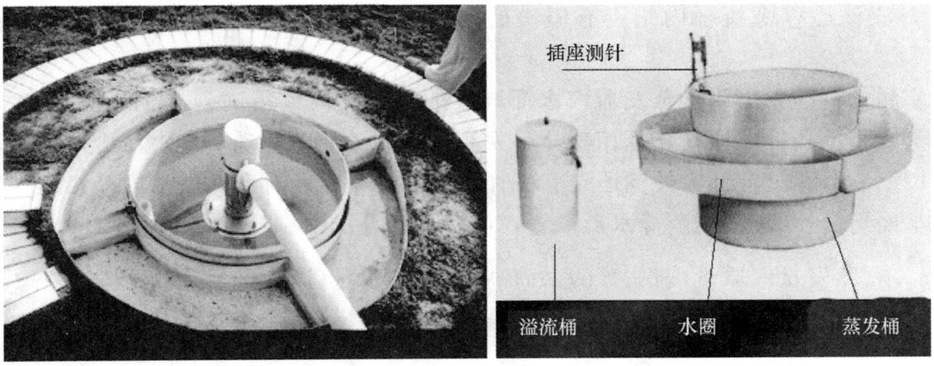

图 3－1－5　E601B 型蒸发器

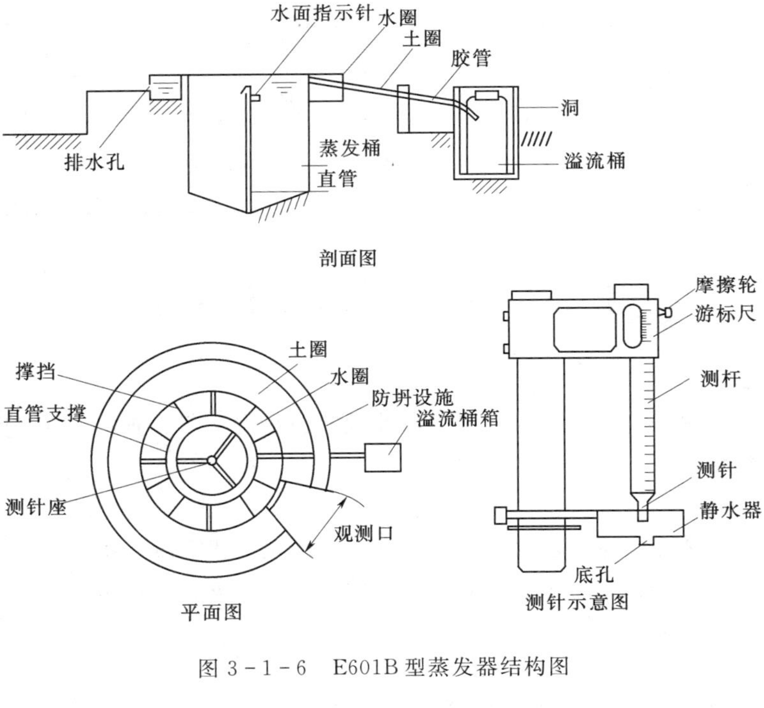

图 3－1－6　E601B 型蒸发器结构图

蒸发桶：由白色玻璃钢制成，器口正圆。器口向下 6.5cm 器壁上设置测针座，座上装有水面指示针，用以指示蒸发桶中水面高度。在桶壁上开有溢流孔，孔的外侧装有溢流嘴，用胶管与溢流桶相连通，以承接因降水较大时从蒸发桶内溢出的水量。

水圈：是安装在蒸发桶外围的环套，材料也是玻璃钢。用以减少太阳辐射及周围溅水对蒸发的影响，它由四个相同的弧形水槽组成。内外壁高度分别为 13.7cm 和 15.0cm。

每个水槽的壁上开有排水孔。为防止水槽变形，在内外壁之间的上缘设有撑挡。水圈内的水面应与蒸发桶内的水面接近。

溢流桶：圆柱形盛水器，用于承接因降水较大时由蒸发桶溢出的水，可用镀锌铁皮或其他不吸水的材料制成。溢流筒应放置在带盖的套箱内（避免蒸发）。当出现强降水时，应该检查溢流桶内是否有溢出的水。观测员可以在 20 时观测时提前观测溢流量。

插座测针：是人工测量蒸发器内水面高度的部件，读数精确到 0.1mm。测针插杆的杆径与蒸发器上测针座插孔孔径相吻合。观测时使针尖上下移动，与水面恰好相接，然后从游标尺上读数。测针针尖外围还设有一杯形静水器，器底有孔，使水内外相通（保持针尖周围水面平静），上下调节静水器位置，使底部没人水中。

蒸发量＝原量(前一日的水面高度)＋降水量(以雨量器观测为准)

－余量(当日 20 时观测的雨量)

三、观测记录表

降水、蒸发记录表

<table>
<tr><td>观测时间</td><td colspan="5">年　月　日　时　分</td></tr>
<tr><td rowspan="3">降水量/mm</td><td colspan="4">蒸发量/mm</td><td>观测时间</td></tr>
<tr><td>原量</td><td>降水量</td><td>余量</td><td>蒸发量</td><td rowspan="2"></td></tr>
<tr><td></td><td></td><td></td><td></td></tr>
<tr><td></td><td></td><td></td><td></td><td></td><td></td></tr>
</table>

第二节　雨情自动监测系统

一、实验目的

对雨情自动监测系统进行结构认识、参数设置、数据采集、查阅 、信息传输实验。

二、系统介绍

1. 系统概述

雨情自动监测系统是通过建设实用、可靠的自动化采集系统，扩大山洪灾害易发区收集的数据采集信息量，提高雨量信息的收集时效，为山洪灾害的预报预警、为防灾减灾工作提供准确的基本信息。

2. 系统组成

雨情自动监测系统共由三部分组成。其中包括 GPRS 雨情测站、卫星雨情测站和无线电台雨情测报。测站分别采用移动 GPRS 网络（2G 网络）、卫星通信网络、无线短波传输方式实现与远程数据中心（远程服务器）的数据互通。系统框图如图 3-2-1 所示。

雨情自动监测系统负责实时监测雨情变化，当有降雨时系统通过雨量计收集当前降雨

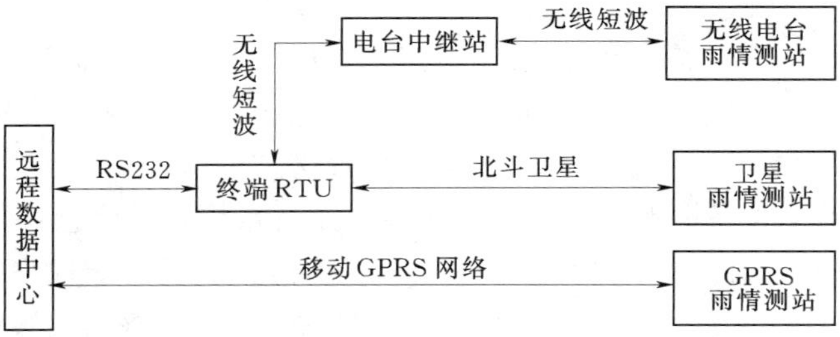

图3-2-1　雨情自动监测系统关系图

量信息，并将雨量信息传送给RTU（遥测终端机）。RTU收到降雨量信息后通过处理并与预先设置参数进行比较，如果达到上报要求RTU通过无线网络将所上报数据发送给中心站。

3. 测站组成

自动雨量站由雨量传感器、遥测终端、通信系统、太阳能供电系统、蓄电池组、避雷设施等组成，系统结构如图3-2-2所示。

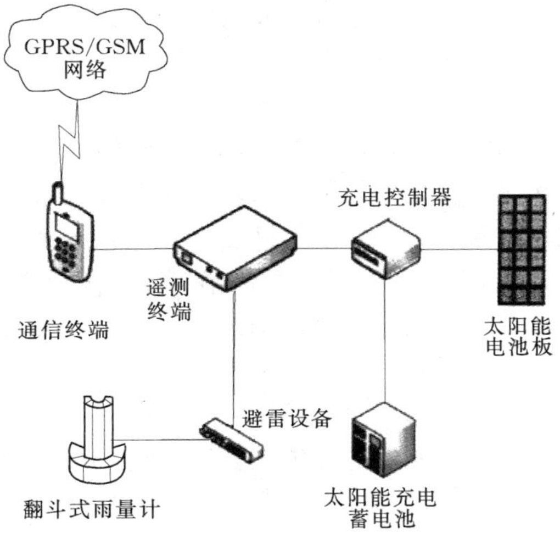

图3-2-2　自动雨量站系统结构图

4. 测站工作体制

自动雨量监测站采用有人看管、无人值守的管理模式，并具有防雷、省电、低功耗的功能，系统可以长期稳定可靠的工作，特别是恶劣天气条件下正常工作。具有雨量、电压告警功能，具有良好的实效性，保证在10min收集各监测站雨情、水位信息。

自动雨量站采用定时自报式、查询应答式相结合的遥测方式和定时自报、事件加报和召测兼容的工作体制。

5. 测站主要功能

（1）设备体积小、安装简单，可靠性高、使用维护方便、具有可靠良好的防雷措施，中心可实时配置各种参数和接收数据。

（2）支持多种信道，支持GPRS/GSM/CDMA/超短波/卫星等为主信道、其他为备用信道，主信道不通时自动切换到备用信道。

（3）具有雨量数据智能采集、长期固态存储和远距离传输功能。

（4）大容量flash存储，按雨量观测规范标准能存储一年以上的带时间标签的雨量数据。

（5）采用太阳能供电方式，在无日照情况下，能正常工作30天以上。

（6）支持自报、自报—确认、召测应答三种通信方式，三种通信方式可混合组网。

（7）支持掉电、休眠、永久在线三种电源管理模式。

（8）具有多个 RS232、RS485 接口，适用于多种类型的传感器接入及数据通信。

（9）测站支持远程唤醒，响应中心命令。在休眠状态下，中心可以随时唤醒测站进行数据采集、读取任意时段自记数据或修改设备配置信息等。

（10）能实时监测设备电源电压、工作环境温度及系统状态信息等。

（11）报汛要求：有雨时不小于 10min 一报、无雨至少每日 8 时发送一次平安报（卫星报送平安报每日 17：00—17：50），上报内容包括电池电压等相关数据。

三、实验设备安装与结构

1．雨量计安装

（1）雨量计的承雨口高度距地平面的距离不小于 70cm，并且保证仪器器口周围 3～5m 之内不允许有高于仪器承雨口的遮蔽物。

（2）雨量计安装前，用水平尺将承雨口校平，将雨量计固定在预制好的基础上，底座上 3 个地脚的安装孔用 3 个 M_8 地脚螺栓、螺母（或膨胀螺钉）将其固定在基座上锁紧螺母，基座应能保证仪器安装牢固，在暴风雨中不发生抖动或倾斜。调整调平螺帽，使圆水准气泡居中，仪器调平后，上紧固定螺帽。

（3）调整雨量计调平螺栓，使雨量计工作平台上的圆水准气泡居中。

（4）安装调试设备完成后，模拟降雨发送数据，确保计量精度达标。现场调试应使用量杯进行 3 次人工注水试验，向雨量计承雨口倒入约 10mL 的水，观测仪器计数是否与所注入水量一致，并同时区县防汛中心接收雨量数据值，测试误差应在 0.2～10mm 左右，超过误差应进行调整。如 3 个值相同则测站安装调试完毕，设备运行正常，如不同，检查雨量计是否调平、通信信道是否正常、遥测终端机工作情况，参数设置等情况，逐一排除，直至设备调试完成。

2．太阳能板安装

（1）控制器的固定。外形尺寸 140mm×90.5mm，安装孔尺寸 133.5mm×70mm。

（2）导线的准备：建议使用多股铜芯绝缘导线。先确定导线长度，在保证安装位置的情况下，尽可能减少连线长度，以减少电损耗。按照不大于 $4A/mm^2$ 的电流密度选择铜导线截面积，将控制器一侧的接线头剥去 5mm 的绝缘。

（3）先连接控制器上蓄电池的接线端子，再将另外的端头连至蓄电池上，注意“+”极、“－”极，不要反接。如果连接正确，指示灯应亮，可按按键来检查。否则，需检查连接对否。如发生反接，不会烧保险及损坏控制器任何部件。保险丝只作为控制器本身内部电路损坏短路的最终保护。

（4）连接光电池导线，先连接控制器上光电池的接线端子，再将另外的端头连至光电池上，注意“+”极、“－”极，不要反接，如果有阳光，充电指示灯应亮。否则，需检查连接对否。

（5）负载连接，将负载的连线接入控制器上的负载输出端，注意“+”极、“－”极，不要反接，以免烧坏用电器。

3．遥测终端机安装

（1）接好雨量计。

（2）检查 GPRS/GSM 通信终端天线是否连好。

（3）用笔记本电脑对 GPRS/GSM 通信终端进行基本参数配置（包括：中心 IP、PORT、专线号、中心短信接收手机号码等）。

（4）确定终端机所有电源线连接正确。

（5）打开终端机电源开关，这时你会听到蜂鸣器的响声，液晶显示器将显示值守状态的信息（时钟，雨量，电压）。

（6）进行初始化。

（7）输入当前时间。

（8）输入终端站号和中心站号。

（9）设定加报参数。

（10）根据系统要求设定其他参数。

（11）设定完毕后，退回到监控状态（即值守状态）。

（12）检查雨量采集等功能，确定传感器已正常工作。

（13）通过修改时钟来检查定时报功能。

（14）检查人工置数功能，确认中心站是否收到数据信号。

（15）检查 GPRS 数据通信以及 GSM 短信发送功能。

（16）检查备用信道通信功能。

（17）按“MAIN”键进入主菜单，检查系统参数是否设置正确。

4. 设备结构

（1）一体化智能雨量水位装置结构如图 3-2-3 所示。

图 3-2-3　一体化智能雨量水位装置结构图

（2）一体化雨量采集装置为雨情测报系统的核心部件，如图 3-2-4 所示。主要负责雨情数据的收集、存储及远程传输等功能。此装置采用太阳能电池板及锂电池供电，可实现在光照条件下持续工作 1 个月。

（3）翻斗式雨量计用于收集雨情信息。并通过脉冲的方式将数据主动报告给遥测终端机（RTU）。翻斗每翻转一次计一个脉冲，如图 3-2-5 所示。

图 3-2-4　一体化雨量采集装置

图 3-2-5　翻斗式雨量计

图 3-2-6　太阳能电池板

（4）供电系统（太阳能电池板和锂电池）为整个系统的供电部分，如图 3-2-6 所示。电池为系统工作提供持续的电压，太阳能电池板负责在锂电池电压欠压的情况下给锂电池充电。从而使整个系统的供电持续不间断。

（5）遥测终端机：负责采集和数据远传，可定时或实时的将雨情数据传输给远程服务器如图 3-2-7 所示。也可将数据本地化存储，实现数据丢失情况的追溯。可支持 GPRS/SMS/卫星/超短波电台等传输方式。

（6）北斗卫星接收机：卫星通信中负责数据收发的装置。应用过程中需要成对出现。通信方式为全双工通信如图 3-2-8 所示。

图 3-2-7　遥测终端机

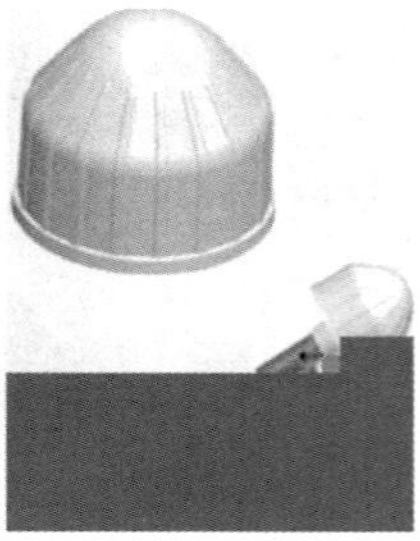

图 3-2-8　北斗卫星接收机

四、传输方式

本实验通过户外翻斗式雨量计进行降雨监测，采用自动化控制将所采集的雨量信息以 GPRS、卫星通信和电台通信的三种传输方式将雨量信息传送至远程数据中心控制计算机。在控制中心计算机，运用集成软件操作平台，对各个雨情监测数据进行查看，实现雨情监测的自动化控制，如图 3-2-9、图 3-2-10 和图 3-2-11 所示。

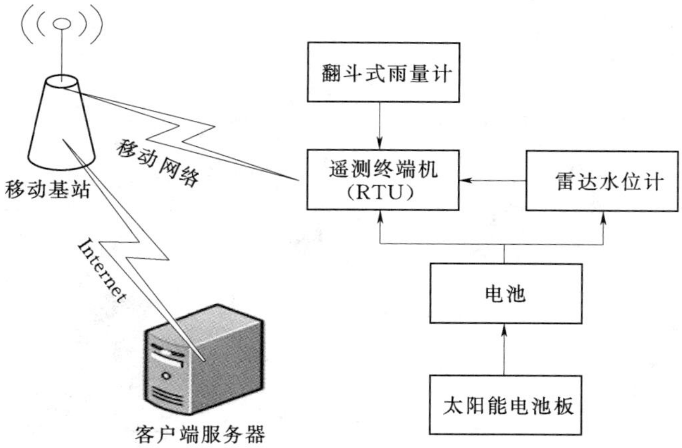

图 3-2-9　GPRS 站传输图

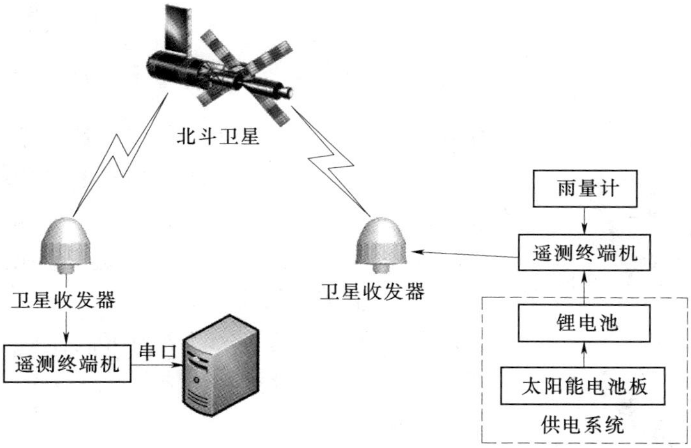

图 3-2-10　卫星传输图

五、手持式参数设置仪

TH-HTS2000 是基于显示和按键设置的一体化智能雨量计而设计的。提供一体化智能雨量计（TH-IRG2000）采集通信模块的参数读取和设置。TH-HTS2000 通过 RS485 方式对 TH-IRG2000 采集通信模块进行参数读取和设置，如图 3-2-12 所示。

1. 三个功能模块

（1）设置参数：进行 TH-IRG2000 采集通信模块参数的读取和设置。

（2）读取信息：对可直接读取的数据信息进行显示。

（3）权限参数设置：对权限用户进行特定设置操作功能。

2. 设置参数模块

（1）工作方式：以下四种方式只能选择其中一种。

自报状态：遥测终端上报数据不进行确认机制。

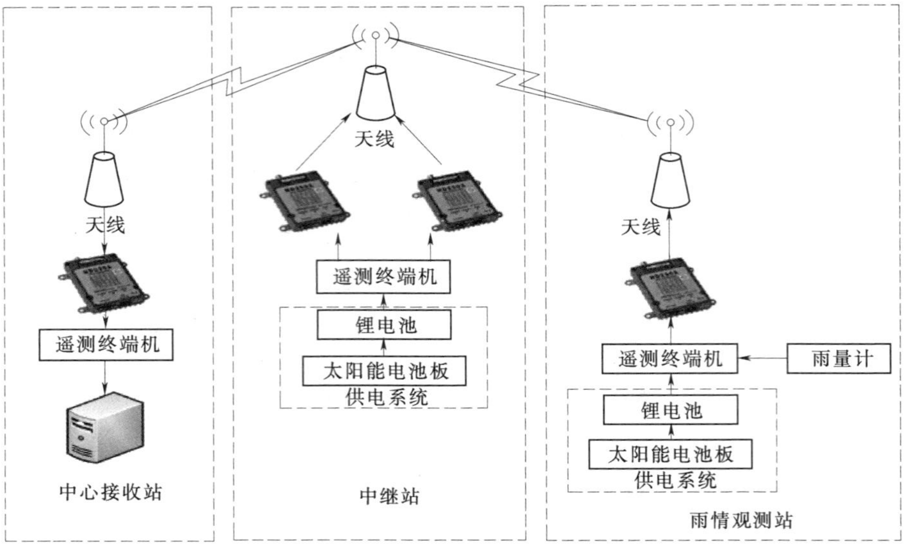

图 3-2-11　电台传输图

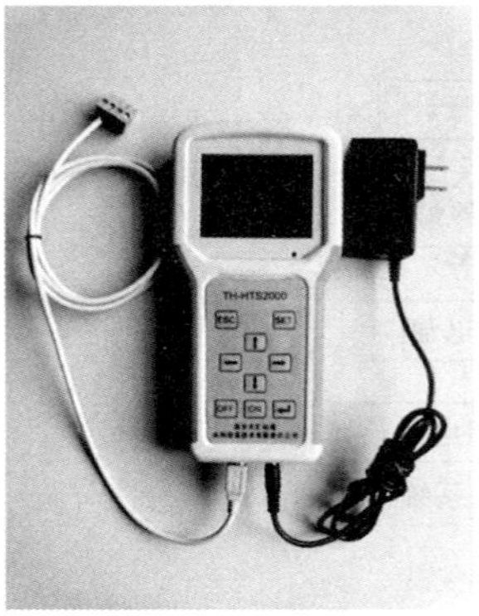

图 3-2-12　参数设置仪

自报确认状态：遥测终端上报数据需要有确认应答机制。

查询应答状态：目前此状态在自报确认状态下也可实现。具体可根据要求修改。

调试维修状态：此状态下雨量上报信息不计入累计雨量变量，只是作为测试使用。

（2）采集要素：根据项目要求可以任意组合。

雨量：采集降水量要素。

水位：采集水位要素。

（3）设备识别号：GPRS 通信方式选择移动通信卡设置，卫星通信方式选择北斗卫星通信卡设置。

移动通信卡：遥测终端安装时插入的 SIM 卡号码。

北斗卫星通信卡：遥测终端通信的卫星插入的 ID 卡号码。

（4）遥测站分类码：根据项目情况进行分类码选择，纯雨量采集选择降水，水位雨量的选择河道。

（5）设置运行参数表菜单：所有参数信息，如果合适不需要进行设置，否则需要重新根据需要进行设置。

定时报间隔：1～24h 可选，以每天早上 8 时为时间基准点。

加报间隔：0 表示关闭时间触发加报，1～59min 可选。

（6）权限参数设置模块：雨量累计值设置、版本信息设置、固态数据初始化、恢复出厂设置、用户登录密码、一键参数设置功能。

（7）系统参数设置可通过现场手持式设置或远程软件设置。手持式参数设置界面，如

图 3-2-13 所示。

操作软件参数设置界面如图 3-2-14 所示。

注：建议在没有特殊需要的情况下不要随意修改测站编码。

六、雨情监测站 RTU 参数设置内容

以 GPRS 雨情监测站为例。

(1) 设置时钟：设置 RTU 运行的时间。RTU 所有数据上报的时间均与此时间有关，如果时间错误可能引起上报的数据查询不到或者降雨时间不对。

(2) 中心站地址：设置要上报中心站的地址。如果此地址设置成 000 的话，RTU 将不能把数据发给中心站。中心站地址共 4 个，每一个地址与对应的信道（IP 信道、短信信道）对应。例如中心站地址 1 对应第一个 IP 通道和第一备用 SMS 信道。

(3) 遥测站地址：区分不同测站的编码地址。每一个雨情测站的编码唯一，不得重复出现。

(4) 主信道 IP：主信道 IP 是 RTU 发送数据的目标地址（即接收数据的电脑）共 4 个主信道 IP。每一个主信道 IP 对应一个接收点。每次设置 IP 时会默认打开本地址所在的通道。如果不想让某一个 IP 发送数据可通过 IP 通道设置关闭相应通道即可。

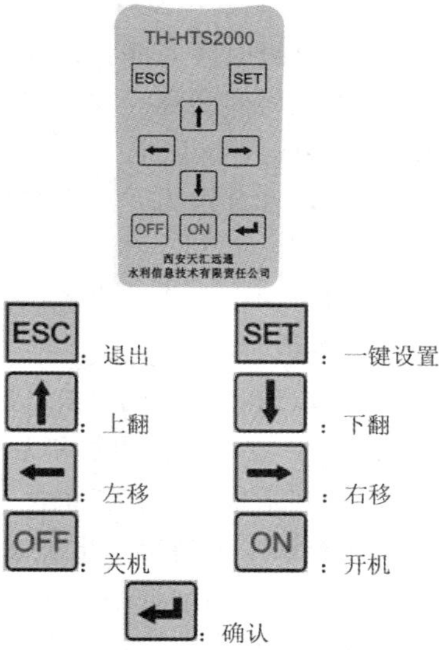

图 3-2-13　参数设置界面

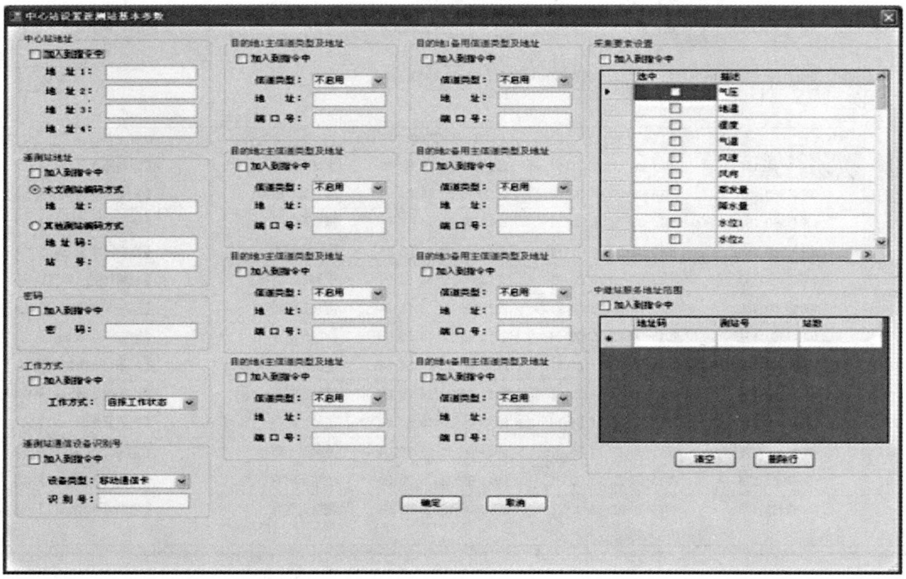

图 3-2-14　软件参数设置界面

(5) 备用信道 SMS：备用信道 SMS 与主信道 IP 一一对应，在通道打开的情况下如果数据通过 IP 信道发送失败的情况下，将通过此信道以短信的形式发送数据给用户，需要设置每一个接收数据的短信号码。

(6) 采集要素：设置 RTU 所要采集的数据（包括雨量和水位数据）。

1) 定时报时间间隔：设置定时上报的时间间隔，以小时为单位，默认为 1h。

2) 加报时间间隔：如果想设置非整点时的数据上报可通过设置加报时间间隔，单位为分钟。默认为半小时。

3) 雨量计分辨力：此设置位于雨量参数设置里面。主要是设置雨量计翻一次漏斗所计量的雨量值。

4) 雨量加报阈值：设置雨量上报的阈值，具体指上一次上报数据和本次需要上报数据之间的差值。

5) 读取信息：在读取信息里面可以读取当前系统的累计雨量，工作电压、IP 连接情况等信息（注：卫星雨情测站和无线电台雨情测站与 GPRS 雨情监测站的设置基本相同）。

6) 查询来报情况：查询某一站点的历史数据上报情况。右键点击需要查询的站点名称，选择查询来报情况弹出下图对话框，对话框中分 3 个子菜单。根据需要选择要查询的数据。然后在测站地址中填写站号。通过开始时间和结束时间的下拉菜单选择要查询的时间段数据点击查询即可，如图 3-2-15 所示。

图 3-2-15　来报查询界面

第三节　风、气压的观测

实验目的： 通过实习，使学生了解空盒气压表、水银气压表、风向、风速测量仪的结构原理，掌握其观测和数据订正方法。

实验仪器： 轻便风速风向仪、EL 型电接风向风速仪、空盒气压表、动槽式水银气压表。

一、风的观测

风的观测包括风速和风向两个方面。

风向是指风的来向，也就是风向标箭头所指的方向。气象上风向有瞬间风向和平均风向之分。通常所说的风向不是瞬间的风向，而是观测 1～2min 的平均风向。“最多风向”是指在规定的时间段内出现频数最多的风向。地面人工观测用 16 个地理方位表示风向，如图 3－3－1 所示。它们分别为北、北东北、东北、东东北、东、东东南、东南、南东南、南、南西南、西南、西西南、西、西西北、西北以及北西北。也可以用角度表示：以正北为基准，按照顺时针方向，依次为东风 90°、南风 180°、西风 270°、北风 360°。

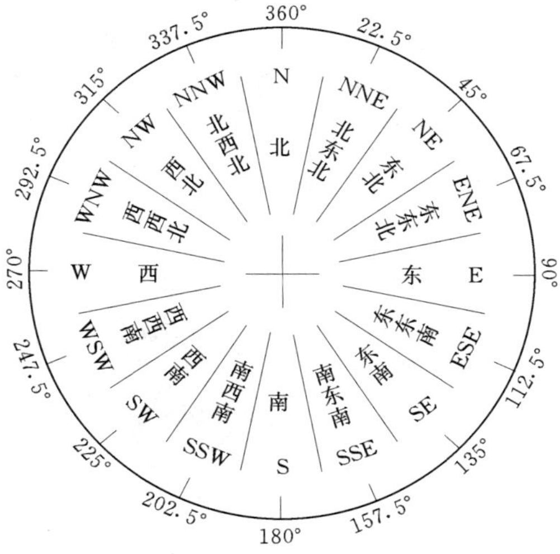

图 3－3－1　风向 16 扇区划分

风速是指单位时间内气流走过的距离。风速的单位是 m/s。观测时取一位小数。瞬时风速是指 3s 内的平均风速。最大风速是指在某个时段内出现的 10min 平均最大风速值。极大风速（阵风）是指某个时段内出现的最大瞬时风速值。风力等级表见表 3－3－1。

表 3－3－1　　风力等级

风级	名称	陆地上面物体征象	风速	
			m/s	km/h
0	无风	静烟直上	0.0～0.2	<1
1	软风	烟能表示风向，树叶略有摇动	0.3～1.5	1～5
2	轻风	人面感觉有风，树叶有微响	1.6～3.3	6～11
3	微风	树叶及小枝摇动不息，旗子展开	3.4～5.4	12～19
4	和风	能吹起地面灰尘及纸张，树的小枝摇动	5.5～7.9	20～28
5	清风	有叶的小树摇摆，内陆的水面有小波	8.0～10.7	29～38
6	强风	大树枝摇动，电线呼呼有声，撑伞困难	10.8～13.8	39～49
7	劲风	大树摇动，大树枝弯下来，迎风步行感觉不便	13.9～17.1	50～61
8	大风	可折毁树枝，人向前感到阻力甚大	17.2～20.7	62～74
9	烈风	烟囱及平房屋顶受到损坏，小屋遭到破坏	20.8～24.4	75～88
10	狂风	树木可被吹倒，一般建筑物遭破坏	24.5～28.4	89～102
11	暴风	大树可被吹倒，一般建筑物遭到严重破坏	28.5～32.6	103～117
12	台风	陆上少见，摧毁力极大	32.7～36.9	118～133

目前气象台站用来测定风的仪器主要有轻便风速风向仪、EL 型电接风向风速仪。在

没有仪器或仪器失灵情况下可根据某些物体被风吹动的情况用目力来判定。

1. 轻便风速风向仪

（1）风杯是测定风速最常用的传感器，风杯风速器的旋转轴垂直于风的来向，风杯风速仪一般有 3 个半球形或圆锥形空杯组成。风杯安装在星形架的等长横臂上，杯的凹面沿圆周顺着同一方向，支架固定在能旋转的垂直轴上。设备图及原理示意图如图 3－3－2、图 3－3－3 所示。

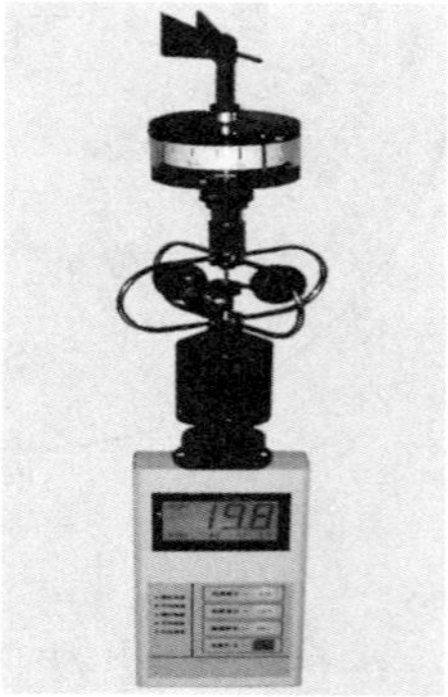

图 3－3－2　风速风向仪设备图

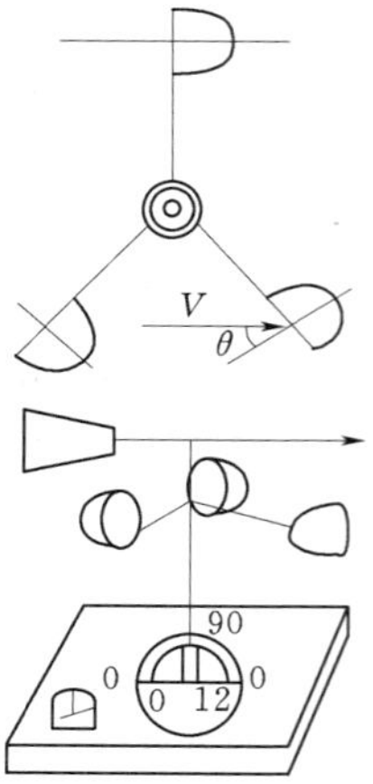

图 3－3－3　原理示意图

风速 v 和风杯的转速 ω 成正比：

$$v=K\omega=2\pi KN \tag{3-3-1}$$

其中 K 为风杯系数，N 为单位时间内的风杯的转数，可以通过机械传动方法来测定转速。风杯系数 K，与风杯的结构、机械特征、惯性以及传动装置有关，一般由实验测定。对于杯形风速器，K 值在 2.2～3.0 之间。在已知 K、N 之后，由式（3－3－1）就可以确定风速 v。

LQX－SX 型风速风向仪，风向部分由风向标、风向度盘（磁罗盘）等组成，风向示值由风向指针在风向度盘上的位置来确定。风速部分采用传统的三环旋转架结构，仪器内的单片机对风速传感器的输出频率进行采样、计算，最后仪器输出瞬时风速、一分钟平均风速、瞬时风级、一分钟平均风级、平均风速及对应的浪高。测得的参数在液晶显示器上用数字直接显示出来。

（2）观测时将方向下小套管拉下再右转一角度，此时方向盘就可以按地磁子午线的方向稳定下来。风向与方向盘所对的读数就是风向。按下轻便风速风向仪的启动开关，启动风速表后，风杯随风转动，1min 后自动停止计时，风速指针也停止转动，风向指针指示出当时的风向，风速可直接读取。

2. EL 型电接风向风速仪

（1）它是由电感应器、指示器和记录器三部分组成。成为既能观测又能记录的测风的仪器，如图 3－3－4 所示。

感应器：安装在室外 10～12m 高的杆子上。感应器的上部为风速部分，由风杯、交流发电机、涡轮等组成；感应器的下部为风向部分，是由风标、风向方位块、导电环、接触簧片等组成。

指示器：放在室内桌上用来观测瞬时风向和瞬时风速的。它由瞬时风向指示盘、瞬时风速指示盘组成。

记录器：置于室内，用来记录风向风速的连续变化。由钟筒与记录笔组成。每隔 2.5min 记录一次瞬时风向，从记录上可以求出任意 10min 的平均风速和相应风向。

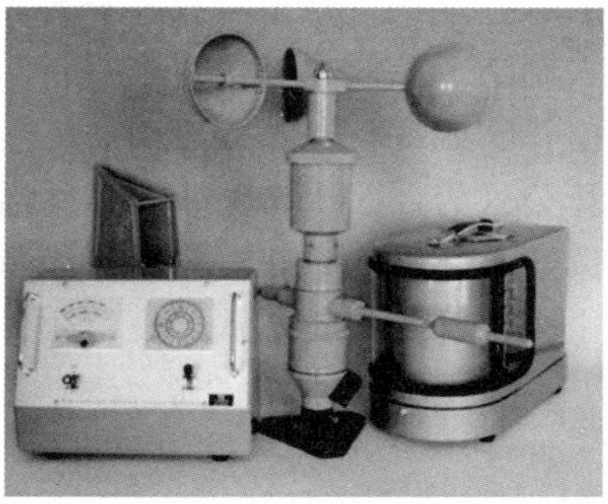

图 3-3-4　电接风向风速仪

(2) 观测时打开指示器的风向风速开关，观测 2min 风速指针摆动的平均位置，读取整数，记在观测簿相应栏中。风速小的时候，把风速开关拨到“20”挡，读 0～20m/s 标尺刻度。风速大时，应把风速开关拨到“40”挡，读 0～40m/s 标尺刻度。观测风向指示灯，读取 2min 的最多风向，用 16 方位的缩写记录。

二、气压的观测

通常包括测定本站气压，以及根据本站气压计算出海平面气压。本站气压是指气象台站所安置的气压表的海拔高度上的大气压力。测定本站气压常用水银气压表，野外观测时常用空盒气压表。

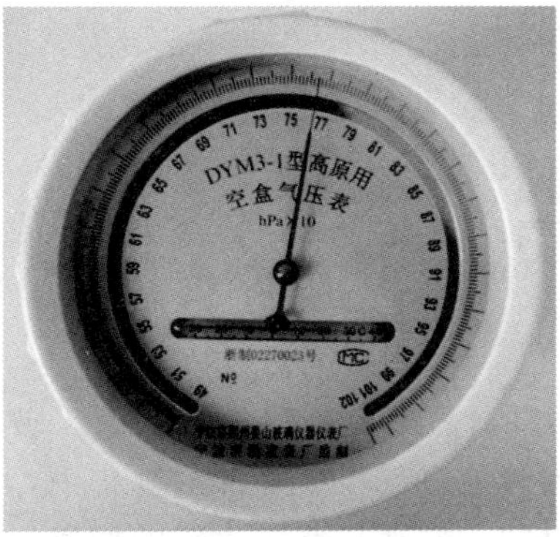

图 3-3-5　空盒气压表

1. 空盒气压表

(1) 气压观测是测定作用在单位面积上的大气压力，实习中采用空盒气压表观测气压。它是一种轻便的测定大气压力的仪器，如图 3-3-5 所示。它是利用大气作用于金属空盒上（盒内接近于真空）的压力，使空盒变形，通过杠杆系统带动指针，使指针在刻度盘上指出当时气压的数值。

空盒气压表是以弹性金属做成的薄膜空盒作为感应元件，它将大气压力转换成空盒的弹性位移，通过杠杆和传动机构带动指针。当顺时针方向偏转时，指针就指示出气压升高的变化量，反之，当指针逆时针方向偏转时，指示出气压降低的变化量。当空盒的弹性应力与大气压力相平衡时，指针就停止转动，这时指针所指示的气压值就是当时的大气压力值。

(2) 观测方法。

1) 使用时请将空盒气压表水平放置。

2) 读数时请用手指轻轻扣敲仪器外壳或表面玻璃，以消除传动机构中的摩擦。

3) 观察时指针与镜面指针相重叠，此时指针所指值数即为气压表示值，读数精确到小数一位。

4) 读取气压表上温度表示值，精确到小数一位。

5) 读数订正。从表上读取的气压值，需经刻度订正、温度订正和补充订正后才是本站气压。这些订正值在仪器检定证上可以查得。①刻度订正：刻度订正是为了消除空盒气压表制造或装配不够精确造成的误差。对照气压读数值在空盒气压表检定证中查出刻度订正值；②温度订正：温度订正是为了消除温度的变化对金属空盒弹性的影响，温度订正值计算公式为：$\Delta P=\alpha t$，其中 α 为温度系数，可在空盒气压表检定证中查得，t 为附属温度表读数；③补充订正：是为了消除空盒气压表的残余变形引起的误差。在空盒气压表检定证中查出补充订正值。

本站气压＝气压表读数＋刻度订正＋温度订正＋补充订正

2. 动槽式水银气压表

（1）动槽式水银气压表其构造可分为内管、套管和水银槽三部分，如图 3－3－6 所示。

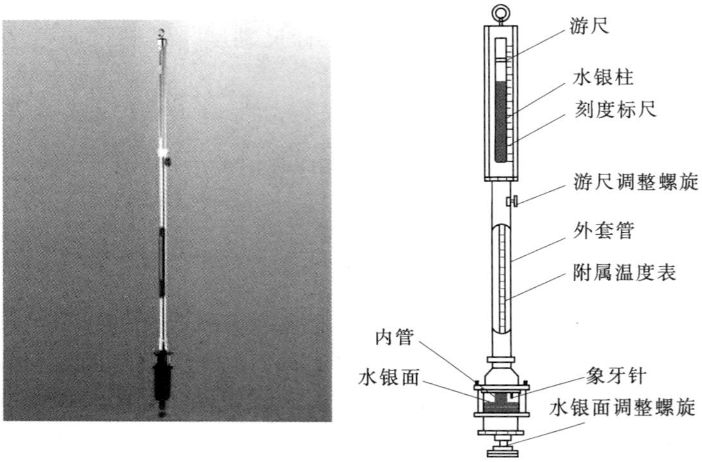

图 3－3－6　动槽式水银气压表

1）内管是一根直径为 8mm，长约 1m 左右，一端开口，另一端闭口的玻璃管。玻璃管内抽成真空并灌满水银，就成为水银气压表的内管。内管装在气压表外部的套管中，为防止其晃动，在套管的中部和顶部都用软木塞垫紧，开口的一端插在盛满水银的槽里。

2）套管是用黄铜制成，管的上半部前后都开有长方形窗孔，用来观测内管中的水银柱的高低。窗孔边上有刻度标尺和游尺，其中刻度标尺位于表身（即铜套管）上部，刻度就刻在铜套管上。游尺是位于铜套管的长方形窗口内，并与窗口的左右两边紧密吻合。游尺是用来与刻度标尺相配合读取气压的小数值的。套管下部装有一支附属温度表，其球部在内管与套管之间，用来测定水银及铜管的温度。套管的下端与水银槽连接。

3）水银槽分由上、下两部分组成，中间有一个玻璃圈，通过玻璃圈可以看到槽内水银面。槽的上部是一很软的羊皮制成的皮囊，其特点是能通空气而不漏水银，皮囊的一头牢固紧扎在玻璃内管上，木杯中央凸出成圆筒形，内管即通此木杯而伸入槽内。用来指示刻度零点的象牙针固定在木杯的平面上，尖端向下。槽的下部有一皮囊，呈圆袋状，袋口扎在一硬木制的木杯下部，此木杯分成上下两截，以螺旋紧连着，上下木杯的外面有一用以调节水银面的调整螺旋，螺旋的顶部有一个木托顶住下皮囊以免皮囊磨损。拧动调整螺旋，木托便可上下升降，挤压或放松下皮囊，槽内的水银面也随着上升或下降。

（2）观测方法。

1）观测附属温度表，读数精确到0.1℃。

2）调整水银槽内的水银面，使它与象牙针尖刚好接触。调整时，旋动槽底调整螺旋，使槽内水银面自下而上地升高，动作要轻而慢，直到象牙针与水银面恰好相接为止。

3）调整游尺，使其底边与水银柱顶相切，调整过程中视线和游尺的底边必须始终保持在同一平面上，从上往下调。可以看到在游尺下缘与水银面顶部之间有一条极窄的透光缝隙。

4）读数，通过游尺下缘零线所对标尺的刻度即可读出整数。再从游尺刻度线上找出一根与标尺上某一刻度相吻合的刻度线，则游尺上这根刻度线的数字就是小数读数。精确到0.1mm。

5）降低水银面。读数后旋底部螺旋使水银面离开象牙针尖约2～3mm。其目的是使象牙针尖不致被水银磨损，使刻度零点位置升高。

6）器差订正。①根据测得气压读数，从检定证相应的气压值范围内查出订正值；②把气压读数与订正值相加，取代数和，即为经器差订正后的气压值。

7）温度订正。当附温在0℃以上时，由于水银的膨胀比黄铜大得多，因此应减去一段由于水银柱与黄铜膨胀不同造成的气压差。即温度差为负值。如附温在0℃以下时，水银收缩比黄铜多，水银柱示度偏低，因此就加上一段水银柱高度，即温度差为正值。

三、观测记录表

风、气压记录表

观测时间	年 月 日 时 分		
风速/(m/s)	风向/(°)	大气压/kPa	观测时间
观测组			

第四节 空气温、湿度与土壤温度的观测

实验目的： 在室内了解温度表的构造、特性、误差及其消除方法以及到观测场了解空气温度和土壤温度的观测方法。

实验仪器： 百叶箱、干湿球温度表、机械通风干湿表、数字温度自己仪、数字湿度自记仪、毛发湿度表、最高温度表、最低温度表、地面温度表、曲管地温表、直管地温表。

一、百叶箱

百叶箱是安置测量温、湿度仪器用的防护设备，可防止太阳对仪器的直接辐射和地面对仪器的反射辐射，保护仪器免受强风、雨、雪等的影响，并使仪器的感应部分有适当的通风，能真实地感应外界空气温度和湿度的变化。

百叶箱通常由木质或玻璃钢材料制成，箱壁两排叶片与水平面的夹角约为45°角，箱底由交错的三层板制成，箱顶为两层平板，两层之间有供通风的空间，上层稍向后倾斜，内、外均应为白色，以减少辐射影响，如图3-4-1所示。

图3-4-1　百叶箱

木制百叶箱分为大小两种。小百叶箱内部高537mm、宽460mm、深290mm，用于安装干球和湿球、最高、最低温度表、毛发湿度表。大百叶箱内部高612mm、宽460mm、深460mm，用于安装温度计、湿度计或铂电阻温度传感器和湿敏电容湿度传感器。玻璃钢百叶箱内部高615mm、宽470mm、深465mm。

百叶箱应水平牢固地安装在一个高出地面125cm的特别的架子上，箱门朝正北，门下放一个小台阶梯，以便观测。箱架四足要牢固地埋在地下，埋入地下部分，必须涂上防腐柏油，在有强风地区，百叶箱的四个箱角应拉上铁丝纤绳。

百叶箱要保持内外洁白，正常情况下箱壁要定期擦洗刷拭，木质百叶箱视具体情况每1～3年重新油漆一次。自动站传感器使用的百叶箱，不能用水洗，只能用湿布擦拭或毛刷刷拭，箱内的温、湿传感器也不得移出箱外。

百叶箱不得存放多余的物品。箱内照明用的点灯，不得超过25W，观测读数时打开、后随即关上。夜间观测时也可用手电筒照明。

二、温度和湿度的观测

空气温度是表征物体冷热程度的物理量，它是最基本的气象要素之一。空气湿度是表征大气中水汽含量和潮湿程度的物理量。

1. 干湿球温度表

它是由两支结构和性能完全相同的温度表组成，如图3-4-2所示。其中一支用来测定空气温度，称作干球温度表，另一支温度表的球部缠有湿润的纱布，称为湿球温度表。当空气中的水汽含量未达到饱和时，湿球纱布上的水分会不断蒸发，消耗湿球的热量，湿球降温，同时湿球又从流经其周围的空气中获得热量。当湿球因蒸发消耗的热量和其从周围空气中获得的热量相平衡时，湿球温度就不再继续下降，从而维持相对稳定的干湿球温度差。

当湿球周围空气未达到饱和时，表面水分蒸发，不断地消耗蒸发潜热，使湿球温度下降，湿球所示温度为t_w，而此时干球所示温度为t，二者之差$t-t_w$就代表空气的湿度。

干湿球温度差越大，空气湿度就越小；当干湿球温度相等即 $t=t_w$ 时，空气达到饱和。

在整个测湿过程中，湿球通常采用一块纱布套紧紧地贴在感应元件的四周，使其外表有一层均匀的水套，水可以直接注入或者以毛细管方式从储水器中引出。纱布套上端延伸至温度表球部上端表身至少 2cm。为不影响纱布套的效果，使用之前，纱布套必须在碳酸氢钠溶液中清洗干净，并在蒸馏水中漂洗几次。对于连续使用的干湿表，需要定期更换纱布套。在气温低于 0℃时，要等结冰过程结束并检查纱布上有水之后才能读数。在结冰与融冰过程中湿球温度的指示应保持在 0℃位置。

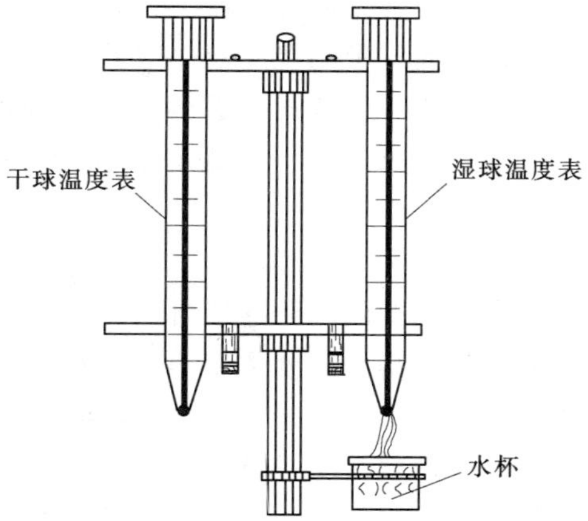

图 3-4-2　干湿球温度表

在自然通风状况下，储水器提供的水温与气温相同，在换上新的纱布套之后，需等候约 15min 才能获得正确的湿球温度。如果新加的水导致储水器水温明显不同与气温，则需要等候 30min。

安置在百叶箱内的干湿表用支架使其保持直立，球部在最下端。

2. LQX-DHM2 型机械通风干湿表

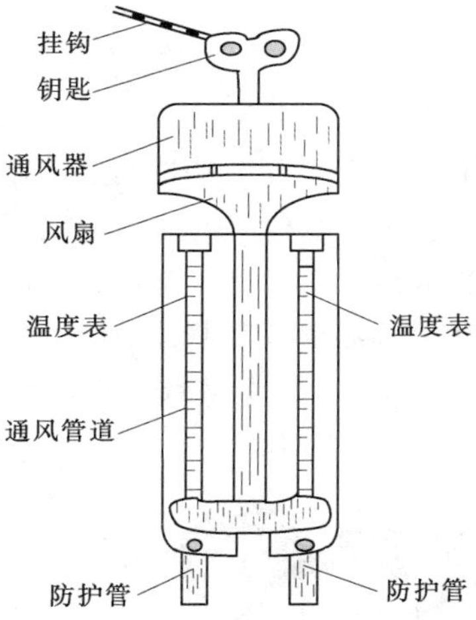

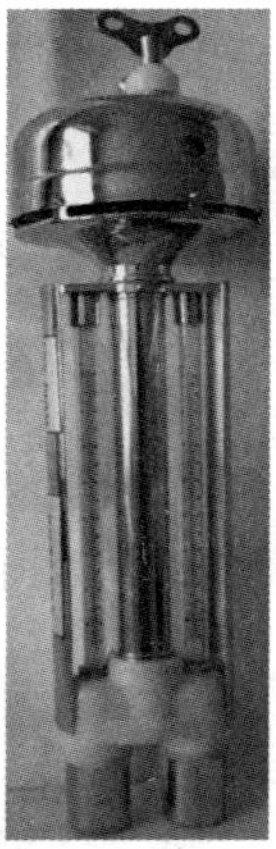
图 3-4-3　通风干湿表

通风干湿表主要由两支相同的水银温度表和一个通风器组成，如图 3-4-3 所示。

两支相同水银温度表组成一对干球和湿球温度表，为了避免照射和防止热辐射的影响，温度表的球部外面均罩着一个双层的护管套，护管的内外表面应光亮，以使其反射热辐射。

为了使温度表的测值是在一定气流状态下的空气温度，温度表球部应有稳定的通风，通风器和通风管道是构成温度表球部通风的主要部分。通风器内有发条机构和风扇，旋紧的发条所积蓄的能量逐渐释放而带动风扇转动并产生气流。

使用时，开动通风器，使通风器和通风管道内的空气变为稀薄，于是外部空气就从温度表球部护管流向通风管道和通风器，这就使得温度表球部处在具有一定速度的气流中，根据这时的干球温度和湿球温度就可查得相应空气湿度的绝对值或相对值。

3. 数字温度自记仪

记录式温度计是专门用于连续自动记录环境中空气温度变化的仪器，如图 3-4-4 所示。采用高精度温度传感器，具有测量准确、显示直观、使用维护方便的特点，可连续记录一个月内大气中的温度变化数据，并可与计算机相连进行观测及记录。通过对大气中的温度进行采样后将数据传送至仪器内部单片机进行处理，并在仪器显示屏上对当前温度值进行显示。同时可对历史温度变化曲线进行显示，通过按键操作，可查阅不同日期及不同时间段内的温度变化。

4．数字湿度自记仪

湿度计是专门用于连续自动记录环境中空气相对湿度变化的仪器，如图 3－4－5 所示。采用最新型的湿度传感器，具有测量准确、显示直观、使用维护方便特点，可与计算机相连进行观测及记录。采用集成湿度传感器，通过对大气中的湿度进行采样后将数据传送至仪器内部单片机进行处理，并在仪器显示屏上对当前湿度值进行显示，同时可对历史湿度变化曲线进行显示，通过按键操作，可查阅不同日期及不同时间段内的湿度变化。

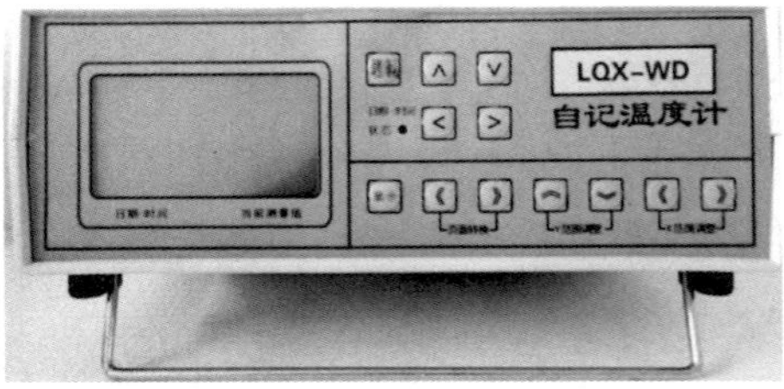

图 3－4－4　数字温度自记仪

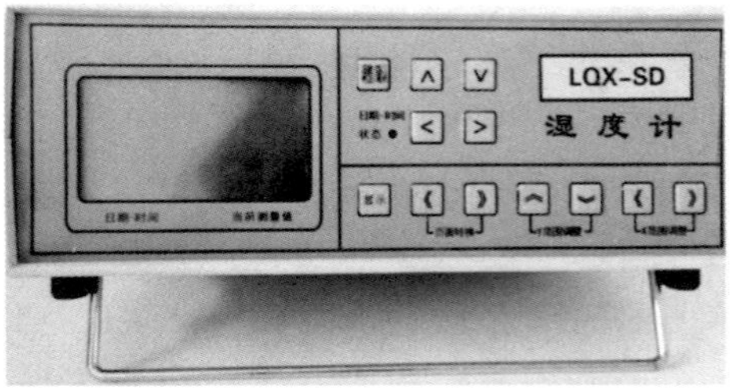

图 3－4－5　数字湿度自记仪

5．毛发湿度表

它是根据人的头发脱脂后会随着空气相对湿度变化而有所改变长度的特性制成的，结构图及仪表如图 3－4－6 所示。毛发湿度表是由毛发、指针和刻度盘构成的。当空气湿度增大时，毛发伸长，当空气湿度减小时，毛发收缩。毛发伸长或收缩，指针随即在刻度盘上向右或向左转动，指示出当时空气的相对湿度的数值。用毛发湿度表观测读数时，要使视线垂直于刻度盘，并对准指针的尖端，读取指针所指的数值，只读整数，小数四舍五入。

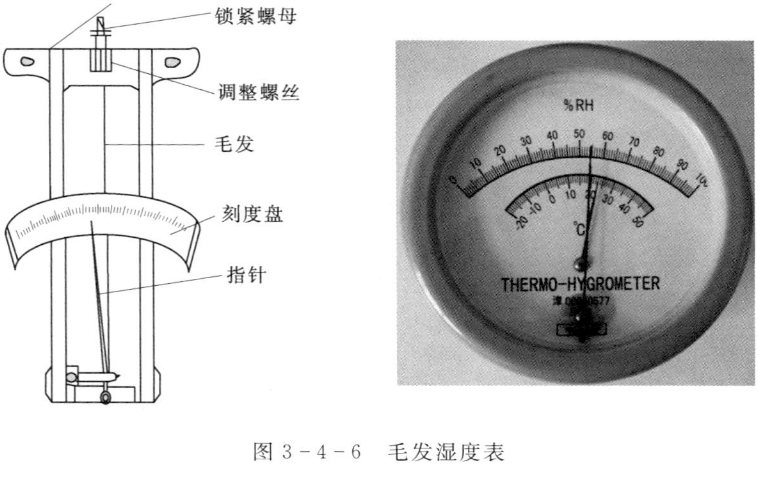

图 3－4－6　毛发湿度表

毛发长度随相对湿度的变化是非线性的，在低湿时长度变化率较高（而湿度在10%以下，其灵敏度又大大降低），在高湿时长度变化率较低。因此，在相对湿度很大（大于90%）或很小（小于10%）时，毛发测湿都会有比较大的误差。

6. 最高温度表

它是专门用来测定一定时间间隔内的最高温度的一种仪器，如图3-4-7所示。温度表的构造与普通温度表基本相同，但在接近球部附近的内管里嵌有一根玻璃针，当温度上升时，球部水银发生膨胀，产生的压力大于狭管处的摩擦力，故水银仍然能够在毛细管管壁和玻璃针之间挤过；温度下降时，水银收缩，当水银由毛细管流回球部时，在狭管处的摩擦力超过了水银的内聚力，水银就在此中断，因此在温度下降时，处在狭管上部的水银柱仍然留在管内，温度表的最高示度就被保留下来。

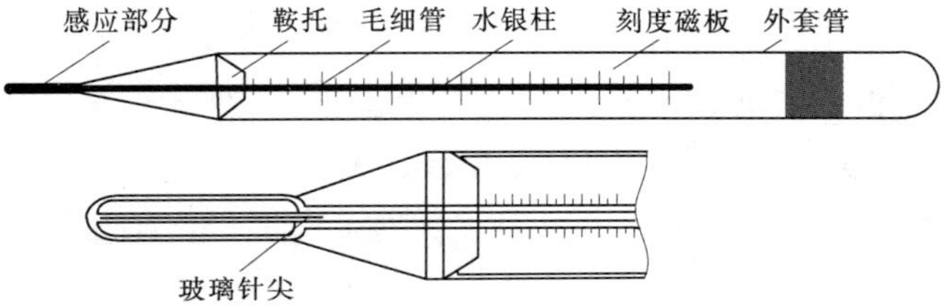

图3-4-7　最高温度表

最高温度表毛细管的上部，不像一般温度表那样充有干燥气体，而是真空的。这是为了避免气体分子压力作用于水银柱顶部，从而增加水银回到球部的作用力，破坏最高性。

7. 最低温度表

它是专门用来测定一定时间间隔内的最低温度的一种仪器，如图3-4-8所示。它里面的感应液是酒精。它的毛细管内有一哑铃形游标，当水平放置时，游标停留在某一位置。当温度上升时，酒精膨胀绕过游标而上升，而游标由于其顶端对管壁有足够的摩擦力，使它能够维持在原处不动；当温度下降时，酒精柱收缩到与游标顶端相接触时，由于酒精液面的表面张力比游标对管壁的摩擦力要大，使游标不致突破酒精柱顶而借表面张力

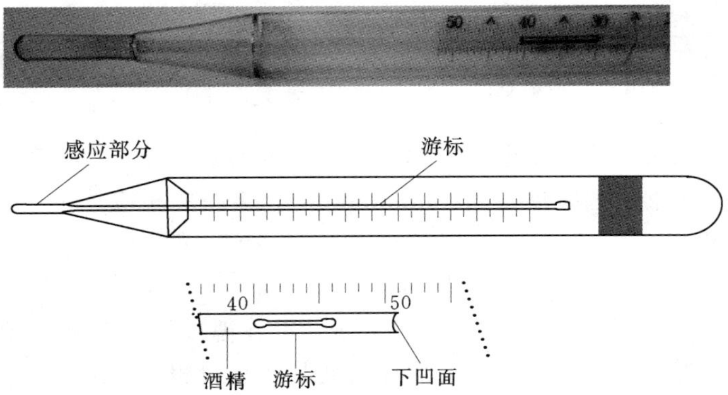

图3-4-8　最低温度表

将游标带下去。由此可知游标是只能降低不能升高。故游标离球部较远一端的示度，即是一定时间间隔内曾经出现的最低温度。

8. 地温的观测

地温包括地表温度，地表最低、最高温度，浅层（5cm，10cm，15cm，20cm）的地中温度，深层（40cm，80cm，160cm，320cm）的地中温度。

（1）地面温度表（又称0cm温度表），地面最高温度表和地面最低温度表的构造和原理，与测定空气温度用的干球温度、最高和最低温度表相同，只是测量范围大小不同，地面温度表和地面最高温度表的最高示度为80℃。它们在地面的位置如图3-4-9所示。

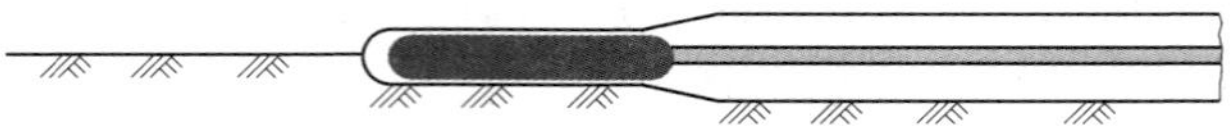

图3-4-9　地面温度表安装示意图

安装：地面三支温度表必须水平地安放在地面上，按0cm、最低、最高的顺序自北向南平行排列，感应部分向东，并使其位于南北向的一条直线上，表间相隔约5cm，感应部分及表身，一半埋入土中，一半露出地面。埋入土中部分的感应部分与土壤必须紧贴，不可留有空隙，露出地面部分的感应部分和表身要保持干净。

（2）曲管地温表（浅层地温表）是用来测量浅层各深度的土壤温度。温度表球部附近的管子弯曲成135°角，玻璃管下部（自球部到温标起点）用石棉灰充填，上面再用棉花填塞，并用火漆成若干道分隔板，以防止玻璃套管内空气的对流。整套曲管地温表通常有4支，分别插入地表不同的深度测量（5cm、10cm、15cm、20cm）它们在地面的位置如图3-4-10所示。

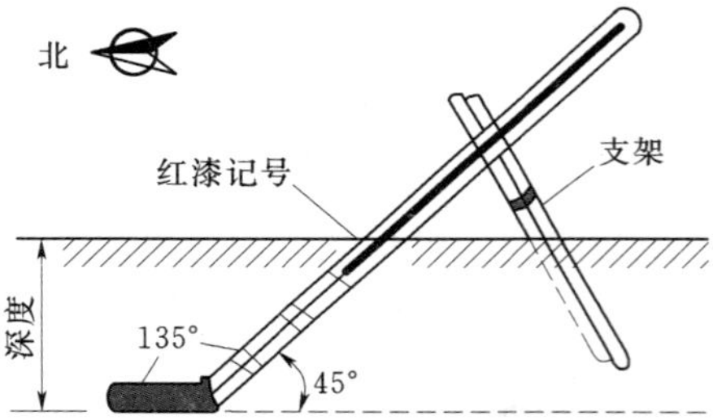

图3-4-10　曲管地温表安装示意图

安装：先在地面划出安装位置，然后挖沟，表身露出地面的沟壑呈东西向。沟壁往下向北倾斜，与沟沿成45°坡，沟的北壁呈垂直面，北沿距南沿宽约20cm，沟底为阶梯形，由东至西逐渐加深，每阶距地面垂直深度分别为5cm、10cm、15cm、20cm，表间间隔约10cm，沟坡与沟底的土层要压紧，然后安放地温表，使表身背部和感应部分的底部与土层紧贴，各表的深度、角度和距离均符合安装要求，再用土将沟填平，填土时，使表身与土壤间不留空隙。为便于正确安装地温表和日后检查深度变化，在安装前用米尺和量角器量准地温表埋置的深度部位，并在表身的相应处做一红漆记号，安装后的土面应与记号平齐。露出地面的表身须用叉形木（竹）架支住。

（3）直管地温表（深层地温表）是将40cm、80cm、160cm、320cm普通温度表装在带有铜底帽的管形保护框内，如图3-4-11所示。在温度表球部周围填有很多铜屑。填入铜屑的目的是使温度表具有必要的滞后性，使其在被观测员从地中抽出进行读数的一段时间内，示度保持不变。保护框中部有一长孔，使温度表部位显露。保护框的顶端连接在一根木棒上，木棒长度依深度而定。整个木框和地温表（保护框）又放在一根硬橡胶套管内。木棒顶端有一个金属盖，恰好盖住硬橡胶套管。木棒上几处缠有绒圈，金属盖内装有毡垫，以防止管内空气对流和管内外空气交换。

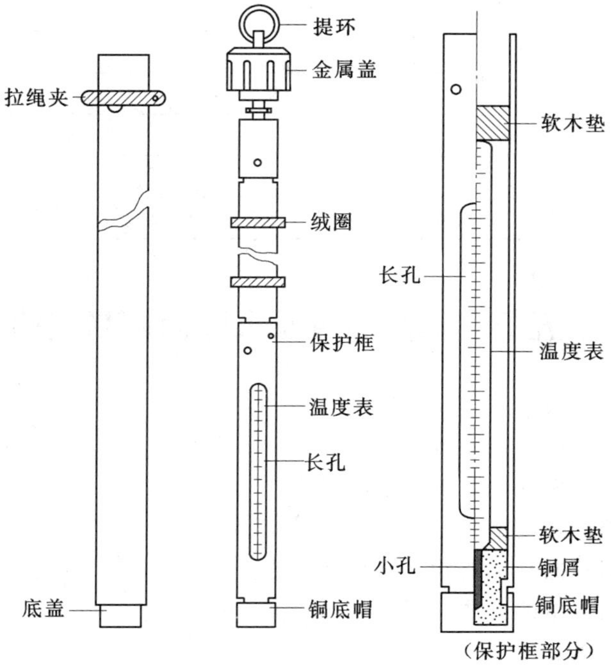

图 3-4-11　直管地温表组合图

安装：直管地温表应自东向西，由浅而深，表间相隔 50cm，排列成一行，直管地温表的套管垂直埋入土中，挖坑时应尽量少破坏土层。如有条件，使用钻孔设备钻孔更好。套管埋放后，要使各表感应部分距离地面的深度符合要求，并把管壁四周与土层之间的空隙用细土充填、捣紧。

三、实验记录表

温度、湿度数据记录表

<table>
<tr><td>项目</td><td>读数</td><td>干湿球</td><td>相对湿度</td><td>水汽压</td><td>露点温度</td></tr>
<tr><td>干球温度</td><td></td><td rowspan="2"></td><td rowspan="2"></td><td rowspan="2"></td><td rowspan="2"></td></tr>
<tr><td>湿球温度</td><td></td></tr>
<tr><td>最高温度</td><td></td><td colspan="4" rowspan="2">观测时间：　　年　月　日　时　分</td></tr>
<tr><td>最低温度</td><td></td></tr>
</table>

温　度　记　录　表

<table>
<tr><td colspan="4">地面温度</td></tr>
<tr><td>项目</td><td>普通温度表</td><td>最高温度表</td><td>最低温度表</td></tr>
<tr><td>读数</td><td></td><td></td><td></td></tr>
</table>

续表

浅层地温				
项目	5cm	10cm	15cm	20cm
读数				
深层地温				
项目	40cm	80cm	160cm	320cm
读数				
观测时间：　年　月　日　时　分				

第五节　测站布置及大断面测量实验

一、实验目的和要求

（1）查勘河道，描述河道各段断面形状。

（2）了解测站断面选择的基本原则与形式。

（3）掌握断面控制与河槽控制的特点。

（4）学习测站布置的基本要素、规定和布置方法。

（5）掌握大断面测量的方法与要求。

（6）画出大断面图。

（7）画出水位面积关系曲线。

二、实验原理

水文测站的设立包括选择测验河段和布设观测断面。

选择的天然测验河段能使水位、流量关系简单而又保持长久稳定的作用。这个作用若产生于测验河段的一个断面上，称为断面控制。若是靠一段河槽的底坡、断面形状、糙率等因素来控制的，称为河槽控制。

（1）断面控制的原理是在天然河道中，由于地质或人工的原因，造成河段中局部地形突起，如石梁、卡口等，当水流通过该处时，将使得水面曲线发生明显转折，形成临界流，出现临界水深，从而构成断面控制。

以石梁为例，如图3-5-1所示，当水流行近石梁处，水流被石梁抬升，过水断面显著缩小，石梁上游形成壅水。当水流通过石梁后，断面扩大，水流跌落。所以石梁处水面线由壅水曲线变跌水曲线。从水力学知，在此产生临界流，出现临界流深，此时弗劳德数 Fr 等于1，即

$$Fr=\frac{v_c}{\sqrt{gh_c}}=1$$

$$v_c=\sqrt{gh_c}$$

设临界水深处河道横断面为矩形断面，断面面积 $A=Bh_c$，则临界流量为

$$Q=\sqrt{\frac{gA^3}{B}}=B\sqrt{g}h_c^{3/2}$$

式中：Q 为断面流量，m^3/s；A 为断面面积，m^2；B 为水面宽，m；g 为重力加速度，m/s^2；h_c 为临界水深，m；v_c 为临界流速，m/s。

A 和 h_c 是水位 H 和断面因素 Ω 的函数，即

$$Q=f(H,\Omega)$$

在断面稳定，无冲淤变化的情况下，断面因素 Ω 是水位的函数，即

$$\Omega=\varphi(H)$$

则

$$Q=f(H) \tag{3-5-1}$$

式（3－5－1）表明，只要有产生临界流的断面，流量仅是水位的函数，该处的水位流量关系是稳定的单一曲线。

由于石梁、急滩等都是靠河槽特殊地形产生临界流来维持水位流量单一的关系，一但临界流条件消失，则它们的控制作用也随之消失。所以，低水时有控制作用，高水时则不然。卡口、弯道及堰坝等在高水位时，也能造成水面曲线的转折，产生临界流，从而形成测站控制作用。

在控制断面处，水面纵坡较陡，流速大，测深测速都不方便，且误差较大，也不安全，而其下游又没有控制作用，因此该特殊地形不利于布设测流断面和基本水尺断面。应该选择的断面控制，它不仅能控制住临界流断面的水位、流量关系稳定，还能控制上游河段一定范围内的水位、流量关系同样稳定。如图 3－5－1 所示，基本水尺断面和流速仪测流断面应布设在石梁的上游水面线稳定，则此处的流量 Q 与临界流断面的流量（Q_c）相等或近似。

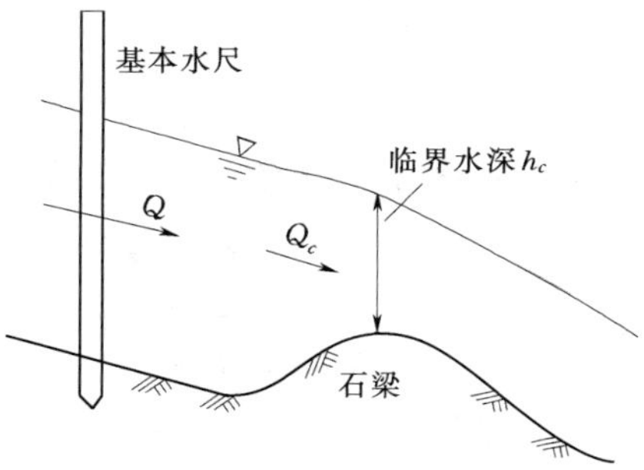

图 3－5－1　低水石梁控制示意图

（2）如果天然河道不具有断面控制作用的石梁、卡口、弯道等条件时，就可以选择具有河槽控制作用的河段。河槽控制是当水位流量关系要靠一段河槽所发生的阻力作用来控制，如该河段的底坡、断面形状、糙率等因素比较稳定，则水位流量关系也比较稳定。水力学介绍在天然河道中，河槽顺直河床稳定的河段，其水位、流量关系符合曼宁公式的函数关系：

$$Q=\frac{1}{n}AR^{2/3}i^{1/2}$$

式中：n 为糙率；R 为水力半径；i 为水面比降；A 为断面面积。

上式可以写成函数形式为

$$Q=f(A,R,n,i)$$

式中的 A、R 决定于断面因素 Ω 和水位 H，故可写成：

$$Q=f(H,\Omega,n,i) \tag{3-5-2}$$

式（3－5－2）表明，河床糙率 n 和水面比降 i 值由河道本身性质决定，断面面积 A 与水力半径 R 决定于断面因素和水位，因此水位流量关系呈单一关系。

当河床糙率 n 和 i 在同水位级变化不大时，则水位流量关系是稳定的。因此必须选择河床稳定、河道顺直、不生水草、植物和不受变动回水影响的河段，作为测验河段。

当有两处以上断面控制的河段，其他条件相同供选择时，应选择控制断面水深大者，因其断面控制的灵敏度高。当有两处以上可供选择的河槽控制河段，亦应选择窄深者。

（3）断面布设。测站一般应布设基线、水准点和各种断面，即基本水尺断面、流速仪测流断面、浮标测流断面及比降断面，布置位置如图 3-5-2 所示。

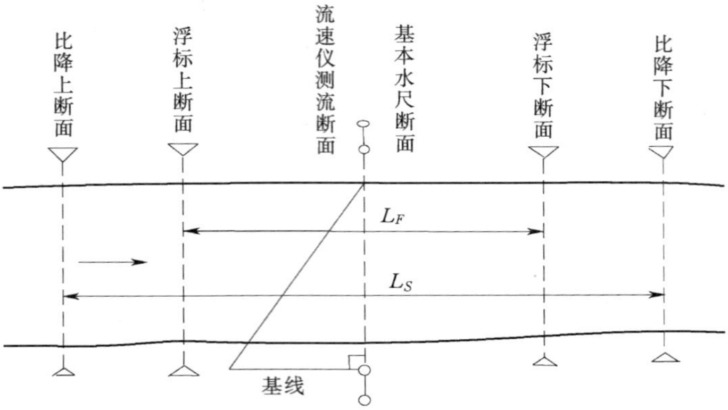

图 3-5-2　水文测站基线与断面布设示意图

基线：用经纬仪或六分仪测角交会法推求测验垂线在断面上的位置。基线通常与测流断面垂直，起点在测流断面线上。基线的长度视河宽 B 而定，一般应为 $0.6B$。当受地形限制的情况下，基线长度最短也应为 $0.3B$。

水准点：分为基本水准点、校核水准点，前者是测定测站上各种高程的基本依据，后者经常用来校核水尺零点高程。

基本水尺断面：设立基本水尺，是为经常观测水位而设置的断面。

流速仪测流断面：是为用流速仪法施测流量而设置的断面，与基本水尺断面重合，且与断面平均流向垂直。若不能重合时，应尽量缩短两断面间的距离，中间不能有支流汇入与分出，以满足两断面间的流量相等。

浮标测流断面：是为用浮标法施测流量而设置的断面。一般中断面应与流速仪测流断面、基本水尺断面重合，在中断面的上、下游相等距离处平行地布设上、下浮标断面，断面之间的间距不宜太短，其距离应为断面最大流速的 50～80 倍。

比降断面：设立比降水尺，用来观测河流的水面比降和分析河床的糙率。比降上、下断面应布设在基本水尺断面的上、下游，为满足观测的比降和测流断面上的天然比降基本一致，测流断面应在上、下比降断面中间。比降断面应选在河段顺直且河床纵比降与水面比降不应有明显的转折，使测得之比降能真正代表测流断面上的比降。

（4）断面测量。断面测量的实质是测定河床线上某些转折点的位置及高程。包括水道断面测量和大断面测量。

水道断面是指自由水面线与河床线（横断面与河床相交构成河床线）之间的范围称为水道断面。大断面是河床线与历年最高洪水位之间的范围称为大断面。

1）水道断面的测量，是在断面上布设一定数量的测深垂线，施测各条垂线的水深，同时测得每条测深垂线与岸上某一固定点（断面的起点桩，一般设在左岸）的水平距离

（称为起点距），并同时观测水位，用施测时的水位减去水深，得到各测深垂线处的河底高程。

2）大断面测量是流量测验的基础，是单独进行的，如图 3-5-3 所示，用于研究测站断面的情况以及在测流时不施测断面可供借用断面。通常大断面测量在枯水季节施测，汛前或汛后复测一次。

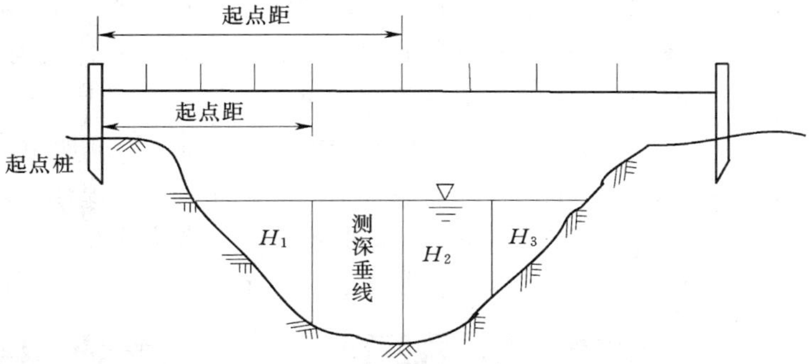

图 3-5-3　断面测量示意图

根据水文测验规范：新设测站的基本水尺断面、流速仪测流断面、浮标中断面和比降断面均应进行大断面测量。测量的范围，应为水下部分的水道断面测量和岸上部分的水准测量。水道断面的水深测量结果，应换算为河底高程。大断面测量的范围应测至历年最高洪水位以上 0.5～1.0m。漫滩较远的河流，可测至最高洪水边界，有堤防的河流，应测至堤防背河侧的地面为止。

3）起点距的测定：起点距的测定也就是测量各测深垂线距起点桩的水平距离，在实际操作中确定起点距的方法通常为平面交会法。平面汇交法包括经纬仪测角交会法、平板仪交会法、和六分仪交会法等。这些方法的基本原理大致相同。现介绍经纬仪测角交会法，测量起点距时，把经纬仪架设在岸上基线的端点位置 C，起点桩为 A，测量与断面上各测深垂线的水平夹角，即可用三角公式计算起点距。根据基线的类型不同，计算时应分别采用不同的公式。

a）基线与断面垂直。如图 3-5-4 所示，则起点距按下式计算：

$$D=L\mathrm{tg}\varphi$$

式中：D 为起点距，m；L 为基线长度，m；φ 为基线与基点至测深垂线间的夹角。

b）基线与断面线不垂直。如图 3-5-5 所示，如果受地形限制在布设基线时无法使基线与断面线垂直，计算时可按三角形正弦定律计算起点距。

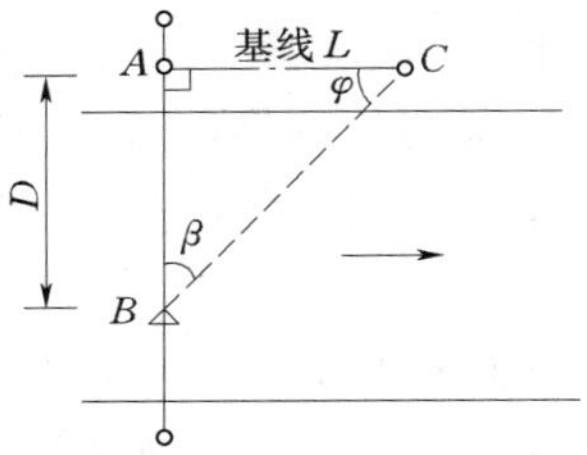

图 3-5-4　基线垂直于断面线图

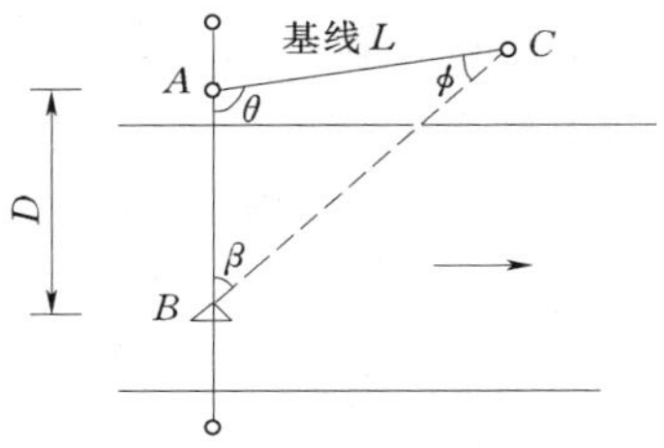

图 3-5-5　基线不垂直于断面线图

$$D=L\frac{\sin\varphi}{\sin(\theta+\varphi)}$$

式中：D 为起点距，m；L 为基线长度，m；θ 为基线与断面的夹角；φ 为断面与测深垂线至基点间的夹角。

三、实验设备

模拟河道，室内河道水流循环系统包括大容量水池，水泵系统、管道输水段、模拟河道（长 20m、宽 1.6m、高 0.9m）和回水管道。实验段河槽设计有复式河道、宽浅河道、窄深式河道、卡口、石梁、跌水和弯道 7 种不同类型的河段，各段具有明显的结构特征，可较好地的模拟实际河道水力特征。实验室中模拟河道如图 3－5－6 所示，在模拟河道特定河段上安装浮子水位计、气泡水位计及超声波水位计。浮子式水位计分别安装在宽浅式河段、跌水、石梁、卡口断面处，如图 3－5－7 所示。气泡水位计安装于前池；超声波水位计安装于河道流态稳定处。主要实验工具有水平尺、水准仪、经纬仪、钢尺、直角尺。

图 3－5－6　模拟河道图

图 3－5－7　浮子式水位计

四、实验步骤

(1) 河道变化特点踏勘，描述河道几何形态。

(2) 基本测量断面的布设和基线布设（测验河段的选择和断面布设）。

1) 实验时根据河段的基本特点，了解测验河段形式，选择测验河段，确定断面控制形式。

2) 根据选定的测验河段进行断面布设，在断面控制河段依次布置基本水尺断面、基线和流速仪测流断面。在河槽控制河段首先布置基本水尺断面，按规定布置基线，再划定流速仪测流断面、浮标测流断面及比降断面等。

(3) 大断面测量。在左岸上，确定起点桩的位置，于基本水尺断面在一个断面上。在基本水尺断面上水平放置水平尺（水平气泡居中），在河床变化的转折点上用钢尺对准，垂直施测，在水平尺上读出起点距，在钢尺上读出对应河床高程，并记录。重复以上步骤，直至测完。

(4) 绘制大断面图：以各垂线处河底高程为纵坐标，起点距为横坐标绘制。

(5) 绘制水位面积曲线图：以分级水位为纵坐标，相应的面积为横坐标，点绘水位面积关系曲线。

五、实验数据记录

测量数据记录

垂线	起点距 /m	河底高程 /m	垂线间距 /m	部分面积 /m^2
左水边				
1				
2				
3				
4				
5				
6				
7				
8				
9				
10				
11				
12				
右水边				

六、注意事项

(1) 每5人一组进行实验，各组需有一个组长，组员分工协作。

(2) 实验过程中必须做好笔记，每个人均需动手进行实际操作。

(3) 实验完成后应清理现场。

第六节 流量测验实验

一、实验目的和要求

(1) 加深对流量测验基本理论的理解，掌握流量测验的基本知识和计算方法。

(2) 了解各种流速仪的使用原理和结构。

(3) 掌握流速面积法测量流量的原理和计算方法。

二、实验原理

通过河流某一断面的流量 Q，可以表示为断面平均流速 V 和过水断面面积 A 的乘积，即 $Q=VA$，因此，流量测验应包括断面测量和流速测验两部分工作。流速仪法测流，就是以上式为依据，将过水断面划分为若干部分，用普通测量的方法测算出各部分断面的面积，用流速仪测算出各部分面积上的平均流速，部分面积乘以相应部分面积上的平均流速称为部分流量，部分流量的总和即为断面的流量。

1. 流速测验方法

流速测验方法是：点流速→垂线平均流速→部分面积平均流速→乘以对应的部分断面

面积→部分流量→全断面流量。

（1）流速仪是用来测定水流中任意指定点沿流向水平流速的仪器，我国采用的主要有旋杯式和旋桨式两种。它们都由感应水流的（旋杯或旋桨），记录信号的计数器和保持仪器正对水流的尾翼等三部分组成。当仪器放入水中时，旋杯或旋桨受水流冲动而旋转，流速越大，旋转越快。根据每秒转数和流速的关系，便可计算出测点流速。流速仪转子的转速 n 与流速 v 的关系，在流速仪检定槽中通过实验率定，其关系式一般为 $V=Kn+c$，式中 K、c 分别为仪器检定常数与摩阻系数。测流时，对于某一测点，记下仪器的总转数 N 和测速历时 T，求出转速 $n=N/T$，由式即可求出该测点的流速 V。为消除流速脉动的影响，常要求 $T>100$s。

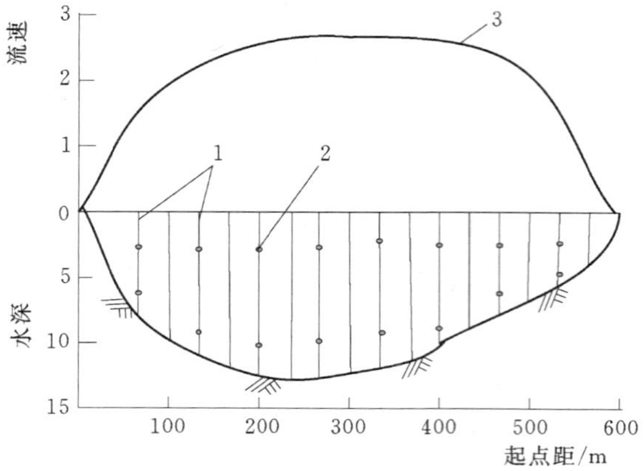

图 3-6-1　流速仪测流示意图

1—垂线；2—流速测点；3—流速沿断面的分布

（2）流速垂线及测速点布置。流速仪测速时必须在断面上布设测速垂线和测速点，以计算测量断面面积上的流速，如图 3-6-1 所示。

测速的方法，根据布设垂线，测点的多少繁简程度而分为精测法、常测法和简测法。流速仪测速垂线的数目主要是根据水面宽度和水深而定。具体规定见表 3-6-1。

表 3-6-1　　精测法、常测法最少测垂线数目规定

水面宽/m	<5.0	5.0	50	100	300	1000	>1000
精测法	5	6	10	12～15	15～20	15～25	>25
常测法	3～5	5	6～8	7～9	8～13	8～13	>13

在每条测速垂线上，流速随水深而变化，为求得垂线平均流速，须在各测速垂线不同水深点上测速，具体要求见表 3-6-2。

表 3-6-2　　精测法测速点分布

水深/m		垂线上测点数目和位置	
悬杆悬吊	悬索悬吊	畅流期	冰期
>1.0	>3.0	五点（水面、0.2、0.6、0.8 水深、河底）	六点（水面、0.2、0.4、0.6、0.8 水深、河底）
0.4～1.0	1.5～3.0	三点（0.2、0.6、0.8 水深） 二点（0.2、0.8 水深）	
0.16～0.4	0.6～1.5	一点（0.6 或 0.5 水深）	
	<0.6	改用悬杆悬吊或其他测流方法	改用悬杆悬吊
<0.16		改用小浮标或其他测流方法	

2. 流量计算

流量计算一般都以列表方式进行。方法是：由测点流速推求垂线平均流速，由垂线平均流速推求部分面积上平均流速，部分平均流速和部分面积相乘得部分流量，各部分流量之和即为全断面流量。

(1) 垂线平均流速计算。

一点法 $V_m=V_{0.6}$ 或 $V_m=(0.90\sim0.95)V_{0.5}$

二点法 $V_m=(V_{0.2}+V_{0.8})/2$

三点法 $V_m=(V_{0.2}+V_{0.6}+V_{0.8})/3$

五点法 $V_m=(V_{0.0}+3V_{0.2}+3V_{0.6}+2V_{0.8}+V_{1.0})/10$

式中：V_m 为垂线平均流速，m/s；$V_{0.0}$、$V_{0.2}$、$V_{0.5}$、$V_{0.6}$、$V_{0.8}$、$V_{1.0}$ 均为与脚标数值相对应的相对水深处的测点流速（m/s）。

(2) 部分面积平均流速的计算。部分面积平均流速是指两测速垂线间部分面积的平均流速，以及岸边或死水边与断面两端测速垂线间部分面积的平均流速，如图 3-6-2 所示。图的下半部表示断面图，上半部表示垂线平均流速沿断面的分布图。

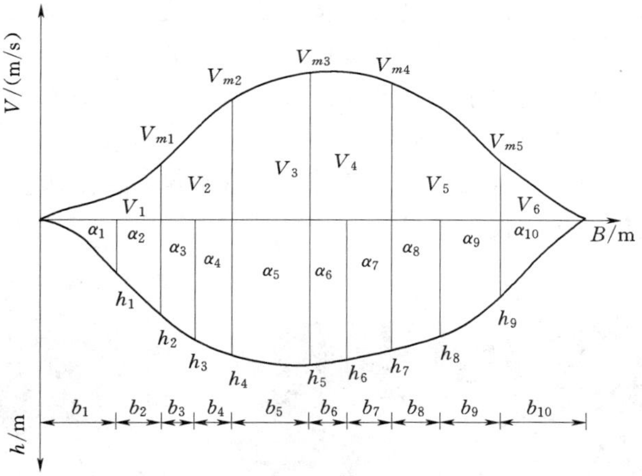

图 3-6-2 部分面积 A_i、部分流速 V_i 及部分流量 q_i 计算示意图

1) 中间部分面积平均流速的计算 $V_2=(V_{m1}+V_{m2})/2$。

2) 岸边部分面积平均流速的计算 $V_1=\alpha V_{m1}$。

式中：α 为岸边流速系数，其值视岸边情况而定，斜岸边 $\alpha=0.67\sim0.75$，陡岸边 $\alpha=0.8\sim0.9$，死水边 $\alpha=0.6$。

(3) 部分面积计算。部分面积以测速垂线为分界，中间部分按梯形计算，岸边部分按三角形计算。

1) 中间部分面积 $A_2=(h_1+h_2)\cdot b_2/2$。

2) 岸边部分面积 $A_1=h_1\cdot b_1/2$。

(4) 断面流量计算。

$$Q=A_1V_1+A_2V_2+\cdots+A_nV_n=q_1+q_2+\cdots+q_n$$

式中：q_i 为各部分面积的流量。

（5）断面平均流速计算。

$$V=Q/A$$

式中：A 为过水断面面积，m^2，它等于各部分面积之和。

$$a_1=0.5h_1b_1, a_{10}=0.5h_9b_{10}, a_i=0.5(h_{i-1}+h_i)b_i, i=2、3、\cdots、9$$

$$A_1=a_1+a_2, A_2=a_3+a_4, A_3=a_5, A_4=a_6+a_7, A_5=a_8+a_9, A_6=a_{10}$$

$$V_1=\alpha V_{m1}, V_6=\alpha V_{m5}, V_i=0.5(V_{mi-1}+V_{mi})$$

$$i=2、3、\cdots、5, q_i=V_iq_i, i=1、2、\cdots、6, Q=\sum_{i=1}^{6}q_i$$

（6）相应水位的计算。在计算得到本次流量测量的结果后，在发报前，还需计算该流量对应的水位。

三、实验设备

模拟河道，室内河道水流循环系统包括大容量水池，水泵系统、管道输水段、模拟河道（长 20m、宽 1.6m、高 0.9m）和回水管道。实验段河槽设计有复式河道、宽浅河道、窄深式河道、卡口、石梁、跌水和弯道 7 种不同类型的河段，各段具有明显的结构特征，可较好地的模拟实际河道水力特征。测流设备有旋杯式流速仪、旋桨式流速仪、LS300 型便携式流速仪、斯德克雷达测速仪。实验室中模拟河道如图 3－6－3 所示、在模拟河道特定河段上安装浮子水位计、气泡水位计及超声波水位计。浮子式水位计分别安装在宽浅式河段、跌水、石梁、卡口断面处，如图 3－6－4 所示。气泡水位计安装于前池；超声波水位计安装于河道流态稳定处。主要实验工具有 LS45A 旋杯式流速仪、LS300 型便携式流速仪、水平尺、水准仪、经纬仪、钢尺、直角尺。

图 3－6－3　模拟河道

图 3－6－4　浮子式水位计

四、实验步骤

（1）在测验河段的基本水尺断面上放置水平尺（水平尺气泡居中）。

（2）将流速仪与流速仪显示器相连接，并安装好测杆，熟悉流速仪的使用方法。

（3）用水平尺和钢尺测出水面宽，并记录于表格，根据水面宽确定测深垂线数目及位置，具体要求见表 3－6－1。在每条测速垂线上，流速随水深而变化，为求得垂线平均流速，须在各测速垂线不同水深点上测速，具体要求见表 3－6－2。

（4）将流速仪套置在测杆上的需要测量的水深高度处，将螺栓拧紧。

(5) 将测杆放置在已选定好的测深垂线处，测出测点流速并记录，重复步骤 (4)，直至将所有测点流速测出。

五、实验数据记录与实验成果表

施测时间：＿＿＿＿＿＿＿＿＿＿

使用流速仪型号：＿＿＿＿＿＿＿＿＿＿

测深、测速记录及流量计算表

垂线号数	起点距/cm	测得水深/cm	流速仪位置		流速/(cm/s)					测深垂线间/cm		水道断面面积/cm^2		部分流量/(cm^3/s)
			相对位置	测点深/cm	测点	总历时 T	总转数 N	垂线平均	部分平均	平均水深	间距	测深垂线间	部分	
断面流量					平均流速					平均水深				
水道断面面积					最大测点流速					最大水深				
水面宽														
备注														

六、注意事项

(1) 每 5 人一组进行实验，各组需有一个组长，组员分工协作。

(2) 实验过程中必须做好笔记，每个人均需动手进行实际操作。

(3) 实验完成后应清理现场。

第七节　水位观测实验

一、实验目的和要求

(1) 观察了解河道水流特征，掌握水位观测的设备和方法。

（2）了解不同类型水位计的原理和使用方法。

（3）掌握水位测量和日平均水位计算方法。

二、实验原理

1. 水位概述

水位是指河流、湖泊、水库及海洋等水体的自由水面离开固定基面的高程，其单位以米（m）表示。

（1）水位观测的作用。

1）直接为水利、水运、防洪、防涝提供具有单独使用价值的资料，如堤防、坝高、桥梁及涵洞、公路路面标高的确定。

2）为推求其他水文数据而提供间接运用资料如 $Q=f(Z)$，$S=(Z_2-Z_1)/L$，水资源计算，水文预报中的上、下游水位相关法等。其中 Q 为流量；S 为比降；Z_2、Z_1 分别为上、下比降断面的水位；L 为上、下比降断面的间距。

（2）水位的影响因素。

1）由水体自身水量变化直接引起，如降水、融雪、融冰、蒸发、渗漏等。

2）水体约束条件的改变。如冲淤、人类活动的影响（如闸门开关、河道工程等）、特殊情况下的水位意外变化（如垮坝决堤、分洪、冰塞冰坝的产生与消失等）等。

3）水体受干扰。如干支流汇合产生的顶托、潮汐的周期变化、河道横比降、风浪作用等。

（3）基面的分类。

基面是确定水位和高程的起始水平面。水位与高程数值一样，要指明其所用基面才有意义。如图 3-7-1 所示，基面、水准点、水尺零点和水位的关系。水文测验中采用的基面常用下列两种：

1）绝对基面：将某一海滨地点平均海平面的高程定为 0.000m，作为水准基面。我国现在统一规定的基面为青岛黄海基面。

2）测站基面：某些水文测站专用的一种假定基面，一般选择在河床最低点或历年最低水位以下 0.5～1.0m 处的水平面作为零点来计算水位高度。

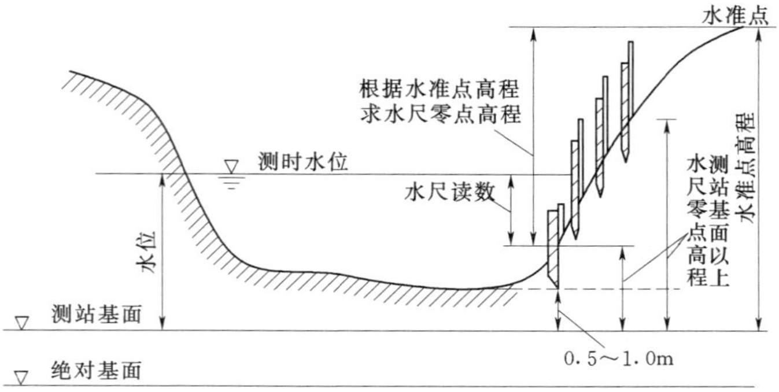

图 3-7-1　基面、水准点、水尺零点和水位的关系图

2. 观测水位的设备和方法

（1）水位的直接观察设备。按水尺的构造形式不同，可分为直立式、倾斜式、矮桩式

和悬锤式4种。其中直立式水尺应用最普遍，其他3种，则根据地形和需要选定。

1）直立式水尺。直立式水尺由水尺靠桩和水尺板组成。如图3－7－2所示，一般沿水位观测断面设置一组水尺桩，同一组的各支水尺设置在同一断面线上。使用时将水尺板固定在水尺靠桩上，构成直立水尺。水尺靠桩可采用木桩、钢管、钢筋混凝土等材料制成，靠桩要求牢固，打入河底，避免发生下沉。水尺靠桩布设范围应高于测站历年最高水位及低于测站历年最低水位0.5m。水尺板通常由搪瓷板、木板或合成材料制成。水尺的刻度一般是1cm，误差不大于0.5mm。

直立式水尺设备简单，观读方便，是水尺的主要形式，凡流水、浮运、航运对水尺危害不大的河段都可使用。

2）倾斜式水尺。将水尺直接涂绘在特制的斜坡或水工建筑物的斜壁、护坡上，分划刻度如图3－7－3所示。设置时，先用精确的水准测量，测出每米水位 CB 相应的位置 A 及 B 于斜坡上。再把相邻两标记中间的倾斜距离 AB 等分为十份或一百份，用油漆刻画注字。倾斜式水尺适用于流速较大的河道，灌溉渠道上常常采用。它可以免受冰凌或其他飘浮物的冲击。

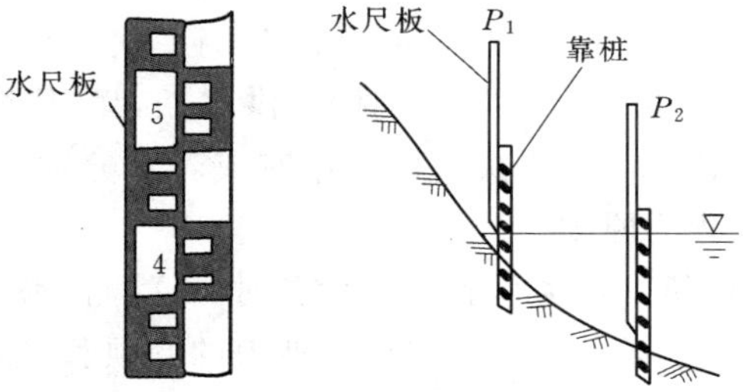

图3－7－2 直立式水尺分级设置示意图

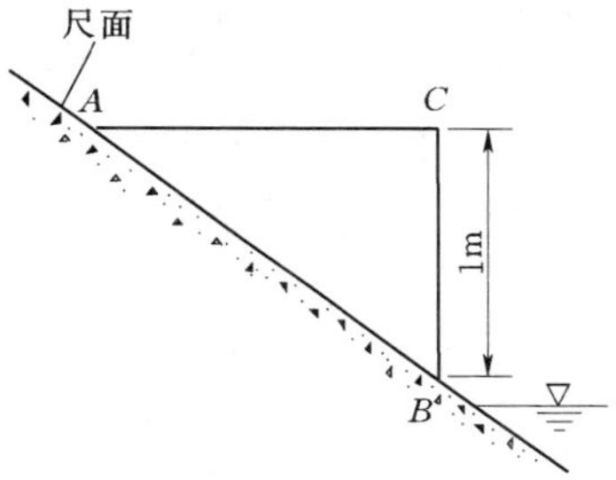

图3－7－3 倾斜式水尺

应使设立的水尺能观测到最高、最低水位。若在同一断面上设置两根以上水尺，各水尺应尽量在同一个横断面上。

3）矮桩式水尺。对受航运、流冰、浮运影响严重，不宜设立直立式水尺和倾斜式水尺的测站，可改用矮桩式水尺。矮桩式水尺由矮桩及测尺组成。矮桩的入土深度与直立式水尺的靠桩相同，桩顶一般高出河床线5～20cm，桩顶加直径为2～3cm的金属圆钉，以便放置测尺。

4）悬锤式水尺。悬锤式水尺通常设置在坚固的陡岸、桥梁或水工建筑物上。它也大量被用于地下水位和大坝渗流水位的测量。由一条带有重锤的绳或链所构成的水尺。它用于从水面以上某一已知高程的固定点测量离水面竖直高差来计算水位。

（2）水位的间接观测设备。

1）自记水位计能将水位变化的连续过程自动记录下来，有的还能将所观测的数据以数字或图像的形式远传室内，使水位观测工作趋于自动化和远传化。

2）浮子式水位计。浮子式水位计是利用水面的浮子随水面一同升降，并将它的运动通过比例轮传递给记录装置或指示装置的一种水位自记仪器。由感应部分、传动部分、记录部分、外壳等部分组成。浮子式水位计按记录时间长短分为日记型、旬记型、月记型。

3）超声波水位计。超声波水位计是一种把声学和电子技术相结合的水位观测仪器。利用超声波在不同介质中的传播特性差异，将换能器安装在水下（液介式）或水上（气介式）某一已知高程位置，通过记录换能器脉冲源所发射脉冲在往返时间内的脉冲数来测量水位的仪器。其原理为根据超声波在水（或空气）中的传播速度和时间，来测定所经过的距离，从而计算出水位。

4）气泡式水位计。气泡式水位计是利用内部的活塞泵产生压缩空气，流经专用气流线，按设定好的间隔进入气室，在气室里，气泡均匀地冒出来进入水中。气泡室孔上水的液位（h）与测量管内流体静压（p），$p=\rho gh$。那么，假设液体的密度保持不变，则测量液位和测量管内的空气压力之间就存在一定的线性关系。通过测量测管内的空气压力，就可以换算出当前的水位了。

3. 观测方法

（1）水位观测。人工不同时间读取水尺数，基准时为8时，全国统一。水位的观测次数并不是测次越多越好，而是根据水位变化情况和能否准确计算日平均水位，且不漏测最高、最低水位为原则来判断的。如：根据水文测验规范规定，水位平稳时，每天8时定时观测一次，不需加测；水位变化缓慢时，每天分别在8时和20时各测一次；水位变化较大或出现缓慢的峰谷时每天测4次（2时、8时、14时、20时）；洪水期，水位变化急剧时每1～6h观测一次，暴涨暴落期间，看情况增加测次，如半小时或若干分钟（6min或6min的倍数）观测一次，以能测到洪峰过程为原则。

（2）正确读取水尺读数。当水面平静或风浪虽大而有静水设备时，读静止水面截于水尺上仅有的一个读数即可。在风浪大而无静水设备时，则应读记波浪的峰顶和谷底截于水尺上的两个读数，记取其平均值，或等到水面出现瞬时平静时，读其截于水尺上的一个读数，这样连续观测2～3次，取其均值。

（3）瞬时水位计算。水位是指水面高出某一基准面的高度，因此，应先测出水尺的零点高程。

水位＝水尺零点高程＋水尺读数

4. 日平均水位的计算方法

（1）算术平均法：适用于一日内水位变化缓慢，或水位变化较大，但系等时距人工观测或从自记水位计上摘录的情况。可将多次观测值相加，除以观测次数，即为日平均水位。

$$\overline{Z}=\frac{1}{n}\sum_{i=1}^{n}Z_i$$

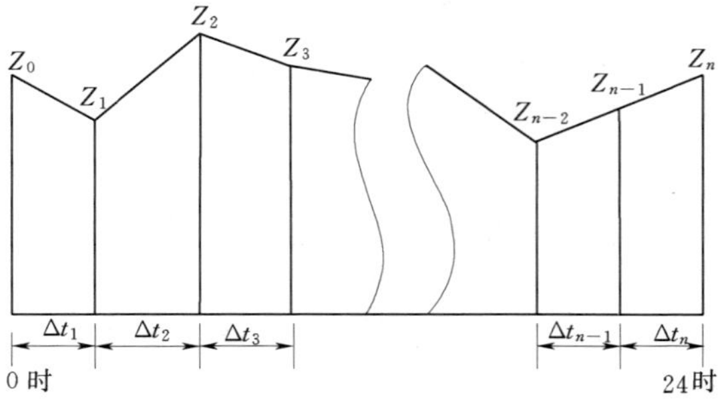

图3-7-4　面积包围法示意图

（2）面积包围法：适用于一日内水位变化较大，且系不等时距观测或摘录情况。即将当日0～24时内水位过程线所包围的面积，除以1日时间（小时）求得日平均水位。如图3-7-4所示。

$$\overline{Z}=\frac{1}{48}[Z_0\Delta t_1+Z_1(\Delta t_1+\Delta t_2)+Z_2(\Delta t_2+\Delta t_3)+\cdots+Z_{n-1}(\Delta t_{n-1}+\Delta t_n)+Z_n(\Delta t_n)]$$

三、实验设备

（1）模拟河道，室内河道水流循环系统包括大容量水池，水泵系统、管道输水段、长20m、宽1.6m、高0.9m的模拟河道和回水管道。实验段河槽设计有复式河道、宽浅河道、窄深式河道、卡口、石梁、跌水和弯道7种不同类型的河段，各段具有明显的结构特征，可较好地的模拟实际河道水力特征。具体模拟河道如图3-7-5所示，浮子式水位计如图3-7-6所示。

图3-7-5　模拟河道图

图3-7-6　浮子式水位计

（2）主要实验设备有水平尺、钢尺、直角尺、超声波水位计、浮子式水位计、气泡式水位计、秒表。

四、实验步骤

（1）河道水流特点描述。

（2）学习了解不同水位计的原理和使用方法。

（3）水位测量：通过不同的阀门开度来模拟河道流量依次增大，或减小，依次选定3个增大过程的流量和3个减小过程的流量作为一场模拟洪水过程，即不等时距改变流量6次，流量增大、减小过程各确定3个。

1）在测验河段的基本水尺断面上放置水平尺。

2）竖直放置钢尺，测量开始时刻水面到水平尺的距离（在左、中、右岸分别测1次）记录并开始计时。

3）调大供水管道阀门开度，在距离开始计时3min时读出水位并记录。

4）重复上述步骤，依次调大供水管阀门开度2次，然后依次调小3次，在距离开始时刻，当累积时间分别到达7min、10min、13min、18min、24min时，用钢尺分别测出水位并记录。

五、实验数据记录

水位资料整编：根据每组数据测量时刻计算出各组水位稳定时间，将整个实验时间段转化为一天（24h），使用算术平均法及面积包围法两种方法求出日平均水位。

水位测量记录表

项目＼时间	水位 1	水位 2	水位 3	水位 4	水位 5	水位 6	水位 7
	时：分	时：分	时：分	时：分	时：分	时：分	时：分

六、注意事项

（1）每 5 人一组进行实验，各组需有一个组长，组员分工协作。

（2）实验过程中必须做好笔记，每个人均需动手进行实际操作。

（3）实验报告应该独立撰写，每人一份，不得抄袭。

（4）实验完成后应清理现场。

第八节 泥沙测验实验

一、实验目的和要求

（1）了解瓶式采样器和横式采样器的结构和原理。

（2）掌握河道泥沙取样的方法。

（3）掌握过滤法和置换法水样处理过程，并计算泥沙含量。

二、实验原理

天然河道水流挟带的泥沙，一般具有两种运动形式，一种在近河底处作跳跃或滚动状运动，称推移质；另一种则悬浮于水中，称为悬移质。悬移质泥沙测验的任务，就在于测获此种悬浮于水中随着水流方向运动的泥沙。悬移质含沙测验的目的是为了推求通过河流测验断面的悬移质含沙量及输沙率。含沙量是指单位体积内所含干沙的质量，单位为 kg/m^3；输沙率是指单位时间流过某断面的干沙质量，单位为 kg/s。断面输砂率是通过断面上含沙量测验配合断面流量测量来推求的。

含沙量测验，一般需要采样器从水流中采集水样。这就要求采样器所采取的水样能反映天然水体含沙量的实际情况。目前使用较多的采样器有横式采样器和瓶式采样器。取样方法有积点法、定比混合法、积深法。

（1）泥沙测验外业所取的水样，通过一定手段和工序以确定其含沙量 C_s。

过滤法处理水样，要经过量积、沉淀、过滤、烘干、称重等过程。才能得出一定体积浑水中的干沙重量。

水样经过处理，求出干沙重后，水样的含沙量可按下式（3－8－1）计算：

$$C_s = \frac{W_s}{V} \tag{3-8-1}$$

式中：C_s 为含沙量，kg/m^3；W_s为水样中干沙重，kg；V 为水样体积，m^3。

（2）置换法不需要经过过滤、烘干等复杂工序，而只需将浓缩水样经过检定的比重瓶内，称出瓶和浑水重，同时测定瓶内浑水温度，即可用公式（3－8－2）算出干沙重。

泥沙重量可按下式计算：

$$W_s=\frac{\rho_s}{\rho_s-\rho_w}(W_{ws}-W_w)=K(W_{ws}-W_w) \qquad (3-8-2)$$

$$K=\frac{\rho_s}{\rho_s-\rho_w}$$

式中：W_s为泥沙重，g；ρ_s 为泥沙比重，g/cm^3；W_{ws}为瓶加浑水重，g；ρ_w 为清水比重，g/cm^3；W_w为同温度下瓶加清水重，g；K 为置换系数，可由表 3-8-1 查得。

表 3-8-1　　置换系数$\frac{\rho_s}{\rho_s-\rho_w}$值

泥沙密度/(g/cm³)	水温/℃						
	0～11.9	12.0～18.4	18.5～23.1	23.2～27.0	27.1～30.4	30.5～36.5	36.6～39.2
2.60	1.62	1.62	1.62	1.62	1.62	1.62	1.62
61	1.62	1.62	1.62	1.62	1.62	1.62	1.61
62	1.62	1.62	1.62	1.61	1.61	1.61	1.61
63	1.61	1.61	1.61	1.61	1.61	1.61	1.61
64	1.61	1.61	1.61	1.61	1.61	1.60	1.60
65	1.61	1.61	1.60	1.60	1.60	1.60	1.60
66	1.60	1.60	1.60	1.60	1.60	1.60	1.60
67	1.60	1.60	1.60	1.60	1.60	1.59	1.59
68	1.60	1.59	1.59	1.59	1.59	1.59	1.59
69	1.59	1.59	1.59	1.59	1.59	1.59	1.59
2.70	1.59	1.59	1.59	1.59	1.58	1.58	1.58
71	1.58	1.58	1.58	1.58	1.58	1.58	1.58
72	1.58	1.58	1.58	1.58	1.58	1.58	1.57
73	1.58	1.58	1.58	1.58	1.57	1.57	1.57
74	1.57	1.57	1.57	1.57	1.57	1.57	1.57
75	1.57	1.57	1.57	1.57	1.57	1.57	1.57
76	1.57	1.57	1.57	1.57	1.56	1.56	1.56
77	1.56	1.56	1.56	1.56	1.56	1.56	1.56
78	1.56	1.56	1.56	1.56	1.56	1.56	1.56

三、实验设备

目前使用较多的采样器有横式采样器和瓶式采样器。

1. 横式采样器

它有一个薄壁钢管作为圆筒，容积 0.5～2.0L，两端有筒盖，盖内有橡皮垫，以保证在筒盖关闭时不致漏水，盖缘有拉力弹簧，设备结构如图 3-8-1 所示。取样时，张开两端筒盖，挟沙水流从筒中流过，然后操纵开关，借弹簧拉力将筒盖关闭，即可取得水样。采样器开关有拉索式、锤击式、和电磁式。横式采样器适用于水深大于 0.3m 各种流速情况下取样（悬索悬吊法）。在水深较小时，宜用悬杆悬吊进行操作。采取的水样容积应基本上与采样器本身容积一致，一般相差不得超过10%。采样器放到每一测点后，应稍停片刻，待采样器与水流方向一致时，再关闭采样器。如在倾斜时取样，可以造成较大的误差。

2. 瓶式采样器

普通瓶式采样器的容积为0.5～2.0L的玻璃瓶制成，瓶口加橡皮塞，塞上装有进水管与排气管，进水管口应低于排气管口3～8cm，进水管和排气管应采用坚韧材料，瓶体宜采用坚韧的半透明或浅色塑料材料，瓶塞应采用有一定强度的橡胶材料。如图3-8-2所示，调整两管出口的高差ΔH，和选用粗细不同的进水管和排气管，可以调整进口流速。由于进入容器内的水样容积随历时的增加而不断减小。当采样器的内压P_i增大到恰好等于排气管口处的静水压力P_2时，排气管不再进水。此时，由于ΔH的存在，P_1仍大于P_i，因而水样将继续沿进水管进入瓶内，水样容积继续缩小，P_i逐渐大到大于P_2时，排气管开始排气，使内压减少而维持平衡。进水管连续进水，排气管相应地连续排气，使瓶内外的压力差和进水管的进口流速趋于稳定，直到瓶内充满水样。

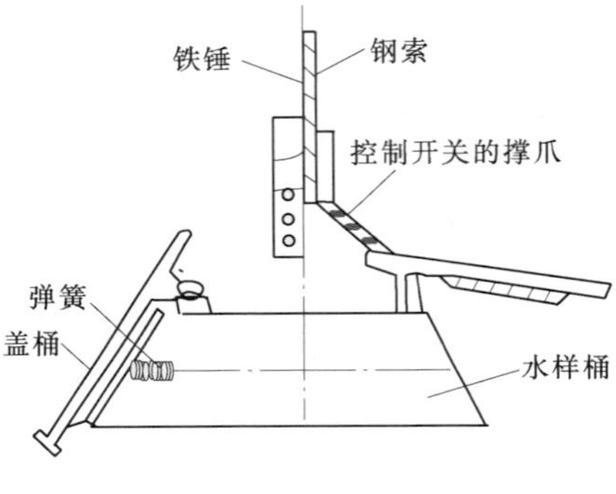

图3-8-1　横式采样器

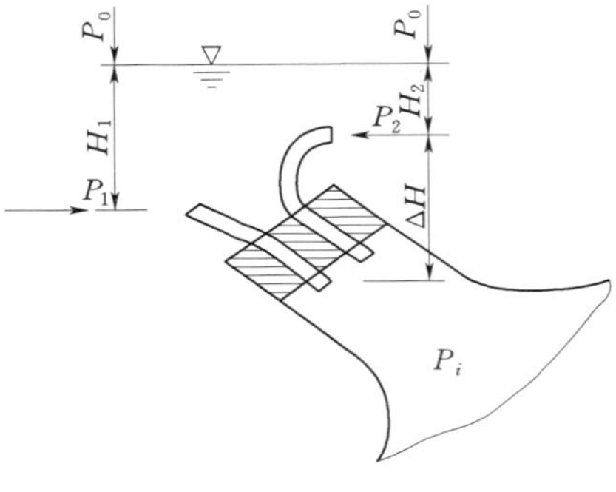

图3-8-2　瓶式采样器

四、实验步骤

水样处理常采用过滤处理法和置换法。其中，过滤法需进行水样的量积、沉淀浓缩、过滤、烘干、称重等步骤，工序复杂、历时较长，所用器具如图3-8-3、图3-8-4所示。

图3-8-3　滤沙容器及沙网

图3-8-4　干燥皿及天平秤

1. 过滤法

（1）用横式采样器将水样取回，倒入采样桶中。

（2）将分水容器编号，把采样桶中水样搅匀，倒入量筒量测其容积，分别将其倒入有编号的分水容器中。

（3）将多个有编号的分水容器内的水样沉淀48h。

（4）裁好滤纸，将滤纸烘干（烘干时间2h，温度为100℃烘箱中）、称重（在每一张裁好的滤纸上将称重和编号写好）。

（5）滤沙，在小桶上放一个漏斗形的纱网，将滤纸铺开放在其上。

（6）将有编号的分水容器中的的上清液倒掉，将沉沙（浓缩样）倒入与其对应编号的滤纸上。

（7）自然晾干，折叠沙包，放入烘箱上层（烘3h，温度为100℃）。

（8）取出滤纸沙包（等到温度降到室温再取出），放入干燥皿中。

（9）取出称重。

2. 置换法

（1）用取样器将水样取回，倒入采样桶中。

（2）将采样桶中的水样搅匀，倒入1000mL量筒中，记录下水样体积V_0。

（3）对水样进行静置沉淀，此时可进行比重瓶加清水的重量（W_w）测定。

（4）待水样不再沉淀以后（规范中为大于24h），将上清液倒入到1000mL的大烧杯中，将量筒中剩余的沉沙（浓缩液）转移至500mL的烧杯中，记录下最终剩余的上清液体积V_1，则浓缩液的体积即为V_0-V_1。

（5）将转移至烧杯中的浓缩样摇晃均匀，用漏斗注入比重瓶内。向瓶内注入水样时，应使浑水沿瓶壁徐徐而下，当浑水注入瓶内容积的4/5处，可用手指轻击比重瓶的四周，以助气泡外溢。然后再注入少量清水，使水面达到一定刻度（即加上瓶塞后，刚好充满瓶塞细管或溢出少许）。再停2～3min，目视瓶内没有微小气泡上升时，加上瓶塞，并将塞顶的水抹去。

（6）用吸水纸擦干瓶外水分，然后放在天平上量测浑水重量W_{ws}（即瓶加浑水重）、并用温度表迅速测定浑水温度。

五、实验数据记录及处理

仪器编号：________

有关常数：比重瓶容积V=________，泥沙密度ρ=________

含沙量测量计算成果表

测次	浑水重量 W_{ws}/g	清水重量 W_w/g	浑水温度 T_{ws}/℃	置换系数 K	泥沙重量 W_s/g	含沙量 C_s /(kg/m³)
1						
2						
3						

六、注意事项

（1）用横式采样器取样前，应检查两端的筒盖是否关闭，从水中提出后是否漏水。

（2）采取的水样容积应基本上与采样器本身容积一致，一般相差不得超过±10%。

（3）采样器放到每一测点后，应稍等片刻，待采样器与水流方向一致时，再关闭采样器。如在倾斜时取样，可以造成较大误差。

（4）测定瓶加浑水重及浑水温度应注意：水样装入比重瓶后，瓶内不得有气泡；比重瓶内浑水应充满塞孔；称重后，应迅速定瓶内水温。

（5）实验完成后应清理现场。

第九节　水文循环规律实验

一、实验目的和要求

（1）能够表述水文循环的定义、水文循环的分类。

（2）掌握水文循环的过程、影响因素、理解水文循环的物质流动和能量流动。

（3）观察水文循环模拟系统的降雨、入渗、径流、地下水运动过程，加深对水文循环的理解。

（4）掌握水文循环运动规律和内在机理。

二、实验原理

海洋、陆地水和大气的水随时随地都通过相变和运动进行着大规模的交换，这种交换过程称为地球水分循环。在太阳辐射的作用下，地球上的水体、土壤和植物叶面的水分通过蒸发和蒸腾作用进入大气，通过气流被输送到其他地方。在一定条件下，水汽遇冷凝结成云致雨，又回到地面。在重力作用下，降落到地面的水经流动汇集到江河湖海或渗入地下，在运动过程中，水又重新产生蒸发、输送、凝结、降水和径流等变化（径流是指降雨及冰雪融水在重力作用下沿地表或地下流动形成的水流）。本水文循环模拟系统为陆地水文循环系统，如图 3-9-1 所示，共包括降水、地表水流运动、地下水流运动三大部分。

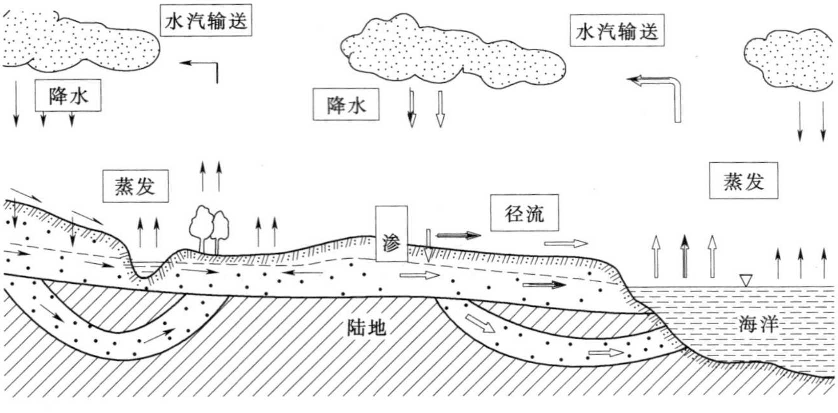

图 3-9-1　水文循环示意图

降水是气象要素之一，也是水循环中重要的一个环节。降水形成的三个因素是：水汽、气流上升运动、冷却凝结。大气中的水汽来自于海洋、河流、湖泊、水库及陆地的蒸散发，如果空气中的水汽含量达到饱和湿度或过饱和，气团中的水汽便开始凝结成水滴或冰晶，形成了云，云中的水滴在上升过程中不断凝聚，相互碰撞而结合成大雨滴或冰粒，当其重量达到不再能被上升气流所顶托的时候，则下降产生降水。按降雨强度大小，降雨可分为暴雨、大雨、中雨、小雨四种：①暴雨：大于 50mm/24h（暴雨：50～100mm/24h、大暴雨：100～200mm/24h、特大暴雨：大于 200mm/24h）；②大雨：25～50mm/24h；③中雨：10～25mm/24h；④小雨：小于 10mm/24h。

降水落到流域面上后，首先向土壤内下渗，一部分水以壤中流形式汇入沟渠及河道，形成上层壤中流，大部分水补给地下水，还有一小部分，以土壤水形式保持在土壤内。当土壤含水量达到饱和或降水强度大于入渗强度时，余水开始流动充填坑洼，继而形成坡面流，汇入河槽和壤中流一起形成出口流量过程。

径流形成过程可概化为产流阶段和汇流阶段。产流是降水和扣除损失后产生径流的过程。汇流是指径流经坡面漫流和河槽汇流形成流域出口流量的过程。实际上这两个阶段不能截然分开，而是交替进行。

降水、地表水下渗是地下水的补给来源，地下水可以分为潜水和承压水两类。潜水是埋存于地表以下，第一个连续稳定的隔水层以上具有自由水面的重力水。它是由降水和地表水的渗入补给的。承压水是充满于上下两个隔水层之间的含水层中的地下水，它承受一定的压力。该含水层可明显地分为补给区、承压区及排泄区三个部分。补给区的上部没有隔水层，它直接接受降水及地表水的补给。承压区承受静水压力且具有压力水头；排泄区指承压水流出地表或流向潜水的地段。承压水常以地表水、潜水、泉水等形式排出。

三、实验设备

水文循环是自然界物质运动、能量转化和物质循环的重要方式之一。为了使学生能够更直观、更深刻的理解水文循环过程，设计了水文循环模拟实验装置，如图 3-9-2 所示。该装置包含：模拟降雨系统、地形模型系统、测量系统及水源系统四个实验系统。

图 3-9-2 水文循环模拟实验装置

1. 模拟降雨系统

模拟降雨系统采用下喷式喷头降雨，降雨范围为 2.5m×3.5m，降雨范围内有 4 组喷头及供水管道组成，第一组喷头可形成 0.76mm/min 雨强的降雨，第二组喷头可形成 1.14mm/min 雨强降雨，第三组喷头可形成 0.38mm/min 雨强的降雨，第四组喷头可形成 0.18mm/min 雨强的降雨，每组喷头供水管道上安装一个电磁阀，通过控制电磁阀的开闭叠加而形成不同雨强的模拟降雨。

降雨系统结构设计，如图 3-9-3 所示。每组各喷头之间为梅花状排布，降雨均匀度高于 85%。模拟降雨系统配备有工控机，在工控机上安装有专用的降雨控制软件，向降雨控制软件中输入实验降雨过程数据，工控机就可控制降雨系统完成此降雨过程，实现降雨过程自动化控制，完成对雨量、雨强、雨型的模拟。

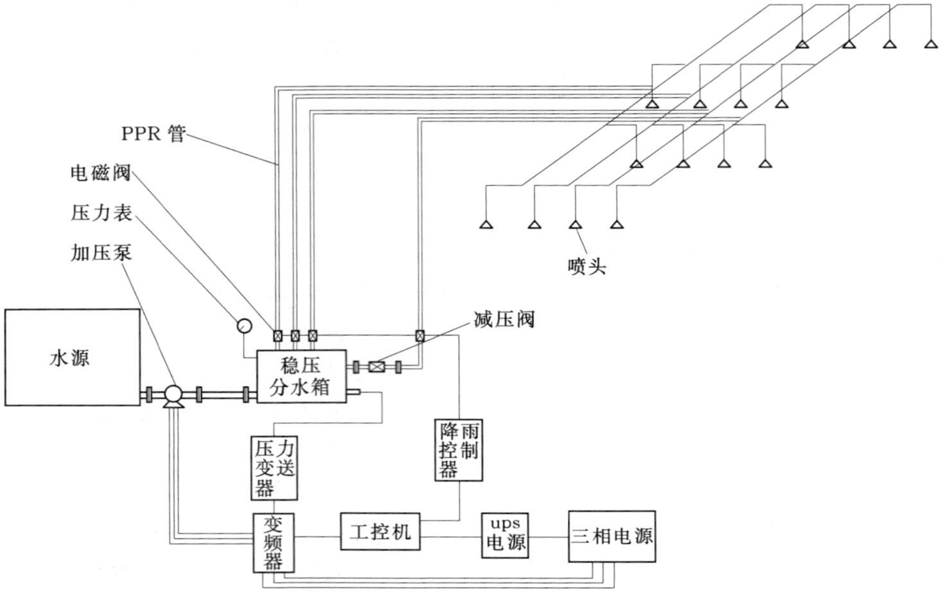

图 3-9-3　模拟降雨系统结构设计

2. 地形模拟系统

地形模拟系统完整模拟了一个具体的流域断面的地理形态，包括山地、平原、湖泊和河道，地表各部分按所模拟的海拔高度从山地丘陵区到河道干流呈阶梯状分布，降雨产流随地表地形由高到低走向逐步汇集，由小的支流形成大的支流，最后汇入干流主河道。能够完整模拟陆地水循环过程。其地形模拟系统示意图如图 3-9-4 所示。

在地表以下结构按隆起、褶皱到平缓区的地质形态分布，与地表的地貌特征相适应，基岩、透水层、不透水层、地表土（砂）层呈带状交替分布，从而形成不同的含水层，由此产生不同的地下水位，即潜水和承压水。地表土（砂）层具有较强的透水性，降雨入渗形成潜水层。在岩层断裂带露出地表处形成一个盆地，降雨径流的汇集形成湖泊。由于各岩层的抗侵蚀作用和透水性不同，该湖泊的底部部分岩层透水性较强，湖水入渗补给深层地下水并形成承压水层。

为观测和实现实验过程中的水位调节，地形模拟系统在不同的位置针对不同的地下水类型分别设置一个承压水井和一个潜水井及一个泉，其分布如图 3-9-5 所示。

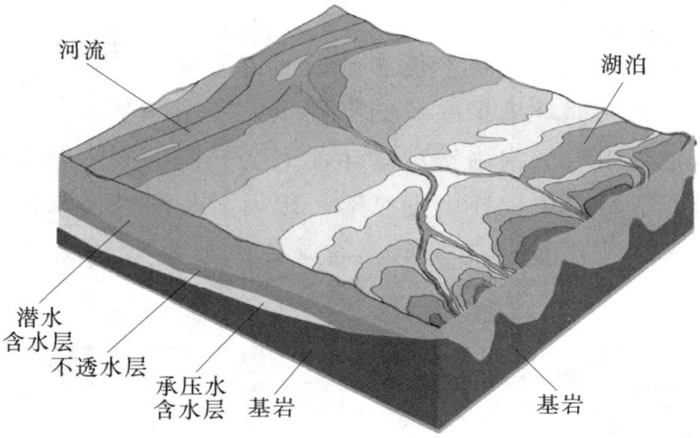

图 3-9-4　水文循环模拟系统地形示意图

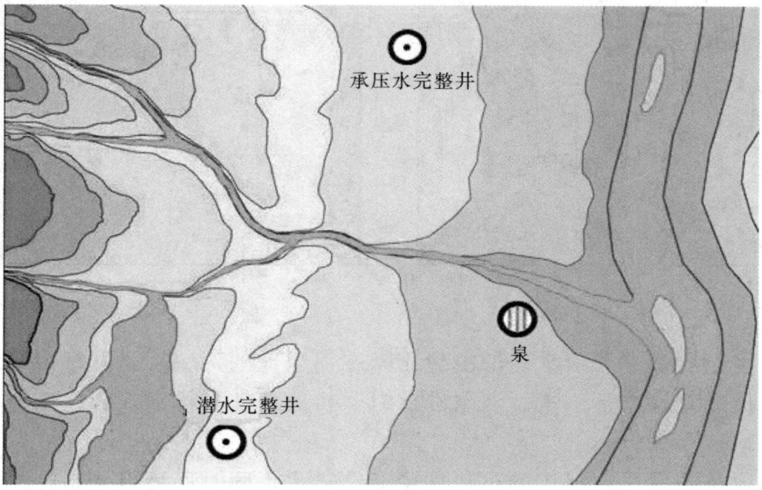

图 3-9-5　井、泉结构图

潜水井和承压水井都使用阀门控制开闭来模拟抽水过程，泉通过阀门开闭来控制泉口出水，其剖面结构如图 3-9-6 所示，模拟抽水过程中可以通过观测测压管水位变化来观察地下水位的变化。

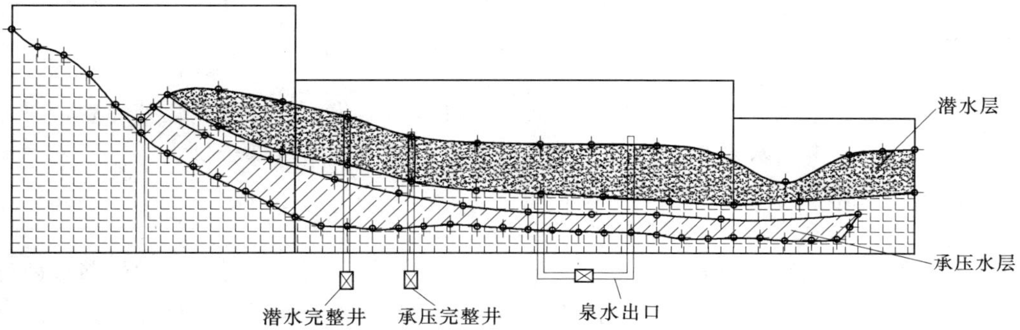

图 3-9-6　地形模拟系统剖面结构图

3. 测量系统

测量系统包括降雨量测量、河道水位测量、河道流量测量和地下水位测量四大部分。

(1) 降雨量测量。水文循环模拟系统的降雨量应使用该系统专用的微型雨量计进行测量，降雨强度通过测量一定时间内由接雨漏斗注入烧杯内的雨水容积而计算得到。其装置图如图 3-9-7 所示，该微型雨量计由支撑架、接雨漏斗和烧杯（100mL）组成；接雨漏斗的内径为 50mm。降雨量观测点共 6 个，各点在地形模型系统上的分布如图 3-9-8 所示。

图 3-9-7　微型雨量计

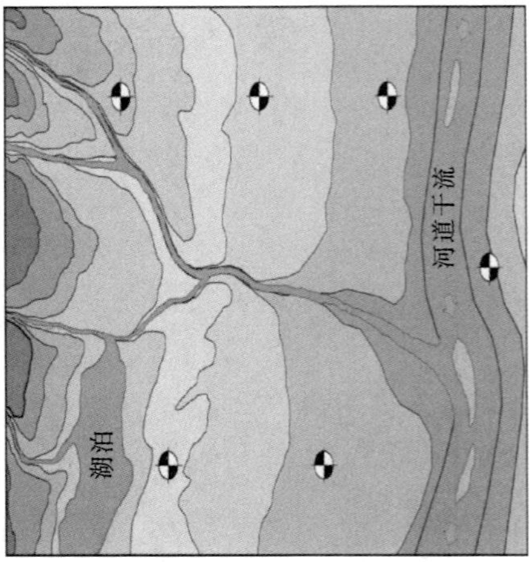

图 3-9-8　降雨量观测点的分布

(2) 河道水位测量。河道水位的测量用架在河道上的两座桥梁模型或水平尺作为参照物，用数显卡尺或钢尺进行测量。河水涨落时，桥梁顶部与桥下水面距离会有变化，根据该变化可得到河流水位。

(3) 河道流量测量。在河道的出口处用量筒接水，同时用秒表开始计时，接一定量的水后，按水量和所用时间即可计算得到河道水流量。

(4) 地下水位测量。地下水位的观测可通过测压管进行。地形模型系统内部在不同的位置分别设置了 13 个潜水水位观测点和 13 个承压水水位观测点，各观测点与模型外侧的测压管连接，所有的测压管，测压管间距如图 3-9-9 所示，其标尺零点刻度都在同一个水平面上，所以各点水位的读数均具有可比性。由不同的观测点所观测到的水位差异可了解地下水运动的规律。

4. 水源系统

水文循环实验系统所需供水由外部提供，经过水质净化器过滤和软化处理后，通过水文循环实验系统自带的水泵及其他引水设施向实验系统内各需水部分供水。

四、实验步骤

1. 模拟降雨系统

(1) 打开工控机（操作台下部黑色主机有个带钥匙的前面板，旋动钥匙前面板即可打开）按下“蓝色 POWER”按钮，工控机启动，显示器只要上电即处于打开状态。

(2) 双击桌面人工模拟降雨图标，如图 3-9-10 所示。

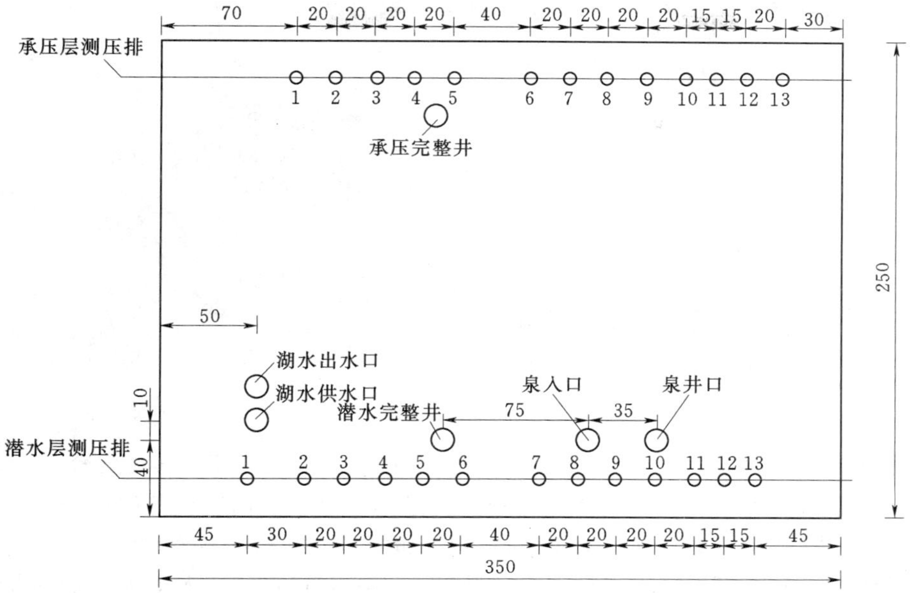

图 3-9-9　测压管结构图（单位：mm）

（3）此时若需降雨实验，首先打开变频器电源（供电开关在水文循环降雨西南角墙壁上有个小的配电盒内的三相空开即为人工模拟降雨变频器的供电开关）。

图 3-9-10　人工模拟降雨图标

（4）需要不同雨强的模拟降雨实验时，打开手动调试（手动控制方式），点击降雨系统手动控制界面的"停止"按钮，此时"停止"按钮变为"启动"说明变频器已启动，等待大约 20s 后，待稳压管水压稳定后即可任意打开一路阀门进行不同雨强的降雨需求。

（5）降雨系统手动调试界面有两台阀门控制器四个通道的按钮指示，初始状态为暗绿色，点击后由暗绿色变为红色代表此路阀门打开，再次点击由红色变为暗绿色即可关闭阀门（备注：在打开阀门或关闭阀门时需间隔大约 10s 后再次进行下一步操作）。

（6）实验结束后，首先关闭阀门控制器（即：指示灯变为暗绿色），其次再点击"启动"按钮，使之变为"停止"按钮，此时降雨过程结束，然后点击"返回"按钮即可返回到人工模拟降雨测控软件的初始界面。

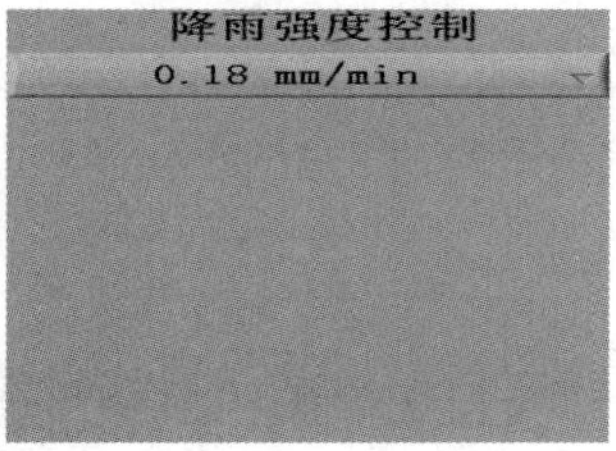

图 3-9-11　降雨强度设置界面

（7）此时可以在软件初始界面设置相应参数，以实现自动控制状态下的模拟降雨实验过程。

1）选择降雨强度，如图 3-9-11 所示。

2）点击三角符号下拉菜单即可看到不同雨强的降雨强度，点击相应的雨强，使之相应雨强前面出现"√"表示已选择。

3）首先设置降雨开始时间，点击光标到设置时间的窗口就可设置开始降雨时间，如图 3-9-12 所示。

4）其次设置降雨过程时间，点击旋动旋钮或直接输入都可实现，如图 3－9－13 所示。

图 3－9－12　时间设置窗口

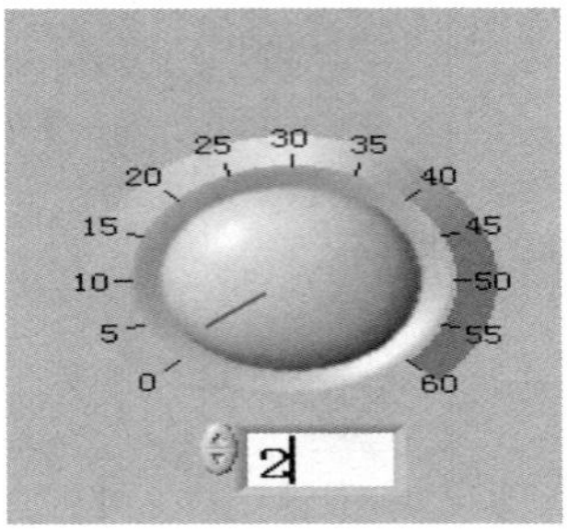

图 3－9－13　降雨过程时间设置

5）然后点击添加按钮、保存按钮即可在列表中显示设置参数的具体内容。

6）可重复以上步骤实现多段不同雨强降雨过程（每个降雨阶段的时间设置必须遵循下一阶段的开始时间滞后于上一阶段的结束时间，例如：第一阶段的降雨时间开始为 10：00，持续 3min；下一阶段的降雨时间设置就必须从 10：03 开始，再次设置持续时间即可）。

（8）点击模拟降雨软件界面的“降雨过程监控”按钮，可见如图 3－9－14 所示内容。

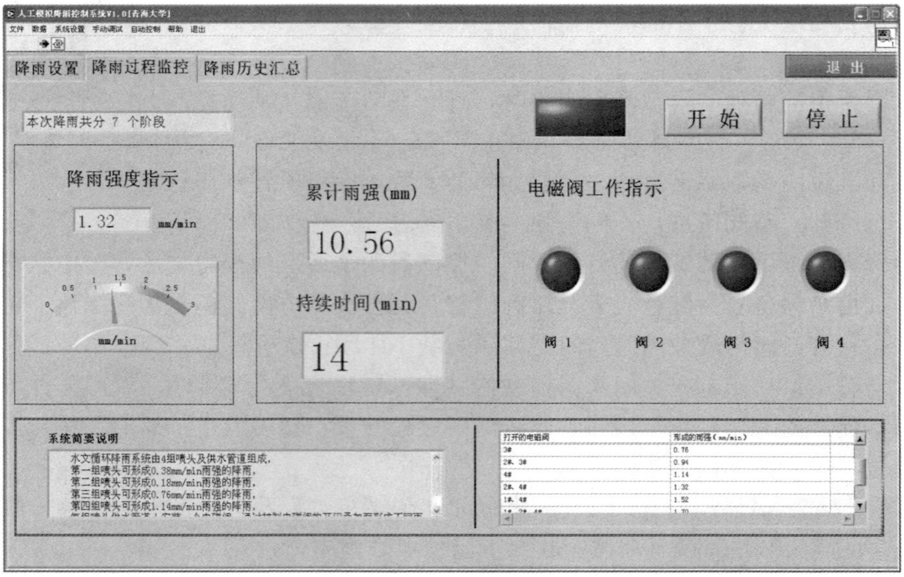

图 3－9－14　模拟降雨界面

（9）此界面可以直观地看到实验需求所设置的降雨阶段、降雨强度指示、累计雨强、持续时间、各路阀门所对应的雨强列表及四路电磁阀的指示灯（暗绿色为关闭状态，亮绿色为打开状态）和“开始”按钮（点击变为亮绿色为启动变频器，紧接着软件就会以所设置参数开始降雨过程，相应的阀门指示灯变为亮绿色），等待设置降雨时间到达后，降雨过程停止，相应的阀门即变为暗绿色；此时点击“停止”按钮，由灰色变为黄色为关闭变频器，结束降雨过程。

(10) 点击降雨界面的降雨历史汇总按钮可以直观看到降雨实验所进行的具体参数，如图 3-9-15 所示内容。

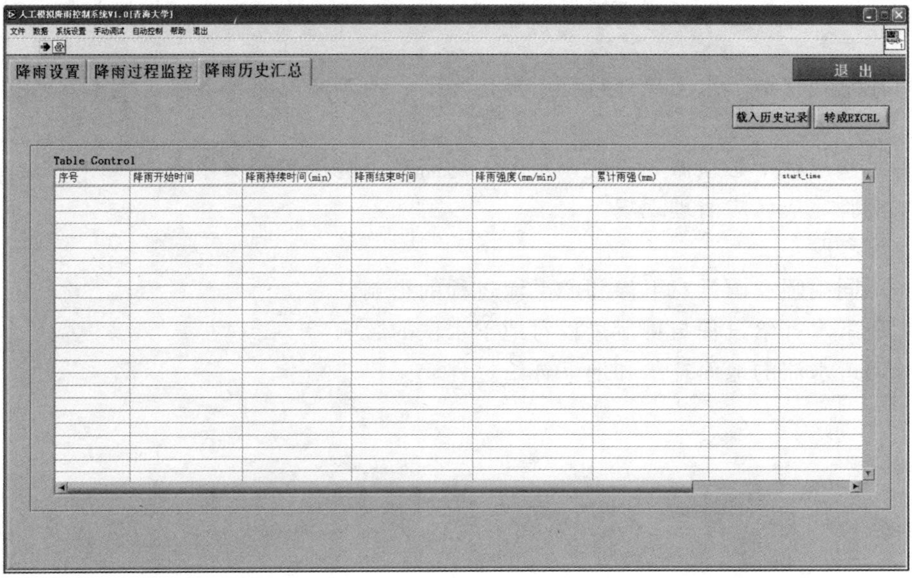

图 3-9-15　降雨查询界面

(11) 在此界面可以清楚地看到以往所进行的历史实验数据，可以进一步把所有历史实验数据存储为 Excel 格式（直接点击界面的转换按钮即可），至此整个降雨过程操作完成。

(12) 点击红色退出按钮即可退出人工模拟降雨控制软件，等待 1min 左右，软件界面退出。

2. 雨量测量

降雨开始后，使用量筒定时称量烧杯中雨量，根据雨型过程可适当增加测次。

3. 流量测量

观测降雨产流、汇流过程，观测不同雨型条件下产流、汇流的变化，降雨前，调节河道供水箱水头，保证河道有稳定流量，用水桶测量河流的稳定流量，作为河流的基准流量，降雨开始后，定时段使用水桶和电子天平秤测出流量并记录，增加流量即为降雨产流。

4. 观测地下水位

实验前一周应打开湖水补给阀门，令湖内有稳定水位，且持续为承压含水层补水。实验时，观测降雨对地下水的补给，对比降雨前后潜水井和承压井的测压管水位变化情况。观测潜水井抽水情况下（即底部放水）影响半径和降落漏斗，潜水井周围布设有测压孔，可通过测压管读出水位变化情况。

五、注意事项

（1）认真阅读实验讲义。

（2）实验中认真观测水文现象并做好记录。

（3）观测泉水出流过程，抽水过程测压管水位变动情况及河道水流流动过程。

（4）在不同降雨强度下记录雨量计中测得雨量，计算测量误差，分析影响误差大小的因素。

（5）注意观察整个水文循环过程，描述降雨、地表产汇流、下渗、地下水水位变化整个过程。

（6）实验过程中必须做好笔记，每个人均需动手进行实际操作。

（7）实验完成后应清理现场。

六、思考题

（1）不同雨强和雨量对下渗和产汇流过程的影响。

（2）地下水补给过程与排泄过程对地下水位的影响。

（3）河道水流的地面补给和地下补给过程。

第四章　水 文 地 质 实 验

第一节　土 壤 渗 吸 实 验

一、实验目的和要求

（1）通过实验掌握土壤渗吸速度随时间的变化规律。

（2）观测积水条件下土壤入渗过程，包括累积入渗量和湿润峰随时间的变化规律。

（3）掌握土壤渗吸速度的常规测定方法及实验装置的工作原理。

二、实验原理

考斯加可夫根据野外实测资料分析，发现入渗速度（渗吸速度）与时间之间呈指数关系，其形式为：

$$i_t = i_1 \times t^{-\alpha} \qquad (4-1-1)$$

式中：i_t 为入渗开始后时间 t 的入渗速度；i_1 为在第一个单位时间土壤的渗透系数，相当于 $t=1$ 时的土壤入渗速度；α 为反映土壤性质与入渗初始时土壤含水率的经验常数。

对公式（4－1－1）取对数得：

$$\lg i_t = \lg i_1 - \alpha \lg t \qquad (4-1-2)$$

实测的 $\lg i_t$，$\lg t$ 点应呈直线关系，取 $t=1$ 时的 i 值为 i_1，该直线的斜率为 α。计算时 t_a，t_b 时刻对应 i_a，i_b，代入下式得：

$$\alpha = \frac{\lg i_a - \lg i_b}{\lg t_a - \lg t_b} \qquad (4-1-3)$$

在时间 t 内入渗总量 I（以水层深度表示）为：

$$I = \int_0^t i_t d_t = \int_0^t i_1 t^{-\alpha} d_t = \frac{i_1}{1-\alpha} t^{1-\alpha}$$

I 为时间 t 内总入渗量（累积入渗量），由实测数据得出，由于 i_1 已知，故 α 可以求出，其值根据土壤性质和初始含水率而定，变化于 0.3～0.8 之间。

三、实验设备

水在土壤中入渗分为有压入渗和无压入渗。如漫灌、畦灌和沟灌都属于有压入渗；喷灌、滴灌属于无压入渗。本实验是模拟有压入渗条件下，观测水在土壤中入渗的湿润锋运移过程及渗吸速度随时间的变化规律。

实验设备如图 4－1－1 所示、结构如图 4－1－2 所示。实验仪器主要包括供水装置和土筒两部分，其中供水装置为马氏瓶，其长×宽×高为 5cm×3cm×25cm；土筒直径 5cm，装土高度 11.5cm 圆形土柱。配备秒表、量筒、滤纸、接渗瓶、直尺等实验用具。

土壤渗析仪工作时，在马氏瓶容器的下端侧壁上开一进气孔，孔外连有一细折管。工作时，稳定水面实际控制在细管的拐点处。

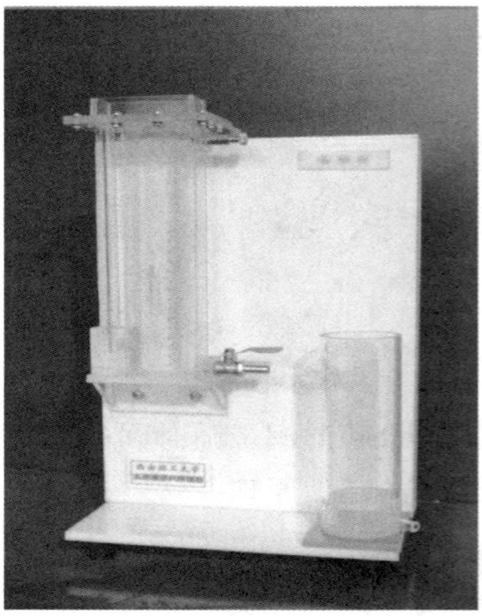

图 4-1-1 土壤渗吸仪

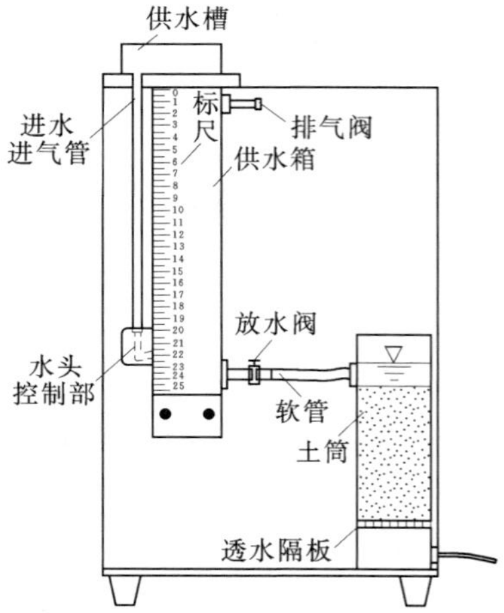

图 4-1-2 土壤渗吸仪结构

四、实验步骤

（1）取直径 5cm 滤纸一张，置入土柱圆筒底部。土桶底部为有机玻璃多孔隔水底板，底板下留有大约 3cm 的空间，便于水分渗透后从下部出水口排出。

（2）取自然风干的土碾碎过筛，要求细碎块不大于 2mm，与粉细砂按一定比例混合。

（3）装土。要求土样均匀，土样应分层填装，每装一层，用橡皮锤捣实，表面刮毛，再装下一层；每次填土厚度 2cm，装土至土筒进水孔的下端 1cm 处。在装好的土柱表面铺一张 5cm 滤纸，防止供水时冲刷。

（4）给供水箱加水。打开供水箱的排气阀，关闭放水阀。用一个比较大的量杯盛满水并向供水槽斗中注水，这时，水将通过进水进气管进入到供水箱中，直到供水箱中水面到达排气阀出口高度时为止，关闭排气阀，缓慢打开放水阀，当进水进气管开始有气泡进入供水箱时，关闭放水阀，并观察进水进气管中水位是否稳定在下端拐点处，如果水位稳定，说明水箱可以正常工作，用软管将水箱出水口和土筒进水口相连。实验开始时，准备好 2cm 土筒高度的水量待用。

（5）开始入渗。各项工作准备就绪后，将备于量杯中的水倒入土柱（动作要轻，以防冲动土样）后，快速打开放水阀，同时开始计时。

（6）记录。在初始时入渗速度快，一般每 10s 记录马氏瓶水位读数、测定土壤湿润峰位置及相应时间。以后随入渗速度减小，读数间隔可逐渐加大。实验至直到发生渗透，且土柱下端出水并达到稳定为止，则可测得土壤入渗速度的变化规律。在测定入渗水量的同时，记录湿润峰面在某时刻所到达的土面以下的位置，直到湿润峰面到达土壤标本底部为止，则可测得土壤湿润速度的变化规律。

五、实验数据记录

量 测 数 据 记 录

土筒内环内径	cm	马氏瓶（长×宽×高）	
土筒内环面积	cm^2	马氏瓶面积	cm^2
实验开始时刻		马氏瓶初始读数	cm

间隔时间 /s	间隔时间 Δt/min	累计时间 /min	马氏瓶读数 /cm	水位下降值 /cm	土筒读数 /cm	湿润锋推进深度/cm	累积入渗量 L/cm^3	入渗速度 /(cm/min)

六、数据处理及结果分析

（1）通过下面公式进行计算。

Δt 时段内入渗水量＝（t_i＋1 时刻马氏瓶读数－t_i 时刻马氏瓶读数）×马氏瓶面积

累积入渗水量＝Δt_1 时段内入渗水量＋Δt_2 时段内入渗水量＋…＋Δt_n 时段内入渗水量

入渗速度＝Δt 时段内入渗水量/（土柱内环面积×Δt）

（2）在坐标纸上点绘土壤入渗速度随时间变化的过程线。找出其曲线的一般规律。

（3）在双对数纸上点绘出入渗速度与时间的关系曲线。根据公式（4－1－3）确定出 α 值。

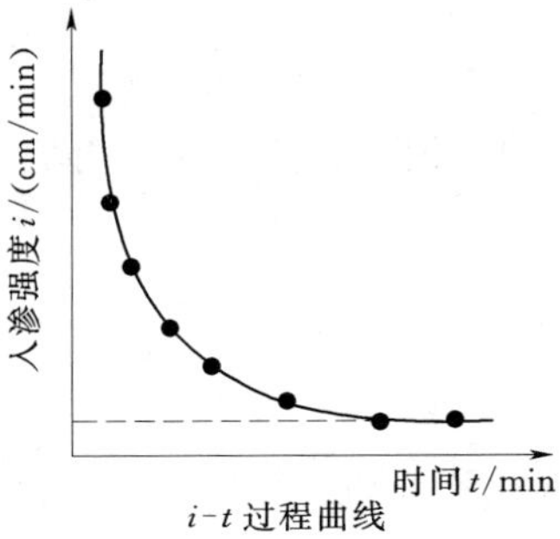

i-t 过程曲线

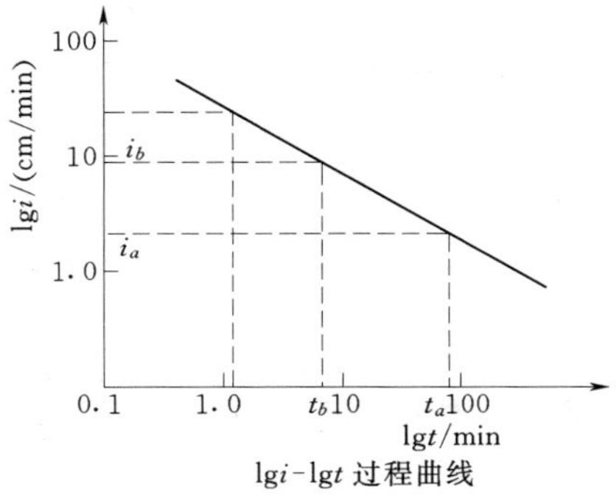

lg$i$-lg$t$ 过程曲线

七、注意事项

（1）读数时秒表不能停，从打开放水阀门时按下秒表，直到入渗结束。

（2）实验开始前，必须用烧杯给土筒迅速提供供水水头，然后打开放水阀，才能开始记录实验数据，否则会出错。

（3）装土时一定把样土装均匀。

八、思考题

（1）马氏瓶为什么能够维持恒定水位，其工作原理是什么？

（2）土壤初始含水量的大小对累积入渗量、入渗速率变化过程和湿润锋推进过程有什么影响？

（3）入渗水头对入渗过程是否有影响？

第二节　达 西 定 律 实 验

一、实验目的和要求

（1）测定均质砂的渗透系数 k。

（2）测定渗过砂体的渗流量与水头损失的关系，验证渗流的达西定律。

（3）画出 $v-\Delta h$、$v-J$ 曲线。

二、实验原理

达西渗流实验是研究重力水在均质各向同性土壤中恒定流动规律的实验，也是工程中测定土壤渗透系数的实验。

（1）液体在孔隙介质中流动时，由于粘滞性作用将会产生能量损失。达西在 1852—1855 年间通过实验，总结得出渗流能量损失与渗流速度成一次方的线性规律，后人称为达西定律。

（2）由于渗流速度很小，故速度水头可以忽略不计，因此总水头 H 可用测压管水头 h 来表示，水头损失 h_w 可用测压管水头差来表示，即

$$H=h=z+\frac{p}{\rho g}$$

$$h_w=h_1-h_2=\Delta h$$

则水力坡度 J 可用测压管水头坡度来表示

$$J=\frac{h_w}{l}=\frac{h_1-h_2}{l}=\frac{\Delta h}{l} \tag{4-2-1}$$

式中：l 为两个测压管孔之间距离；h_1、h_2 分别为两个测压孔的测压管水头。

（3）达西通过大量实验，得到圆筒内渗流量 Q 与圆筒断面积 A 和水力坡度 J 成正比，并与土壤的透水性能有关。

$$Q=KAJ$$

$$v=\frac{Q}{A}=KJ$$

式中：v 为渗流简化模型的断面平均流速；K 为反映孔隙介质透水性能的综合系数，称为渗透系数。

(4) 实验中的渗流区为一圆柱形的均质砂体，属于均匀渗流，可以认为各点的流动状态是相同的，任意点的渗流流速 v 等于断面平均渗流流速，因此达西定律也可以表示为

$$v=KJ \tag{4-2-2}$$

式 (4-2-2) 表明，渗流的水力坡度，即单位距离上的水头损失与渗流流速的一次方成正比。

(5) 渗流雷诺数用以下经验公式求出

$$Re=\frac{vd_e}{\nu}\frac{1}{0.75n+0.23} \tag{4-2-3}$$

式中：d_e 为砂样有效粒径；n 为孔隙率。

三、实验设备

实验设备如图 4-2-1 所示，在实验箱中装入均质砂，底部装一块滤板，实验用水由带溢水装置的供水箱供给，恒定水流由均匀砂体下部进入，渗过砂体的水由实验箱顶溢出，在圆筒侧壁上装两只测压管，以测定渗流水头损失。供水箱可上下移动以改变实验水头与流量。用量水箱与秒表测定渗流量。

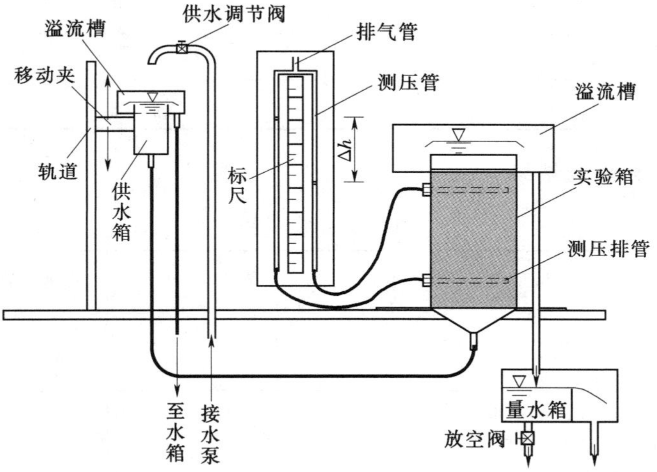

图 4-2-1　达西实验仪

四、实验步骤

(1) 记录基本常数，包括实验圆筒内径 D、测孔间距 L 及砂样有效粒径 d_e、孔隙率 n 与水温 t。

(2) 开启供水管注水，使水浸透圆筒内全部砂体并使圆筒充满水，一般按流量由大到小的顺序进行实验。将调节水头的供水桶升到最高位置，待水流稳定后，即可量测两个测压管的水头，并用体积法测定渗流量。

(3) 依次降低水头，待水流稳定后进行上述测量，共测 10 次。

五、实验数据记录

仪器编号：________

有关常数：筒径 $D=$________ cm，测孔间距 $L=$________ cm，砂粒有效粒径 $d_e=$

________cm，孔隙率 $n=$________，水温 $t=$________℃，运动粘性系数 $\nu=$________ cm^2/s，量水箱面积 $F=$________ cm^2

量测数据记录

测次	测压管水头		渗流量		
	h_1/cm	h_2/cm	量水箱高度 h/cm	体积 V/cm^3	时间 t/s
1					
2					
3					
4					
5					
6					
7					
8					
9					
10					

六、实验数据处理及结果

实 验 结 果

测次	渗流水头损失 $h_w(\Delta h)$ /cm	渗流量 Q /(cm^3/s)	水力坡度 $J=h_w/l$	流速 v/(cm/s) $v=Q/A$	渗透系数 K/(cm/s) $K=v/J$	Re
1						
2						
3						
4						
5						
6						
7						
8						
9						
10						

七、注意事项

（1）实验开始前要浸透圆筒内砂体，使不留空气，两测压管内也不留气泡。当渗流量 $Q=0$ 时，两测压管水平面应保持齐平，否则应进行检查，找出原因，并予以排除。

（2）实验时要始终保持溢水管有水流出，以保证为恒定水头。

八、思考题

（1）在该实验中，通过轨道不断改变供水桶高度的目的是什么？

（2）在该实验中，前期使水浸透圆筒内全部砂体并使圆筒充满水的原因是什么？

（3）在该实验中，前期排尽砂体及测压管内全部气体的具体步骤是什么？

九、讨论分析题

（1）若该实验需要确定达西定律的适用范围，实验该如何进行？

（2）当达西定律的适用范围确定后，若砂样的有效粒径 d_e 不变，则渗流实验上限的流量 Q 为多少？若流量 Q 不变，则渗流实验上限的砂样有效粒径 d_e 为多少？

（3）当盛砂样的圆筒倾斜放置、水平放置或者倒置时，实验测得的 Q、v、J 及渗透系数 K 值是否改变？为什么？

第三节　潜水模拟实验

一、实验目的和要求

（1）熟悉与潜水有关的基本概念，增强对潜水补给、排泄的感性认识。

（2）深入理解完整井和非完整井的概念，观察潜水完整井、非完整井的抽水过程，比较完整井和非完整井渗流过程。

（3）绘制不同工况下测压管水头（潜水位）的变化曲线，分析在不同条件下地下水分水岭的移动过程。

（4）分析地下水补给、排泄与地下水位之间的关系。

二、实验原理

潜水是埋藏在地表以下第一个稳定的隔水层以上，具有自由水面的重力水。潜水的自由水面称为潜水面，潜水面上任一点的标高称为该点的潜水位。

潜水没有隔水顶板，或只有局部的隔水顶板。由于潜水含水层上面不存在隔水层，直接与包气带相接，所以潜水在其全部分布范围内都可以通过包气带接受大气降水、地表水或凝结水的补给。潜水面不承压，通常在重力作用下由水位高的地方向水位低的地方径流。潜水的排泄方式有三种：一是径流到适当地形处，以泉、渗流等形式泄出地表或流入地表水，这便是径流排泄；二是通过包气带或植物蒸发进入大气，这是蒸发排泄；三是人工抽水消耗潜水。

完整井是指揭穿了整个含水层，并在全部含水层的厚度上地下水都能向井中渗透的井。非完整井是指未揭穿含水层或者虽然已经揭穿了整个含水层，但仅在部分厚度上进水的井。

本次实验就是根据自然潜水的补给和排泄方式进行模拟，通过人工降水以及不同抽水强度来改变地下水分水岭的移动。

三、实验设备

（1）潜水模拟演示设备如图 4－3－1 所示，其长×宽×高为 1450mm×800mm×700mm。该仪器主要由实验箱、砂体、模拟降雨器、模拟井、测压管，循环的给水、排

图 4-3-1 潜水模拟实验设备

水系统组成。

（2）模拟井由两个完整井和两个非完整井组成，分别装在仪器的四个拐角处，四角均设有1/4圆形有机玻璃带孔眼制成，有机玻璃周身缠以尼龙丝网（防砂体渗进），紧贴周边用粗砂围填。实验箱内盛均质砂，模拟潜水含水层。模拟降雨器用于模拟降雨，可人为控制降雨强度。

（3）箱底装有60个测压孔链接管嘴，用硅胶管与测压排相连。可以测定任一点的测压管水头即潜水位。总体布设如图4-3-2所示。

（4）测定流量设备，在某个固定时段内，将测流管中流出的水量进行称重，用高精度的电子天平秤来称量，即可得到流量。

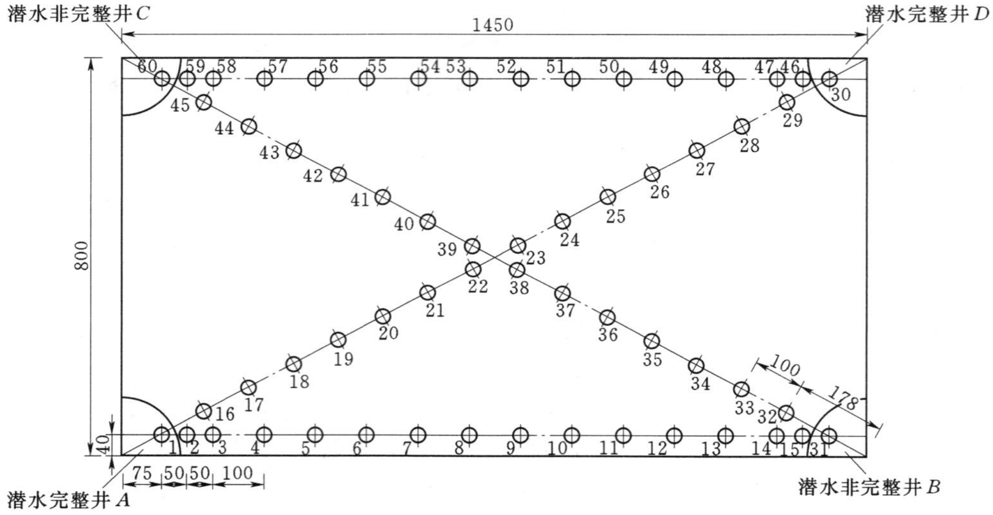

图 4-3-2 潜水模拟设备平面图（单位：mm）

$$Q=\frac{m}{\rho t}$$

式中：m 为水的质量，g；ρ 为水的密度，g/cm^3；t 为实验所测秒数，s。

（5）实验中配有秒表、温度计、电子天平秤、水桶、钢尺。

四、实验步骤

（1）接通电源，打开水泵，水从供水箱中向模拟降雨器中供水，打开降雨器进水阀门，使其降雨，降雨强度大小由阀门开关控制。

（2）观测有降雨入渗条件的潜水面变化：打开降雨器，模拟一定降雨强度下的降雨。在不抽水情况下，观察地下水位的变化，了解降雨对地下水的补给过程。

(3) 当实验箱中砂体完全浸泡在水中后，关闭降雨器阀门。逐个检查 60 根测压管，以防气泡堵塞和砂塞，砂体在潜水层中有水并且不抽不补的情况下，待液面稳定后，各测压管水头应相等。

(4) 观察潜水完整井的抽水过程：在一定的模拟降雨强度下打开一个完整井的抽水阀门，并保持合适的抽水流量，用秒表、接水桶以及电子天平秤测定出抽水流量。通过测压管观察完整井周围水位线的变化，待井水位稳定以后，观察并记录完整井周围布置的纵横向测压点的压力水头，绘制纵横向的水头线。再打开两个完整井的抽水阀门，实验步骤同上。

(5) 观察潜水非完整井抽水过程：分别打开一个非完整井、两个非完整井，实验步骤同 (4)。

(6) 比较完整井和非完整井渗流过程：在一定降雨强度条件下，调节两抽水阀门，使完整井和非完整井的抽水强度相同，待井水位稳定以后，观察两井周围水位线的不同，通过测压管，测量两井周围布置的纵横向测压点的压力水头，绘制纵横向的水位线。

(7) 测定实验水温。

五、实验数据记录

仪器编号：________

表 4-3-1　　打开一个完整井测压管液面标高记录表

抽井	单井流量			
	测次	质量 m/g	时间/t	流量/(cm^3/s)
打开 A 井	1			
	2			
	3			

测压管水位高度

1	2	3	4	5	6	7	8	9	10	11	12
13	14	15	16	17	18	19	20	21	22	23	24
25	26	27	28	29	30	31	32	33	34	35	36
37	38	39	40	41	42	43	44	45	46	47	48
49	50	51	52	53	54	55	56	57	58	59	60

表 4-3-2　打开一个非完整井测压管液面标高记录表

<table>
<tr><td colspan="5" rowspan="2">抽　井</td><td colspan="7">单　井　流　量</td></tr>
<tr><td>测次</td><td colspan="2">质量 m/g</td><td colspan="2">时间/t</td><td colspan="2">流量/(cm³/s)</td></tr>
<tr><td colspan="5" rowspan="3">打开 B 井</td><td>1</td><td colspan="2"></td><td colspan="2"></td><td colspan="2"></td></tr>
<tr><td>2</td><td colspan="2"></td><td colspan="2"></td><td colspan="2"></td></tr>
<tr><td>3</td><td colspan="2"></td><td colspan="2"></td><td colspan="2"></td></tr>
<tr><td colspan="12">测 压 管 水 位 高 度</td></tr>
<tr><td>1</td><td>2</td><td>3</td><td>4</td><td>5</td><td>6</td><td>7</td><td>8</td><td>9</td><td>10</td><td>11</td><td>12</td></tr>
<tr><td></td><td></td><td></td><td></td><td></td><td></td><td></td><td></td><td></td><td></td><td></td><td></td></tr>
<tr><td>13</td><td>14</td><td>15</td><td>16</td><td>17</td><td>18</td><td>19</td><td>20</td><td>21</td><td>22</td><td>23</td><td>24</td></tr>
<tr><td></td><td></td><td></td><td></td><td></td><td></td><td></td><td></td><td></td><td></td><td></td><td></td></tr>
<tr><td>25</td><td>26</td><td>27</td><td>28</td><td>29</td><td>30</td><td>31</td><td>32</td><td>33</td><td>34</td><td>35</td><td>36</td></tr>
<tr><td></td><td></td><td></td><td></td><td></td><td></td><td></td><td></td><td></td><td></td><td></td><td></td></tr>
<tr><td>37</td><td>38</td><td>39</td><td>40</td><td>41</td><td>42</td><td>43</td><td>44</td><td>45</td><td>46</td><td>47</td><td>48</td></tr>
<tr><td></td><td></td><td></td><td></td><td></td><td></td><td></td><td></td><td></td><td></td><td></td><td></td></tr>
<tr><td>49</td><td>50</td><td>51</td><td>52</td><td>53</td><td>54</td><td>55</td><td>56</td><td>57</td><td>58</td><td>59</td><td>60</td></tr>
<tr><td></td><td></td><td></td><td></td><td></td><td></td><td></td><td></td><td></td><td></td><td></td><td></td></tr>
</table>

表 4-3-3　打开两个完整井测压管液面标高记录表

<table>
<tr><td colspan="5" rowspan="2">抽　井</td><td colspan="7">单　井　流　量</td></tr>
<tr><td>测次</td><td colspan="2">质量 m/g</td><td colspan="2">时间/t</td><td colspan="2">流量/(cm³/s)</td></tr>
<tr><td colspan="5" rowspan="3">打开 A 井</td><td>1</td><td colspan="2"></td><td colspan="2"></td><td colspan="2"></td></tr>
<tr><td>2</td><td colspan="2"></td><td colspan="2"></td><td colspan="2"></td></tr>
<tr><td>3</td><td colspan="2"></td><td colspan="2"></td><td colspan="2"></td></tr>
<tr><td colspan="5" rowspan="3">打开 D 井</td><td>1</td><td colspan="2"></td><td colspan="2"></td><td colspan="2"></td></tr>
<tr><td>2</td><td colspan="2"></td><td colspan="2"></td><td colspan="2"></td></tr>
<tr><td>3</td><td colspan="2"></td><td colspan="2"></td><td colspan="2"></td></tr>
<tr><td colspan="12">测 压 管 水 位 高 度</td></tr>
<tr><td>1</td><td>2</td><td>3</td><td>4</td><td>5</td><td>6</td><td>7</td><td>8</td><td>9</td><td>10</td><td>11</td><td>12</td></tr>
<tr><td></td><td></td><td></td><td></td><td></td><td></td><td></td><td></td><td></td><td></td><td></td><td></td></tr>
<tr><td>13</td><td>14</td><td>15</td><td>16</td><td>17</td><td>18</td><td>19</td><td>20</td><td>21</td><td>22</td><td>23</td><td>24</td></tr>
<tr><td></td><td></td><td></td><td></td><td></td><td></td><td></td><td></td><td></td><td></td><td></td><td></td></tr>
<tr><td>25</td><td>26</td><td>27</td><td>28</td><td>29</td><td>30</td><td>31</td><td>32</td><td>33</td><td>34</td><td>35</td><td>36</td></tr>
<tr><td></td><td></td><td></td><td></td><td></td><td></td><td></td><td></td><td></td><td></td><td></td><td></td></tr>
<tr><td>37</td><td>38</td><td>39</td><td>40</td><td>41</td><td>42</td><td>43</td><td>44</td><td>45</td><td>46</td><td>47</td><td>48</td></tr>
<tr><td></td><td></td><td></td><td></td><td></td><td></td><td></td><td></td><td></td><td></td><td></td><td></td></tr>
<tr><td>49</td><td>50</td><td>51</td><td>52</td><td>53</td><td>54</td><td>55</td><td>56</td><td>57</td><td>58</td><td>59</td><td>60</td></tr>
<tr><td></td><td></td><td></td><td></td><td></td><td></td><td></td><td></td><td></td><td></td><td></td><td></td></tr>
</table>

表 4-3-4　　打开两个非完整井测压管液面标高记录表

抽井	单井流量			
	测次	质量 m/g	时间/t	流量/(cm^3/s)
打开 B 井	1			
	2			
	3			
打开 C 井	1			
	2			
	3			

测压管水位高度

1	2	3	4	5	6	7	8	9	10	11	12
13	14	15	16	17	18	19	20	21	22	23	24
25	26	27	28	29	30	31	32	33	34	35	36
37	38	39	40	41	42	43	44	45	46	47	48
49	50	51	52	53	54	55	56	57	58	59	60

表 4-3-5　　打开一个完整井一个非完整井测压管液面标高记录表

抽井	单井流量			
	测次	质量 m/g	时间/t	流量/(cm^3/s)
打开 A 井	1			
	2			
	3			
打开 B 井	1			
	2			
	3			

测压管水位高度

1	2	3	4	5	6	7	8	9	10	11	12
13	14	15	16	17	18	19	20	21	22	23	24
25	26	27	28	29	30	31	32	33	34	35	36
37	38	39	40	41	42	43	44	45	46	47	48
49	50	51	52	53	54	55	56	57	58	59	60

六、注意事项

（1）在实验开始前，饱和实验装置中砂体，以防气泡堵塞和砂塞，检查 60 根测压管水位高度是否齐平。

（2）实验记录每人应抄录一份，要求校对不要有错，以供独立分析计算。

（3）实验完毕后，应拔掉电源插座，擦干水桶，清点所领物件，由组长归还实验老师，并将实验场地打扫干净。

七、思考题

（1）分析降雨强度与地表径流的关系。

（2）同时打开两侧完整井或非完整井，使两井降深不同，观察地下分水岭向什么方向移动？为什么？能否稳定？停止降雨后，地下分水岭又将如何变化？

（3）在相同降雨强度、等降深条件下，不完整井的流量和完整井的流量是否相等？为什么？

第四节　潜水完整井模拟抽水实验

一、实验目的和要求

（1）了解地下水向潜水完整井稳定运动时水头分布情况的变化特点。

（2）学习室内利用地质物理模型研究地下水向潜水完整井稳定运动的方法，并通过实测的数据，运用理论公式计算渗透系数 K 值。

（3）掌握潜水完整单井抽水的方法，学会抽水试验资料的整理。

（4）绘制 $Q-S$ 曲线和降落漏斗曲线。

二、实验原理

（1）潜水完整井抽水是以野外抽水时地下水向潜水完整井稳定运动的水文地质实体为模型对象的一种物理模型，是按 Dupuit 稳定井流圆形定水头供水边界完整井模型设计的，相当于模拟 360°井的 1/4 圆的模型。与 360°井中运动的规律是一致的。该模型还便于观察抽水井的结构、含水层中地下水运动要素，并且可以方便地调节实验抽水强度，形成潜水完整井在不同抽水条件下的地下水的渗流状态。其所测得的流量 q，乘以 4 即可代表 360°井的流量 Q。

$$Q=4q$$

式中：Q 为潜水完整 360°井出水量，cm^3/s；q 为潜水完整 90°井出水量，cm^3/s。

潜水完整井抽水模拟是通过对模型中各运动要素进行观测，其结果按一定比例放大，以获得与自然界潜水完整井相对应的运动要素。因此模型一定要遵循相似模拟的原则，即几何相似、动力相似、边界相似的原则。其运动规律都可以用裘布依井流方程形式来描述，即

$$Q=1.366K\frac{(2H-S)S}{\lg(R/r_w)} \tag{4-4-1}$$

式中：Q 为潜水完整井出水量，cm^3/s；K 为渗透系数，cm/s；H 为潜水含水层的厚度，cm；S 为井中水位降深，cm；R 为降落漏斗的影响半径，cm；r_w 为井半径，cm。

（2）渗透系数 K。

1）当单孔（图 4-4-1），抽水试验计算渗透系数 K：

$$K=\frac{0.732Q\lg\dfrac{R}{r}}{(2H-S)S} \tag{4-4-2}$$

式中：K 为渗透系数，cm/s；H 为含水层厚度，cm，可取抽水前各测压管的水位或各方位测压管水位均值；S 为抽水井水位下降值，cm；R 为影响半径，cm；r 为抽水井半径，取模型井管外半径，cm；Q 为抽水量，cm^3/s，因系 1/4 整体模型，故井孔的抽水流量应为 $\frac{1}{4}Q=\frac{m}{\rho t}$，其中 m 为水的质量，g；ρ 为水的密度，g/cm^3；t 为实验所测秒数，s。

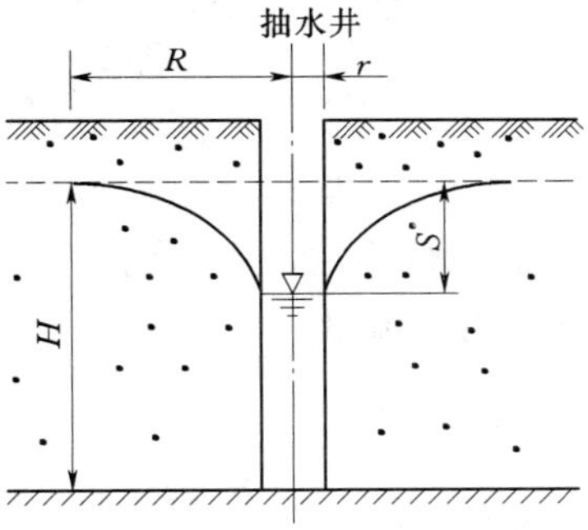

图 4-4-1　单孔潜水完整井示意图

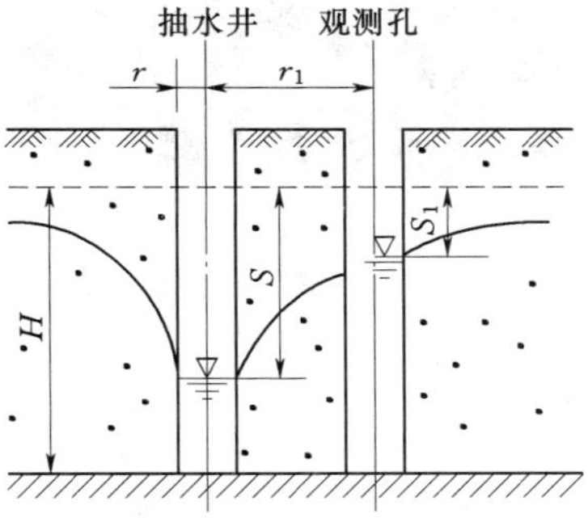

图 4-4-2　布置一个观测孔的潜水完整井示意图

2）当一个观测孔（图 4-4-2），中心井抽水试验计算渗透系数 K：

$$K=\frac{0.732Q\lg\dfrac{r_1}{r}}{(S-S_1)(2H-S-S_1)} \tag{4-4-3}$$

式中：K 为渗透系数，cm/s；Q 为抽水井抽水量，cm^3/s；H 为含水层厚度，cm；S 为抽水井水位下降值，cm；S_1 为观测孔水位下降值，cm；r_1 为观测孔到抽水井中心距离，cm；r 为抽水井半径，cm。

3）当两个观测孔（图 4-4-3），中心井抽水试验计算渗透系数 K：

$$K=\frac{0.732Q\lg\dfrac{r_2}{r_1}}{(S_1-S_2)(2H-S_1-S_2)} \tag{4-4-4}$$

式中：K 为渗透系数，cm/s；Q 为抽水井抽水量，cm^3/s；H 为含水层厚度，cm；S_1 为 1 号观测孔水位下降值，cm；S_2 为 2 号观测孔水位下降值，cm；r_1 为 1 号观测孔到中心井距离，cm；r_2 为 2 号观测孔到中心井距离，cm。

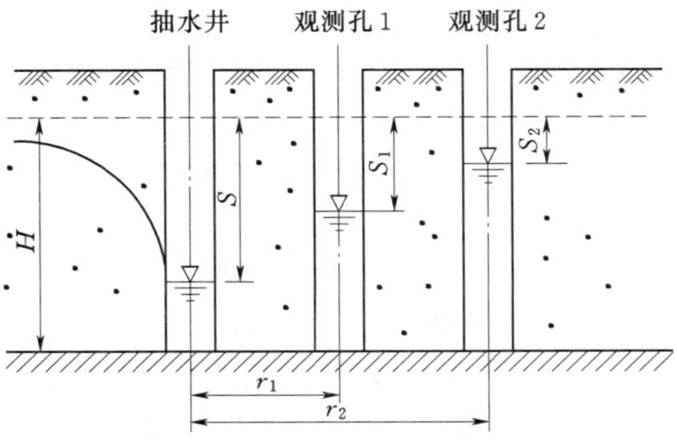

图 4-4-3　布置两个观测孔的潜水完整井示意图

三、实验设备

仪器主要由井流实验箱，砂体、供水

图 4-4-4 抽水模拟实验设备图

隔间，测压管（管测孔），循环的给水、排水系统组成。

（1）井流模型实验箱设计高 1.0m 的 1/4 圆。仪器设备如图 4-4-4 所示。井孔设在模型中心，有 1/4 圆形有机玻璃带孔眼制成，有机玻璃周身缠以尼龙丝网（防砂体渗进），紧贴周边用粗砂围填。实验箱中装填细的石英砂以模拟含水层。

（2）箱底装有两排测压孔链接管嘴，用硅胶管与测压排相连。测压管由井孔中心计起，以井中心的测压管为中心分别向两边布设 9 根测压管。其间距约为 10cm。如图 4-4-5、图 4-4-6 所示。

（3）测定流量设备，在某个固定时段内，将测流管中流出的水量进行称重，用高精度的电子天平秤来称量，即可得到流量。

$$Q=\frac{m}{\rho t}$$

式中：m 为水的质量，g；ρ 为水的密度，g/cm^3；t 为实验所测秒数，s。

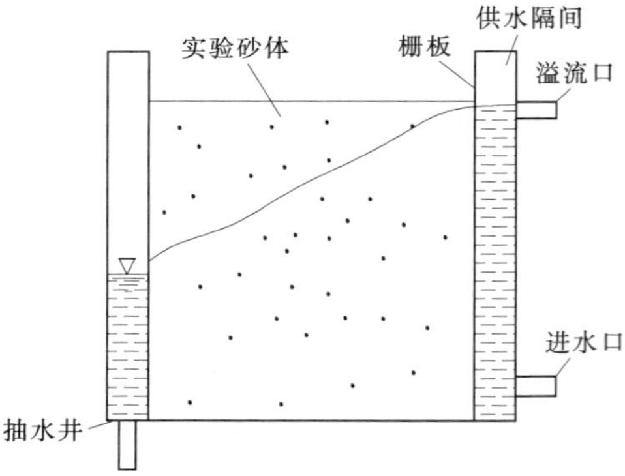

图 4-4-5 抽水模拟实验示意图

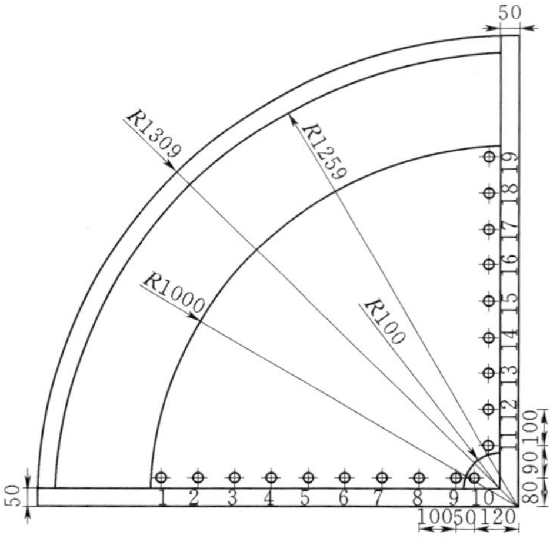

图 4-4-6 抽水模拟装置平面图

（4）实验中配有秒表、温度计、电子天平秤、水桶、钢尺。

四、实验步骤

（1）接通电源，打开水泵，水从供水箱通过供水管较缓的充入供水隔间，达到最高水位，使砂体充满水，当水头超过实验箱中砂体高度，则多余水就会从溢流口中流出，使其保持稳定水头。

（2）检查按编号 1～19 根的测压管水位是否位于同一条水平线上，如果测压管中有气泡堵塞和砂塞则 1～19 测压管水位就不会齐平。

（3）实验按多落程进行，本实验按 3 个落程考虑。第一落程井孔内水位应利用测流管调节阀门控制稳定在 62cm 左右；第二落程 52cm 左右；第三落程 42cm 左右。

（4）先轻轻打开测流管上的阀门，以放水模拟抽水并可调节流量大小。把井孔中水位调节稳定到规定的第一落程，记录测压管读数。

（5）校准电子天平秤，可用重量法测定出流量。将水桶中接好的水，放到电子天平秤上称重，得到水重（g）和测得的时间（s）记于表格中。在测流的同时，同步测定两个方向 1～19 根测压管的水位高度，为了提高测定精度，每一落程的流量和测压管水位高度值均应重复测定 3 次取平均。记录在相应的表格中。

（6）再用测流管上的阀门将井孔内的水位调至第二落程、第三落程其测定方法步骤按第一落程进行。

（7）测定实验水温。

五、实验数据记录

仪器编号：________

有关常数：抽水井半径 $r=$________ cm，含水层厚度 $H=$________ cm，$\rho=1.0\times10^{-3}\text{kg/cm}^3$，水温＝________℃

表 4-4-1　　第一落程抽水测压排记录

实验次数	测压排水位									
	1	2	3	4	5	6	7	8	9	10
1										
2										
3										

实验次数	测压排水位									
	11	12	13	14	15	16	17	18	19	
1										
2										
3										

表 4-4-2　　第一落程抽水实验记录表

实验次数	测量时间 t/s	水重 m/g	90°井流量/(cm³/s)	单井出水流量/(cm³/s)	抽水前水井稳定水位/cm	抽水后水井稳定水位/cm	抽水井水位下降值 S/cm	影响半径 R/cm	渗透系数 K/(cm/s)
1									
2									
3									

表 4-4-3　　第二落程抽水测压排记录

实验次数	测压排水位									
	1	2	3	4	5	6	7	8	9	10
1										
2										
3										

实验次数	测压排水位									
	11	12	13	14	15	16	17	18	19	
1										
2										
3										

表 4-4-4　　第二落程抽水实验记录表

实验次数	测量时间 t/s	水重 m/g	90°井流量 /(cm³/s)	单井出水流量 /(cm³/s)	抽水前水井稳定水位 /cm	抽水后水井稳定水位 /cm	抽水井水位下降值 S /cm	观测孔水位下降值 S_1 /cm	观测孔到抽水井中心距离 r_1 /cm	渗透系数 K /(cm/s)
1										
2										
3										

表 4-4-5　　第三落程抽水测压排记录

实验次数	测压排水位									
	1	2	3	4	5	6	7	8	9	10
1										
2										
3										

实验次数	测压排水位									
	11	12	13	14	15	16	17	18	19	
1										
2										
3										

表 4-4-6 第三落程抽水实验记录表

实验次数	测量时间 t/s	水重 m/g	90°井流量 /(cm³/s)	单井出水流量 /(cm³/s)	抽水前水井稳定水位/cm	抽水后水井稳定水位/cm	1号观测孔水位下降值 S_1 /cm	2号观测孔水位下降值 S_2 /cm	1号观测孔到抽水井中心距离 r_1/cm	2号观测孔到抽水井中心距离 r_2/cm	渗透系数 K /(cm/s)
1											
2											
3											

六、注意事项

(1) 在实验开始前，饱和实验装置中砂体，以防气泡堵塞和砂塞，检查 19 根测压管水位高度是否齐平。

(2) 实验记录每人应抄录一份，要求校对不要有错，以供独立分析计算。

(3) 实验完毕后，应拔掉电源插座，擦干水桶，清点所领物件，由组长归还实验老师，并将实验场地打扫干净。

七、思考题

(1) 渗透系数的大小与哪些因素有关?

(2) 降落漏斗曲线与流量 Q、渗透系数 K 有关吗? 为什么?

第五章　相似原理及模型设计

在实际工程中，水流现象是非常复杂的。在许多情况下，难以建立适当的方程组来描述液体的流动现象。水力学中阐述了液流运动的基本方程，求解这些方程是解答水力学问题的一种基本途径。虽然有时原始方程组正确可靠，但因过分复杂，求解这些方程在数学上常常会遇到难以克服的困难。鉴于上述问题，不得不采用其他途径和试验方法来解答水力学问题。试验研究通常是在比原型小的模型上进行的。这就提出了这样的问题：如何合理地、正确地组织、简化试验及整理成果；怎样设计模型才能使原型和模型的流体运动相似；对复杂问题怎样来寻求物理量之间的关系；在模型试验中观测到的液体流态和运动要素，如何推演到原型中去，这就是本章所要解决的问题。

第一节　流　动　相　似

近代流体力学的基础是理论分析和试验观测相结合。对于复杂的水流运动现象，由于种种原因尚无法用数学描述和预见，而工程技术人员需要得到可靠地实际成果，模型试验则是研究流体运动的重要手段。水工模型试验因其本身特点及场地、设备等条件的限制，设计制作往往要缩小原型，从而产生模型和原型的相似问题，我们把模拟制造的工程、结构或机械称为模型，该原工程、结构或机械称为原型。同时，为了使水工模型能复演原型中各种动力因素影响下发生的物理力学现象，很好地用于研究和解决水利工程的实际问题，必须使模型流动和原型流动满足力学相似条件，所谓力学相似包括几何相似、运动相似和动力相似几个方面，在下面的讨论中，原型中的物理量以下标 p 表示，模型中的物理量标以下标 m 表示，物理量的比尺以 λ 表示，并以下标表示该物理量的类别。

1. 几何相似

几何相似是指模型与原型几何形状和边界条件的相似，即模型与原型间相应长度的比例 λ_L 为一定值。根据定义长度比尺可表示为

$$\lambda_L=\frac{L_p}{L_m}$$

两相似水流过水断面面积之比表示为

$$\lambda_A=\frac{A_p}{A_m}=\lambda_L^2$$

两水流体积之比也应保持相应的常数，即体积比尺表示为

$$\lambda_V=\frac{V_P}{V_m}=\lambda_L^3$$

式中：L、A、V 分别为长度、面积、体积。

由上式可知，长度比尺是几何相似的基本比尺，其他比尺均可通过长度比尺 λ_L 来表示。λ_L 视试验场地与试验要求不同而取不同的值，在水工模型试验中，通常 λ_L 在 10 与 100 范围内取值。模型长度比尺 λ_L 的倒数 $1/\lambda_L$ 习惯上称为模型缩尺。

2. 运动相似

运动相似是指模型与原型中水流质点运动的流线几何相似，这要求原型与模型间流速比例 λ_v 为一定值。故运动相似的必要条件为

$$\lambda_T=\frac{T_p}{T_m}$$

$$\lambda_v=\frac{v_p}{v_m}=\frac{\lambda_L}{\lambda_T}=\lambda_L\lambda_T^{-1}$$

$$\lambda_a=\frac{a_p}{a_m}=\frac{\lambda_v}{\lambda_T}=\lambda_L\lambda_T^{-2}$$

$$\lambda_Q=\frac{Q_p}{Q_m}=\frac{L_p^3T_p^{-1}}{L_m^3T_m^{-1}}=\lambda_L^3\lambda_T^{-1}$$

式中：T、v、a、Q 分别为时间、流速、加速度、流量。

3. 动力相似

动力相似是指模型与原型水流中相应点作用力的相似性。

$$\lambda_\rho=\frac{\rho_p}{\rho_m},\ \lambda_\mu=\frac{\mu_p}{\mu_m},\ \lambda_F=\frac{F_p}{F_m}$$

式中：ρ、μ、F 分别为密度、动力粘度、作用力。

动力相似是力学相似的主导因素，运动相似是动力相似的表征。两者之间通过速度、加速度、质量以及力这几个物理量，在牛顿第二定律的基础上统一起来。作用在流体上的外力通常有重力 G、粘滞力 F_s、压力 F_p、弹性力 F_E、表面张力 F_T 等。根据动力相似的要求，力的比尺可表示为

$$\lambda_F=\frac{F_p}{F_m}=\frac{G_p}{G_m}=\frac{F_{sp}}{F_{sm}}=\frac{F_{Pp}}{F_{Pm}}=\frac{F_{Ep}}{F_{Em}}=\frac{F_{Tp}}{F_{Tm}}$$

第二节 相 似 准 则

模型与原型的物理现象保持相似所必须遵守的规则称为相似准则，也称相似律。

水工模型试验的研究对象通常是非常复杂的物理力学现象，如研究溢洪道的水力特性、防波堤、护岸等港口建筑物在波浪作用下的布置方案及稳定性等，由于影响因素错综复杂，作用于流体及各类建筑物上的力是多种多样的，如重力、阻力、压力、表面张力、弹性力等。按照相似原理，模型要与原型保持力的作用相似，这些力均应保持同一比尺。牛顿相似律是判别两个运动现象运动规律相似的普遍定律。这个相似律对作用于某一运动体系上任何不同性质的动力都是普遍适用的。因此，水工模型试验也应首先满足牛顿相似律的要求。下面分别介绍只考虑一种主要作用力的相似准则。

1. 重力相似准则（弗劳德数准则）

考虑原型与模型促成运动的主要作用力为重力，将次要影响力略去不计，则重力比例为

$$\lambda_{F_g}=\frac{G_p}{G_m}=\frac{\rho_p g_p L_p^3}{\rho_m g_m L_m^3}=\frac{\rho_p v_p^2 L_p^2}{\rho_m v_m^2 L_m^2}$$

化简后得

$$\frac{v_p^2}{v_m^2}=\frac{g_p L_p}{g_m L_m}$$

或

$$\frac{v_p^2}{g_p L_p}=\frac{v_m^2}{g_m L_m}$$

开方后有

$$\frac{v_p}{\sqrt{g_p L_p}}=\frac{v_m}{\sqrt{g_m L_m}}$$

其中，$v/\sqrt{gL}$为量纲一的量，称弗劳德数，以 Fr 表示，即

$$Fr=\frac{v}{\sqrt{gL}}$$

则可用弗劳德数表示为

$$(Fr)_p=(Fr)_m$$

上式表明，两个流动的弗劳德数相等（即考虑重力为主要作用力而设计模型时，原型和模型的弗劳德数 Fr 必须相等），称弗劳德准则将式写成比尺的形式可得

$$\frac{\lambda_v}{\sqrt{\lambda_g \lambda_L}}=\lambda_{Fr}=1$$

按原理与模型动力相似的必要条件，惯性力比例与作用力比例相等，即 $\lambda_\rho \lambda_L^4 \lambda_T^{-2}=\lambda_\rho \lambda_g \lambda_L^3$，故得重力相似定律：

时间比例　　$\lambda_T=(\lambda_L/\lambda_g)^{1/2}$

流速比例　　$\lambda_v=(\lambda_g \lambda_L)^{1/2}$

由于 $\lambda_g=1$，以上两式可写成

$$\lambda_T=\lambda_L^{1/2}$$

$$\lambda_v=\lambda_L^{1/2}$$

其他各量的模型比例，皆可从以上两式推导得出

流量比例　　$\lambda_Q=\lambda_A \lambda_v=\lambda_L^2 \lambda_L^{1/2}=\lambda_L^{5/2}$

力的比例　　$\lambda_F=\lambda_\rho \lambda_L^4 \lambda_T^{-2}=\lambda_\rho \lambda_L^3$

若 $\lambda_\rho=1$，则　　$\lambda_F=\lambda_L^3$

实际上，水流由于重力作用发生流动的同时，边界面对流体产生阻力作用，所以按弗劳德模型定律设计的模型，为获得阻力相似，应使原型与模型的水力坡度一致。重力相似准则的各种比尺可见表 5-2-1（该表是在 $\lambda_\rho=1$ 的条件下得到的，若 $\lambda_\rho \neq 1$，当涉及力的比例尺与 λ_ρ 有关时，则应考虑 λ_ρ 的影响）。

表 5-2-1　　重力相似准则比尺关系表

名　称	比尺	名　称	比尺
长度比尺 λ_L	λ_L	力的比尺 λ_F	λ_L^3
流速比尺 λ_v	$\lambda_L^{1/2}$	压强比尺 λ_p	λ_L
加速度比尺 λ_a	λ_L^0	功的比尺 λ_W	λ_L^4
流量比尺 λ_Q	$\lambda_L^{5/2}$	功率比尺 λ_p	$\lambda_L^{7/2}$
时间比尺 λ_T	$\lambda_L^{1/2}$	糙率比尺 λ_n	$\lambda_L^{1/6}$

2. 阻力相似准则

阻力可表示为

$$f=\tau_0\chi L$$

式中：f、τ_0、χ、L 分别为阻力、单位面积上的阻力、湿周、流程长度。进而得到

$$\frac{\tau_{0p}\chi_p L_p}{\tau_{0m}\chi_m L_m}=\frac{\rho_p L_p^2 v_p^2}{\rho_m L_m^2 v_m^2}$$

由于 $\tau_0=\gamma RJ$，因为 $R=\dfrac{A}{\chi}$，而$\dfrac{A_p}{A_m}=\dfrac{L_p^2}{L_m^2}$，其中 J 为水力梯度。

故

$$\frac{\gamma_p R_p J_p L_p^2 L_p R_m}{\gamma_m R_m J_m L_m^2 L_m R_p}=\frac{\rho_p L_p^2 v_p^2}{\rho_m L_m^2 v_m^2}$$

即

$$\lambda_r\lambda_J\lambda_L=\lambda_\rho\lambda_v^2$$

$$\frac{\lambda_v^2}{\lambda_g\lambda_J\lambda_L}=1$$

亦可写成

$$\frac{v_p^2}{g_p L_p J_p}=\frac{v_m^2}{g_m L_m J_m} \tag{5-2-1}$$

或

$$\frac{Fr_p^2}{J_p}=\frac{Fr_m^2}{J_m} \tag{5-2-2}$$

式（5-2-2）为阻力相似准则。由此可见，要阻力相似除保证重力相似所要求的 Fr 相等之外，还必须保持原型与模型中水力坡度 J 相等。由此也可得出，如果 $J_p=J_m$，则可用重力相似准则设计阻力相似的模型。

怎样才能满足式（5-2-2），不同的流动形态有不同的规律。

（1）在完全紊流区（即阻力平方区）。

$$J=\frac{v^2}{C^2R}$$

代入式（5-2-1）得

$$\frac{C_p^2 R_p}{g_p L_p}=\frac{C_m^2 R_m}{g_m L_m}$$

即

$$\frac{\lambda_C^2\lambda_R}{\lambda_g\lambda_L}=1$$

因

$$\lambda_R=\lambda_L,\ \lambda_g=1$$

故

$$\lambda_C^2=1$$

即
$$C_p=C_m$$
又因
$$C=\sqrt{\frac{2g}{\lambda}}$$
所以
$$\lambda_p=\lambda_m$$
在阻力平方区
$$\lambda=f\left(\frac{\Delta}{R}\right)$$
$$\frac{\Delta_p}{R_p}=\frac{\Delta_m}{R_m}$$

这就是说原型与模型的相对粗糙度相等时，就可以得到原型与模型液流相似，就可用弗劳德准则进行阻力相似模型的设计。

若用曼宁公式
$$C=\frac{1}{n}R^{1/6}$$
$$\lambda_C=\frac{1}{\lambda_n}\lambda_R^{1/6}=1$$
故
$$\lambda_n=\lambda_L^{1/6}$$

这样，按上述比尺选取模型的糙率，就可用弗劳德准则设计阻力相似模型。

应用条件：长隧洞或排水渠道为紊流形态，可用此准则。

(2) 液流在层流区。在层流时，阻力主要由液流的粘滞力引起，这时水力坡度
$$J=\frac{32\mu v}{\gamma D^2}=\frac{2\nu v}{gR^2}$$
式中：D、R 分别为圆管直径、水力半径。

将上式代入式（5-2-1）中
$$左边=\frac{v_p^2}{g_pL_pJ_p}=\frac{v_p^2g_pR_p^2}{g_pL_p2\nu_pv_p}=\frac{1}{2}\frac{v_pR_p}{\nu_p}\frac{R_p}{L_p}=\frac{1}{2}Re_p\frac{R_p}{L_p}$$
$$右边=\frac{1}{2}Re_m\frac{R_m}{L_m}$$
所以
$$\lambda_{Re}\frac{\lambda_R}{\lambda_L}=1$$
又
$$\lambda_R=\lambda_L$$
所以
$$\lambda_{Re}=1$$
故
$$Re_p=Re_m$$

这就是说，在粘滞力起主要作用的液流中，要使原型与模型相似，必须使雷诺数相等。

3. 粘滞力相似准则（雷诺准则）

当运动的流体中粘滞力为主要作用力时，则原型与模型间力的比尺可写为
$$\lambda_F=\frac{F_{sp}}{F_{sm}}=\frac{\mu_pL_pv_p}{\mu_mL_mv_m}=\frac{\rho_pL_p^2v_p^2}{\rho_mL_m^2v_m^2}$$
化简后得
$$\frac{v_pL_p}{\nu_p}=\frac{v_mL_m}{\nu_m}\tag{5-2-3}$$

式中：vL/ν 为量纲的量，即雷诺数 Re；ν 为流体的运动粘滞率，$\nu=\mu/\rho$；L 为断面的特性几何尺寸，常用管径 d 及水力半径 R。

式（5－2－3）可用雷诺数表示为

$$Re_p=Re_m$$

上式表明，两个流动的雷诺数相等，是主要受粘滞力作用时的动力相似准则，称雷诺准则。将式（5－2－3）可写成比尺的形式可得

$$\frac{\lambda_v\lambda_L}{\lambda_\nu}=\lambda_{Re}=1$$

如果模型流体与原型相同，$\lambda_L=1$，则失去模型试验意义，故模型流体应选择粘滞性较小者，λ_L 也不能太大，粘滞力相似准则的各种比尺可见表 5－2－2。

表 5－2－2　　粘滞力相似准则比尺关系表

名称	比尺	
	$\lambda_\nu=1$	$\lambda_\nu\neq1$
流速比尺	λ_L^{-1}	$\lambda_\nu\lambda_L^{-1}$
加速度比尺	λ_L^{-3}	$\lambda_\nu^3\lambda_L^{-3}$
流量比尺	λ_L	$\lambda_\nu\lambda_L$
时间比尺	λ_L^2	$\lambda_\nu^{-1}\lambda_L^2$
力的比尺	λ_L^0	λ_ν^2
压强比尺	λ_L^{-2}	$\lambda_\nu^2\lambda_L^{-2}$
功的比尺	λ_L	$\lambda_\nu^2\lambda_L$
功率比尺	λ_L^{-1}	$\lambda_\nu^3\lambda_L^{-1}$

4. 弹性力相似准则

弹性力的相似要求柯西数（Ca）相等，即

$$\frac{\rho_p v_p^2}{K_p}=\frac{\rho_m v_m^2}{K_m}$$

应用条件：像水击现象那种液体压缩性起作用的流动才有用。

上式中的$\dfrac{K}{\rho}=c^2$，此处 c 为声音在液体中的传播速度。

所以

$$Ca=\frac{v^2}{c^2} \tag{5-2-4}$$

将式（5－2－4）开方得

$$Ma=\frac{v}{c}$$

式中：Ma 为马赫数（Mach Number）。

在空气动力学中，当流速接近或超过音速时，要使流动相似就要求马赫数相等。

柯西模型定律一般用于空气动力学问题的研究中。由于水在水力学问题的试验研究中常作为不可压缩流体，故柯西定律很少应用于水工模型试验中。

5. 表面张力相似准则

由于流体分子间的凝聚力，两种不相混合的液体或液体与气体间分界面上产生表面张

力现象，表面张力强度以单位长度的力衡量，今以 σ 表示。

表面张力相似要求模型、原型韦伯数（We）相等，即

$$\frac{\rho_p L_p v_p^2}{\sigma_p}=\frac{\rho_m L_m v_m^2}{\sigma_m}$$

韦伯模型定律很少应用于水工试验，一般水力模型中表面流速大于 0.23m/s，水深大于 3cm 时，表面张力的影响可予忽略。流体运动中如小型沟渠的表面微波和土壤中的毛细管现象皆为表面张力现象。表面张力的作用在小模型中会引起缩尺影响，应予注意。

6. 局部惯性力相似准则

应用条件：非恒定流动，当地加速度 $\left(\frac{\partial v}{\partial t}\right)$ 不等于零。

在非恒定流动中，要求流动相似，就要求斯特劳哈尔数相等，即

$$\frac{v_p t_p}{L_p}=\frac{v_m t_m}{L_m}$$

或

$$\lambda_t=\frac{t_p}{t_m}=\frac{L_p v_m}{L_m v_p}=\frac{\lambda_L}{\lambda_v}$$

如果 λ_v 由弗劳德准则确定，即

$$\lambda_v=\sqrt{\lambda_L}$$

则

$$\lambda_t=\frac{\lambda_L}{\sqrt{\lambda_L}}=\sqrt{\lambda_L}$$

在原型流动中，在时间 t_p 内发生的变化，在模型中必须在 $t_m=\frac{t_p}{\lambda_t}=\frac{t_p}{\sqrt{\lambda_L}}$ 时间内完成。

7. 压力相似准则（欧拉准则）

当流体运动中起主导作用的力是压力，则在原型和模型之间应保持压力作用下的动力相似。

在不可压缩流体中运动的物体所受的压力为

$$F=\text{压强}\times\text{面积}=pA$$

可得压力比尺为

$$\lambda_{FP}=\lambda_p\lambda_L^2$$

为达到动力相似，应满足牛顿相似定律，则有：

$$\frac{\lambda_p}{\lambda_\rho\lambda_v^2}=1$$

或

$$\frac{p_p}{\rho_p v_p^2}=\frac{p_m}{\rho_m v_m^2}=Eu$$

式中：Eu 为压力相似准数，也称为欧拉数（Euler）。

当原型和模型间满足以压力为主的动力相似时，则它们之间的欧拉数必须相等。换言之，若原型和模型之间的欧拉数相等，则表示原型和模型间具有压力作用下的动力相似，这就是压力相似准则或欧拉准则。

【例 1】 溢流坝的最大下泄流量为 100m³/s。取比尺 $\lambda_L=25$ 的模型进行试验，试求模

型中最大流量为多少？如在模型中测得坝上水头 H_m 为 8cm，测得模型坝脚处收缩断面流速 v_m 为 1m/s，试求原型情况下相应的坝上水头和收缩断面流速各为多少？

已知：$\lambda_L=25$，$v_m=1\text{m/s}$，$Q_p=100\text{m}^3/\text{s}$，$H_m=8\text{cm}$。求：$Q_m$、$v_p$、$H_p$。

解： 为了使模型能与原型水流相似，首先必须做到几何相似。由于溢流现象中起作用的是重力，其他作用力，如粘滞力和表面张力等均可忽略，故要使模型系统与原型系统保持相似，必须满足重力相似准则。

根据重力相似准则，流量比尺为

$$\lambda_Q=\lambda_L^{2.5}=25^{2.5}=3125$$

则模型中的流量：

$$Q_m=\frac{Q_p}{\lambda_Q}=\frac{100}{3125}=0.032(\text{m}^3/\text{s})$$

因为
$$\lambda_L=\frac{H_p}{H_m}$$

所以
$$H_p=\lambda_L H_m=25\times8=200(\text{cm})=2.0\text{m}$$

又
$$\lambda_v=\lambda_L^{0.5}=\sqrt{25}=5.0$$

故收缩断面处原型流速为

$$v_p=\lambda_v v_m=5.0\times1=5.0(\text{m/s})$$

【例 2】 一混凝土溢流坝，下泄设计流量为 $Q_p=4000\text{m}^3/\text{s}$，拟通过模型试验来研究其水力特性。已知实验室中仅有一台能提供流量为 $0.040\text{m}^3/\text{s}$ 的水泵，又根据经验，溢流坝的模型长度比尺 λ_L 以 30～60 为宜，试确定合适的模型几何比尺与应采取的措施。

解： 由于溢流坝的泄水道长度较短，可以只考虑重力为主要作用力，按弗劳德准则设计模型。根据流量比尺 $\lambda_Q=\lambda_L^{\frac{5}{2}}$ 的关系，可按现有模型流量 $Q_m=0.040\text{m}^3/\text{s}$ 反求模型的最大几何比尺。

$$\lambda_L=\frac{L_p}{L_m}=\left(\frac{Q_p}{Q_m}\right)^{2/5}=\left(\frac{4000000}{40}\right)^{2/5}=100$$

但按 $\lambda_L=100$ 的缩制比尺又偏小了，不满足要求。因此取长度比尺 $\lambda_L=60$ 来设计模型，这样所需模型流量为

$$Q_m=\frac{Q_p}{\lambda_L^{2.5}}=\frac{4000}{60^{2.5}}=0.143(\text{m}^3/\text{s})$$

一台水泵只能提供 $0.040\text{m}^3/\text{s}$ 的流量，尚需增设可提供 $0.14-0.04=0.1\text{m}^3/\text{s}$ 流量的水泵。

第三节　水 工 模 型 设 计

1. 设计方法

（1）分析受力情况，决定模型设计主要依据的相似准则，对于水工建筑物来讲一般主要受重力作用，在隧洞的设计时还要考虑紊流阻力。

（2）根据实验室的供水流量和场地大小来决定满足相似条件的模型比尺。

（3）比尺确定之后，仔细检验这个选定的比尺，看其是否满足下列各种相似条件，如不满足就要重新修正比尺。

1）如果原型是紊流，则模型中的液流也应是紊流，即，$Re_m > Re_p$ 在设计河道模型中应选择几个流速特别小的断面，进行校核。

2）原型中水流是缓流或急流，模型中亦应为缓流或急流。

3）在阻力相似的模型中，应该保证粗糙系数相似，并检验是否在阻力平方区。

4）如果在原型中发生空穴和气蚀，在模型中的对应地方也应该发生空穴和气蚀。

5）关于表面张力的影响一般在模型流速大于0.23m/s，水深大于3cm，就可以不考虑表面张力的影响。

在实际设计时，只要条件、场地许可，尽可能选用的比尺小一些，即模型可做得大一些。

2．试验种类

（1）按模型的几何相似性来区别。

1）正态模型。在空间3个方向的尺度采用同一长度比尺，因而与原型完全几何相似的模型，称为正态模型。

2）变态模型。在空间3个方向的尺度采用不同的长度比尺，因而与原型几何上不完全相似的模型称为变态模型。

（2）按模型模拟的范围来区分。

1）整体模型。

2）半整体模型。

3）局部模型。

4）断面模型。

（3）按床面性质区分。

1）定床模型。

2）动床模型。

3．试验评价

水力模型试验不仅用于验证理论，修改工程设计，它还与水力学的发展有着不可分割的关系。在水力设计中，许多理论分析和计算公式都是以试验资料为基础的。有些内容尽管在理论上已研究得比较深入，但它的一些系数仍然依赖于试验结果。例如管路中的沿程损失计算公式。有些内容则是半经验半理论的，例如消能工中的消力池公式等。一些经验公式、图表都是在大量的实验资料的基础上，通过分析取得的。

水力模型试验的优点如下：

（1）可简化自然现象。自然现象的影响因素复杂而且相互牵连，通过试验可以抓住主要因素，忽略影响不大的次要因素，从而使复杂问题得到简化。

（2）可重复显示水力现象。对于同样的水力现象，在天然情况下出现或重复一次可能要许多年，而在模型试验中可多次重复进行，便于研究。

（3）有些设计条件在天然情况下往往不容易得到，在试验中可严格按照设计条件进行控制，从而可以进行合理地设计和发现存在的问题。

(4) 创造一些特定的条件以预示将来的情况（例如：100 年一遇，1000 年一遇洪水的情况）和摸索变化的规律。

水力模型试验的缺点如下：

(1) 不能完全模拟自然条件，只能反映出主要规律和近似模拟原型，因此必然有误差。

(2) 由于模拟理论本身的不完善，使得模型与原型不能完全相似，因此从模型换算到原型有一定的误差。为了进一步验证工程设计的正确性，工程完成以后，常常需要进行原型观测，以进一步验证设计和模型试验成果的正确性。

第四节　试　验　实　例

某水库工程总库容 426.22 万 m^3，其中死库容 73 万 m^3，兴利库容 299.4 万 m^3，防洪库容 52.83 万 m^3；相应死水位 3120.9m，正常蓄水位 3138.8m，设计洪水位 3140.0m，校核洪水位 3141.0m。

溢洪道位于坝体的右岸一级阶地部位（溢洪道中心线桩号为坝 0+280 处），由溢流堰进口段、泄槽、消力池、护坦及出水渠组成，全长 216.97m。采用开敞式正槽溢洪道，堰顶高程 3138.80m。其中溢流堰为实用堰型，分两孔布置，每孔宽度为 10.0 m，中间设 1.0 m 的中墩，泄槽考虑与坝体坡度相适应为 1∶1.5，宽 21m。消力池及护坦段宽 21m，水平总长度 125m。溢洪道设计流量 48.43m^3/s（$P=2\%$），校核流量为 120.21m^3/s（$P=0.1\%$）。

溢流堰：溢流堰采用实用堰型，用圆弧与坝体上下游边坡相切连接，流量系数为 0.501，堰顶高程 3138.80m，堰上水头 2.2m，堰净宽 20m。桩号 0－008.04～0+008.20 为溢流堰进口段，长 16.24m，堰宽 21m（包含桥中墩），中墩宽 1m，溢洪道整体采用钢筋混凝土结构，边墙高 2～3.6m。

泄槽段：桩号为 0+008.20～0+063.93，底宽 21m，墙高 2～2.2m，底坡 1/1.5。底板采用台阶式消能，台阶步长为宽 1.5m，高 1m。泄槽底部设 20cm 厚的 C20 素混凝土垫层。

消力池段：桩号为 0+063.93～0+83.93 段，为保证大坝坡脚的安全稳定，溢洪道出流尽可能远离坝脚布置。断面形式为矩形，底板高程 3097.70m，底宽 21m，池长 20m，池深 2m，边墙高 4m，底板厚 1.2m。

护坦及明渠段：桩号 0+083.93～0+208.93，底宽 21m，渠深 0～1.2m，长 125m，底坡 1/10，开挖坡度 1：1.0。其中 0+083.93～0+103.93 段采用 1.5m 厚钢筋石笼底。

1. 模型设计

根据本工程水工模型试验任务，结合工程实际情况，本次水工模型包括：开敞式溢流堰的进口段、带有消力坎的泄槽、消力池、护坦弧形出水渠。通过水工模型试验，验证溢洪道系统的泄流能力、水流流态及消能效果，根据模型试验进一步复核断面结构尺寸，做好溢洪道泄槽与消力池等的连接设计。

（1）模型比尺。模型采用重力相似准则以及阻力相似准则，选用正态模型进行设计，根据模型试验范围和整体模型试验要求，结合试验场地和设备供水能力，选定模型长度比尺 $\lambda_L=40$，其他各物理量比尺为

流量比尺　　　　$\lambda_Q=\lambda_L^{5/2}=40^{5/2}=10119.289$

流速比尺　　　　$\lambda_v=\lambda_L^{1/2}=40^{1/2}=6.325$

糙率比尺　　　　$\lambda_n=\lambda_L^{1/6}=40^{1/6}=1.849$

时间比尺　　　　$\lambda_T=\lambda_L^{1/2}=40^{1/2}=6.325$

（2）模型布置。根据模型试验任务与要求，该水库溢洪道水工模型包括：水库、开敞式溢流堰的进口段、带有消力坎的泄槽、下游包括消力池、护坦及弧形出水渠末端一定范围内河道。

1）前池。考虑到正向进水前池的水流比较平稳，流速均匀，前池采用正向进水。前池越大、越深，水流越平稳，一般要求前池长度一般与模型进口河宽相同，深度取模型最大水深的 2～3 倍。模型进口河口宽度约为 5m，最大水深经计算为 37cm，本模型前池长取值 5m，宽与进口水库相同，取为 3.5m，深度经水位计算取为 1.8m。

2）进口段。开敞式溢流堰的溢流堰进口段模型长 40.6cm，宽 52.5cm，原型糙率为 0.014～0.015，根据糙率比尺，模型进口段用有机玻璃制作，糙率 0.0076～0.008。

3）泄槽段。带有消力坎的泄槽模型长 140.83cm，宽 52.5cm，边墙高 10cm，原型糙率为 0.014～0.015，根据糙率比尺，模型泄槽、边墙用有机玻璃制作，糙率 0.0076～0.008。

4）消力池。消力池模型长 50cm，宽 52.5cm，边墙高 10cm。原型糙率为 0.014～0.015，模型消力池用有机玻璃制作，糙率 0.0076～0.008。

5）护坦及明渠段。桩号为 0+083.93～0+208.93，模型底宽 52.5cm，之后扩散为 82.5cm，墙高 5.75cm，$i=1/50$（最后一段 $i=1/85$），开挖边坡 1：1.0。

（3）模型材料。模型材料根据原型工程实际材料和糙率，按糙率比尺选用。原型溢流堰、槽深、消力池均采用 C20 钢筋混凝土，糙率 0.014～0.015，原型钢筋石笼护坦，糙率 0.026～0.030。原型钢筋混凝土，模型采用有机玻璃板，糙率为 0.0076～0.008；原型钢筋石笼护坦，模型采用水泥砂浆抹面，糙率为 0.014～0.016。

（4）模型制作。根据水工模型试验的要求，为确保水工模型试验精度，模型制作严格按模型设计和《水工（常规）模型试验程序》（SL 155—2012）要求进行。

前池、进口段、泄槽段、消力坎、消力池按模型设计尺寸整体制作，精度控制在误差±0.2mm 以内。制作完成后在模型池内进行安装，高程误差控制在±0.3mm以内。出水渠段在模型池内现场制作，制作时，模型尺寸用钢尺测量，建筑物高程误差控制在±0.3mm以内。为保持水流平顺和较小流速，前池内安放稳水栅，为测量泄水流量，下游设置集水渠，并布置稳水栅及三角堰。

（5）模型试验。根据模型试验任务，本次模型试验内容如下：

1）试验共选择了四种台阶模型，溢洪道宽度 b 为 52.5cm。模型参数见表 5-4-1。

表 5-4-1 台阶模型尺寸数据

模型编号	坡度 α	过渡段长度 l /cm	溢洪道总长 L /cm	台阶宽 a /cm	台阶高 h /cm	台阶数 n
1	33.69	26.59	140.83	4.5	3.0	26
2	33.69	0	140.83	4.5	3.0	31
3	33.69	0	140.83	3.1	2.07	45
4	33.69	0	140.83	2.25	1.5	62

2）确定溢流堰综合流量系数，以进口段 0－008.04 为测量断面，测试断面水深、流速，用实用堰流量公式计算溢流堰过流综合流量系数。

3）溢洪道校核流量和设计流量下的水位、水深、流速测试和水流现象测量及观测：

a）$P=2\%$，溢洪道泄洪 48.43m^3/s，设计洪水位 3140.0m，水库水位 39.0m。模型放水流量 0.00479m^3/s，单宽流量 $q=Q/B=9.12\times10^{-3}m^2/s$，堰顶水深 $h=3cm$。

b）$P=0.1\%$，溢洪道泄洪 120.21m^3/s，校核洪水位 3141.0m，水库水位 40.0m。模型放水流量 0.0119m^3/s，单宽流量 $q=Q/B=2.26\times10^{-2}m^2/s$，堰顶水深 $h=5.5cm$。

4）校核消力坎与消力池参数。在溢洪道消能防冲设计洪水标准 2%情况下观测消力坎的水深、水流流态、流速分布及动水压力，检验消力坎的尺寸设计，并测试消力池能否发生淹没式水跃及消力池后水流情况，检验消力池设计池深、池长。

2. 测量设备

试验使用的量测仪器、仪表，凡属市场购置的，均应满足试验测试要求，并应符合国家或行业技术监督部门的计量认证规定。试验测试仪器及其精度的控制要求均应满足规范要求。

（1）流量测试。流量用三角堰测量，如图 5-4-1 所示。流量计算采用北京水科院、南京水科院合编《水工模型试验》（水利电力出版社，1985）中的公式：

$$Q=1.33H^{2.465}$$

在设计流量下，模型试验中 $H=10.199cm$；

在校核流量下，模型试验中 $H=14.748cm$；

三角堰的初始水位 $H_0=50cm$，则测量水位 $H_1=H_0-H$；

设计流量时：$H_1=39.801cm$；

校核流量时：$H_1=35.252cm$。

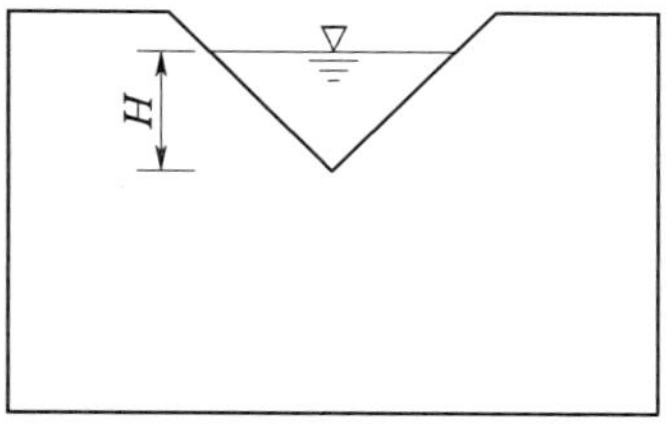

图 5-4-1 三角量水堰

（2）水深测量。水深测量是测量各垂线的水深。

（3）水位测量。测点水位＝测点水深＋渠底高程。

（4）压强测量。时均压强用测压管测量，脉动压强用中国水科院研制的 DJ800 系统测量。

（5）流速测量。流速测试设备采用 CYS—测速仪，用下式计算测点流速：

$$v=KN/T+C$$

式中：v 为测点流速，cm/s；N 为单位时间内叶轮转数；T 为设定的采样时间，s；K、C 分别为常速。

K、C 值与流量传感器螺旋桨叶轮直径、反光面个数有关。该仪器也可从显示器上直接读出流速数值。采样时间一般为 10s，最小启动流速为 2.5cm/s，最大流速为 2100cm/s。

附 录

附表 1 **水力学（工程流体力学）中常用物理量的量纲及单位**

物理量名称及符号	方程式	量纲		SI 单位制
		[L—M—T]	[L—F—T]	
1. 几何学的量：				
长度（L）		L	L	m（米）
面积（A）		L^2	L^2	m^2（米^2）
体积（V）		L^3	L^3	m^3（米^3）
坡度（J）				
2. 运动学的量：				
时间（t）		T	T	s（秒）
速度（v）	$v=dL/dt$	LT^{-1}	LT^{-1}	m/s（米/秒）
加速度（a）	$a=dv/dt$	LT^{-2}	LT^{-2}	m/s^2（米/秒^2）
角速度（ω）	$\omega=d\theta/dt$	T^{-1}	T^{-1}	1/s（1/秒）
角加速度（$\dot{\omega}$）	$\dot{\omega}=d\omega/dt$	T^{-2}	T^{-2}	$1/s^2$（1/秒^2）
流量（Q）	$Q=Av$	L^3T^{-1}	L^3T^{-1}	m^3/s（米^3/秒）
3. 动力学的量：				
质量（M）		M	FT^2L^{-1}	kg（千克）
力（F）	$F=Ma$	MLT^{-2}	F	N（牛）
压强（P）	$P=F/A$	$ML^{-1}T^{-2}$	FL^{-2}	Pa（帕）（$1Pa=1N/m^2$）
切应力（τ）	$\tau=F/A$	$ML^{-1}T^{-2}$	FL^{-2}	Pa（帕）（$1Pa=1N/m^2$）
动量、冲量（K、I）	$K=Mv$ $I=Ft$	MLT^{-1}	FT	kg·m/s（千克·米/秒）
功、能（W、E）	$W=FL$ $E=\frac{1}{2}Mv^2$	ML^2T^{-2}	FL	J（焦尔）（1J=1N·m）
功率（N）	$N=W/t$	ML^2T^{-3}	FLT^{-1}	W（瓦）（1W=1J/s）
4. 流体的特征量：				
密度（ρ）	$\rho=M/V$	ML^{-3}	$FL^{-4}T^{-2}$	kg/m^3（千克/米^3）
重度（γ）	$\gamma=W/V$	$ML^{-2}T^{-2}$	FL^{-3}	N/m^3（牛/米^3）
动力粘滞系数（μ）	$\mu=\tau/(du/dy)$	$ML^{-1}T^{-1}$	$FL^{-2}T$	Pa·s（帕·秒）
运动粘滞系数（ν）	$\nu=\mu/\rho$	L^2T^{-1}	L^2T^{-1}	m^2/s（米^2/秒）
表面张力系数（σ）	$\sigma=F/L$	MT^{-2}	FL^{-1}	N/m（牛/米）
弹性系数（E）	$E=-dp/(dV/V)$	$ML^{-1}T^{-2}$	FL^{-2}	Pa（帕）

附表 2　　不同温度下水的物理性质

温度 /℃	重度 γ/(kN/m³)	密度 ρ/(kg/m³)	粘滞系数 μ/(10^{-3}N·s/m²)	运动粘滞系数 ν/(10^{-6}m²/s)	体积弹性系数 K/(10^{9}N/m²)	表面张力系数 σ/(N/m)
0	9.805	999.9	1.781	1.785	2.02	0.0756
5	9.807	1000.0	1.518	1.519	2.06	0.0749
10	9.804	999.7	1.307	1.306	2.10	0.0742
15	9.798	999.1	1.139	1.139	2.15	0.0735
20	9.789	998.2	1.002	1.003	2.18	0.0728
25	9.777	997.0	0.890	0.893	2.22	0.0720
30	9.764	995.7	0.798	0.800	2.25	0.0712
40	9.730	992.2	0.653	0.658	2.28	0.0696
50	9.689	988.0	0.547	0.553	2.29	0.0679
60	9.642	983.2	0.466	0.474	2.28	0.0662
70	9.589	977.8	0.404	0.413	2.25	0.0644
80	9.530	971.8	0.354	0.364	2.20	0.0626
90	9.466	965.3	0.315	0.326	2.14	0.0608
100	9.399	958.4	0.282	0.294	2.07	0.0589

附表 3　　不同温度下水的饱和蒸汽压强水头值（绝对压强）

t/℃	p_v/γ	t/℃	p_v/γ	t/℃	p_v/γ	t/℃	p_v/γ	t/℃	p_v/γ
0	0.062	8	0.109	16	0.185	24	0.304	32	0.485
1	0.067	9	0.117	17	0.198	25	0.323	33	0.513
2	0.072	10	0.125	18	0.210	26	0.343	34	0.542
3	0.077	11	0.134	19	0.224	27	0.363	35	0.573
4	0.083	12	0.143	20	0.238	28	0.385	36	0.606
5	0.089	13	0.153	21	0.254	29	0.408	37	0.640
6	0.095	14	0.163	22	0.270	30	0.433	38	0.675
7	0.102	15	0.174	23	0.286	31	0.458	39	0.713
								40	0.752

附表 4　　普通液体的物理性质（一个大气压下）

液体	温度/℃	密度/(kg/m³)	重度/(N/m³)	表面张力系数 σ/(N/m)（20℃，与空气交界）
蒸馏水	4.0	1000	9806	0.0728
海水	15.0	1020～1030	10000～10100	
汽油	15.0	700～750	6860～7350	
石油	15.0	880～890	8630～8730	
润滑油	15.0	890～920	8730～9030	0.0350～0.0379
乙醇（酒精）	15.0	790～800	7750～7840	0.0223
苯	15.5	880	8630	0.0289
氯代醋酸乙酯	15.0	1154	11317	
原油	15.5	850～927	8336～9091	0.0233～0.0379
煤油	15.5	777～819	7619～8031	0.0233～0.0321
四氯乙炔	15.0	2970	29126	0.0267
橄榄油	15.0	918	9003	
松节油	16.0	873	8561	
汞（水银）	0.0	13595	133321	0.5137

附表 5　　水银的密度和重度

温度/℃	密度/(kg/m³)	重度/(kN/m³)	温度/℃	密度/(kg/m³)	重度/(kN/m³)
0	13595	133.321	40	13497	132.360
5	13583	133.204	45	13485	132.243
10	13571	133.086	50	13473	132.125
15	13558	132.958	60	13448	131.880
20	13546	132.841	70	13420	131.605
25	13534	132.723	80	13400	131.409
30	13522	132.606	90	13376	131.174
35	13509	132.478	100	13352	130.938

附表 6　　气体的物理性质（一个大气压下，20℃）

液体	密度/(kg/m³)	气体常数 R/[m²/(s²·K)]	$\frac{定容比热}{定压比热}=n$	运动粘滞系数 ν/(cm²/s)
空气	1.205	287	1.40	0.150
氨气	0.718	481	1.32	0.153
碳酸气	1.836	188	1.30	0.0845
甲烷	0.666	518	1.32	0.179
氮气	1.163	296	1.40	0.159
氧气	1.330	260	1.40	0.159
亚硫酸气	2.715	127	1.26	0.052

附表 7　　空气的物理性质（一个大气压下）

温度/℃	密度/(g/cm³)	动力粘滞系数 μ/(N·s/cm²×10⁻⁷)	运动粘滞系数 ν/(cm²/s)
−10	0.00134	1.658	0.123
0	0.00129	1.707	0.132
10	0.00125	1.766	0.141
20	0.00120	1.815	0.150
30	0.00116	1.854	0.160
40	0.00113	1.903	0.169
50	0.00110	1.952	0.177
60	0.00107	2.001	0.187
70	0.00104	2.040	0.197
80	0.00100	2.089	0.209
90	0.00097	2.139	0.219
100	0.00095	2.197	0.232

附表 8　　**常见气体的黏性系数（经验公式）**

$$\mu=\mu_0\frac{273+C}{T+C}\left(\frac{T}{273}\right)^{3/2}$$

气体名称	动力黏度 $\mu_0\times10^6$/(kg・s/m²)	运动黏度 $\nu_0\times10^6$/(m²/s)	相对分子质量 M	C
空气	17.09	13.20	28.96	111
氧气	19.20	13.40	32.00	125
氮气	16.60	13.30	28.02	104
氢气	8.40	93.50	2.016	71
一氧化碳	16.80	13.50	28.01	100
二氧化碳	13.80	6.98	44.01	254
二氧化硫	11.60	3.97	64.06	306
水蒸气	8.93	11.12	18.01	961

注　μ_0 为 0℃时气体的动力黏度；C 为随气体而定的常数。

附表 9　　**常用管壁材料的弹性系数 E 值**

管　壁　材　料	E/(N/m²)×10¹⁰	$\frac{K}{E}$	备　　注
钢管	19.6	0.01	水的体积弹性系数 $K=19.6\times10^8$ N/m²
铸铁管	9.80	0.02	
混凝土管	1.96	0.1	
木管	0.98	0.2	

附表 10　　**管壁的当量粗糙度 K_S 值**

边壁种类	当量粗糙度 Δ/mm	边壁种类	当量粗糙度 Δ/mm
铜或玻璃的无缝管	0.0015～0.01	磨光的水泥管	0.33
涂有沥青的钢管	0.12～0.24	未抛光的木槽	0.35～0.70
白铁皮管	0.15	旧的生锈金属管	0.60
一般状况的钢管	0.19	污秽的金属管	0.75～0.97
清洁的镀锌铁管	0.25	混凝土衬砌渠道	0.8～9.0
新的生铁管	0.25～0.40	土渠	4～11
木管或清洁的水泥面	0.25～1.25	卵石河床（d=70～80mm）	30～60

附表 11　　**宽顶堰的淹没系数 σ_s 值**

$\frac{h_s}{H_0}$	0.80	0.81	0.82	0.83	0.84	0.85	0.86	0.87	0.88	0.89
σ_s	1.00	0.995	0.99	0.98	0.97	0.96	0.95	0.93	0.90	0.87
$\frac{h_s}{H_0}$	0.90	0.91	0.92	0.93	0.94	0.95	0.96	0.97	0.98	
σ_s	0.84	0.82	0.78	0.74	0.70	0.65	0.59	0.50	0.40	

附表 12　　大孔口的流量系数 μ 值

孔口种类	μ
小型孔口 完全收缩	0.60
中型孔口 射流各方面均有收缩，无导流壁	0.65
大型孔口 收缩不完善，但各方面均收缩趋近水流的条件确定得不太清楚	0.70
底部孔口（底部完全没有收缩），侧收缩影响很大	0.65～0.70
底部孔口 侧收缩影响适度	0.70～0.75
底部孔口 各侧来水匀缓者	0.80～0.85
各侧向趋近极匀缓的底部孔口	0.90

附表 13　　平板闸门的垂直收缩系数 ε_1 值

$\frac{e}{H}$	0.10	0.15	0.20	0.25	0.30	0.35	0.40
ε_1	0.615	0.618	0.620	0.622	0.625	0.628	0.630
$\frac{e}{H}$	0.45	0.50	0.55	0.60	0.65	0.70	0.75
ε_1	0.638	0.645	0.650	0.660	0.675	0.690	0.705

附表 14　　弧形闸门的垂直收缩系数 ε_1 值

α	35°	40°	45°	50°	55°	60°
ε_1	0.789	0.766	0.742	0.720	0.698	0.678
α	65°	70°	75°	80°	85°	90°
ε_1	0.662	0.646	0.635	0.627	0.622	0.620

附表 15　　上游面铅直的 WES 剖面堰的流量系数 m 值

m \ P_1/H_d	H_0/H_d									
	0.4	0.5	0.6	0.7	0.8	0.9	1.0	1.1	1.2	1.3
0.2	0.428	0.440	0.451	0.458	0.467	0.474	0.481	0.483	0.485	0.485
0.33	0.430	0.444	0.455	0.465	0.476	0.481	0.486	0.489	0.491	0.492
0.67	0.434	0.447	0.460	0.470	0.480	0.487	0.492	0.496	0.499	0.501
1.00	0.435	0.449	0.461	0.472	0.482	0.491	0.496	0.502	0.506	0.507
≥1.33	0.437	0.451	0.465	0.478	0.487	0.496	0.502	0.507	0.509	0.514

附表 16　　土壤的渗透系数 K 值

土　名	渗透系数 K	
	m/d	cm/s
黏土	<0.005	$<6\times10^{-5}$
亚黏土	0.005～0.1	$6\times10^{-5}\sim1\times10^{-4}$
轻亚黏土	0.1～0.5	$1\times10^{-4}\sim6\times10^{-4}$
黄土	0.25～0.5	$3\times10^{-4}\sim6\times10^{-4}$

续表

土　　名	渗透系数 K	
	m/d	cm/s
粉砂	0.5～1.0	$6\times10^{-4}\sim1\times10^{-3}$
细砂	1.0～5.0	$1\times10^{-3}\sim6\times10^{-3}$
中砂	5.0～20.0	$6\times10^{-3}\sim2\times10^{-2}$
均质中砂	35～50	$4\times10^{-2}\sim6\times10^{-2}$
粗砂	20～50	$2\times10^{-2}\sim6\times10^{-2}$
均质粗砂	60～75	$7\times10^{-2}\sim8\times10^{-2}$
圆砾	50～100	$6\times10^{-2}\sim1\times10^{-2}$
卵石	100～500	$1\times10^{-1}\sim6\times10^{-1}$
无填充物卵石	500～1000	$6\times10^{-1}\sim1\times10$
稍有裂隙岩石	20～60	$2\times10^{-2}\sim7\times10^{-2}$
裂隙多的岩石	＞60	$>7\times10^{-2}$

附表 17　　　　重力相似准则与粘滞力相似准则比例尺

物理量	重力相似准则	粘滞力相似准则	
		$\lambda_\nu=1$	$\lambda_\nu\neq1$
流速比尺 λ_v	$\lambda_L^{1/2}$	λ_L^{-1}	$\lambda_\nu\lambda_L^{-1}$
加速度比尺 λ_a	λ_L^{0}	λ_L^{-3}	$\lambda_\nu^3\lambda_L^{-3}$
流量比尺 λ_Q	$\lambda_L^{5/2}$	λ_L	$\lambda_\nu\lambda_L$
时间比尺 λ_t	$\lambda_L^{1/2}$	λ_L^{2}	$\lambda_\nu^{-1}\lambda_L^{2}$
力的比尺 λ_F	λ_L^{3}	λ_L^{0}	λ_ν^{2}
压强比尺 λ_p	λ_L	λ_L^{-2}	$\lambda_\nu^2\lambda_L^{-2}$
功的比尺 λ_w	λ_L^{4}	λ_L	$\lambda_\nu^2\lambda_L$
功率比尺 λ_N	$\lambda_i^{3.5}$	λ_L^{-1}	$\lambda_\nu^3\lambda_L^{-1}$

附表 18　　　　不同形状的面积特性

形状	图　　形	面积公式	形心位置	面积惯性矩 I 或 I_c
矩形	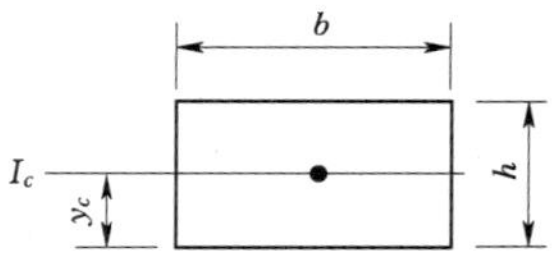	bh	$y_c=\frac{h}{2}$	$I_c=\frac{bh^3}{12}$
三角形	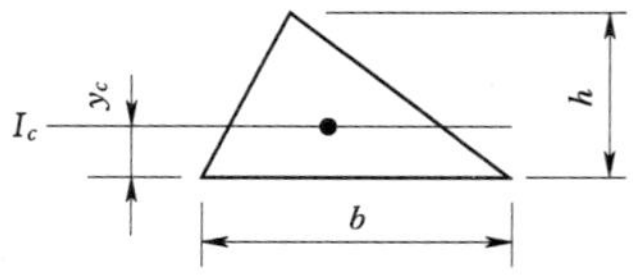	$\frac{bh}{2}$	$y_c=\frac{h}{3}$	$I_c=\frac{bh^3}{36}$

续表

形状	图　形	面积公式	形心位置	面积惯性矩 I 或 I_c
圆形	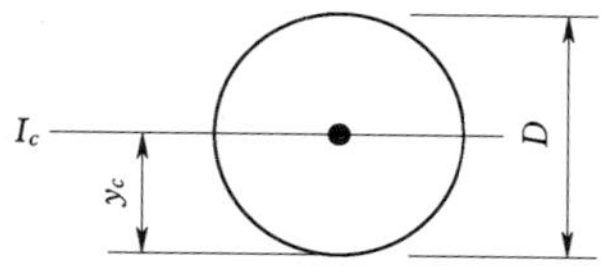	$\frac{\pi D^2}{4}$	$y_c=\frac{D}{2}$	$I_c=\frac{\pi D^4}{64}$
半圆形	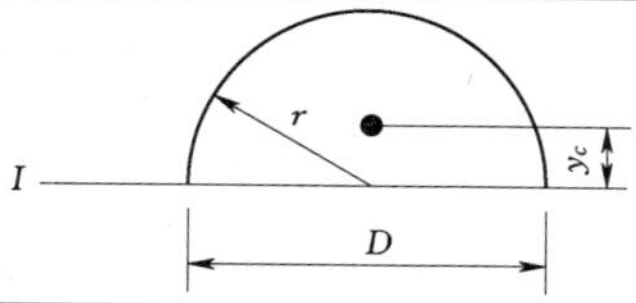	$\frac{\pi D^2}{8}$	$y_c=\frac{4r}{3\pi}$	$I_c=\frac{\pi D^4}{128}$
椭圆形	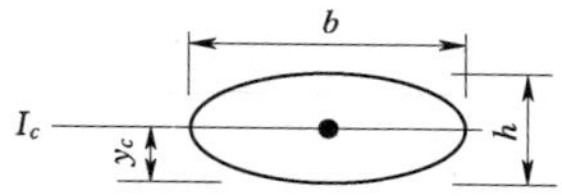	$\frac{\pi bh}{4}$	$y_c=\frac{h}{2}$	$I_c=\frac{\pi bh^2}{64}$
半椭圆形	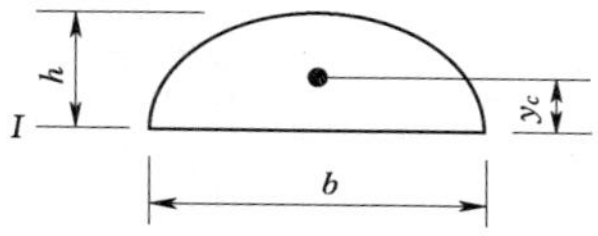	$\frac{\pi bh}{4}$	$y_c=\frac{4h}{3\pi}$	$I_c=\frac{\pi bh^3}{16}$
抛物线形	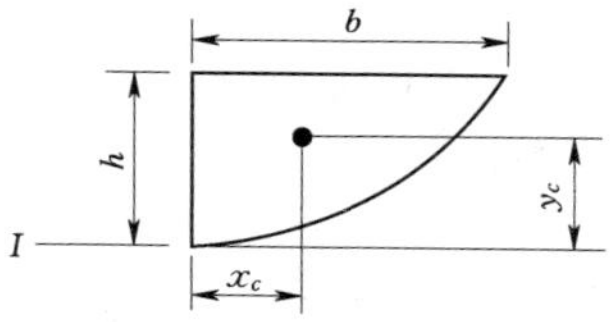	$\frac{2bh}{3}$	$x_c=\frac{3b}{8}$ $y_c=\frac{3b}{5}$	$I_c=\frac{2bh^3}{7}$

附表 19　　不同形状的体积特性

形状	图　形	体积公式	质心位置
圆柱形	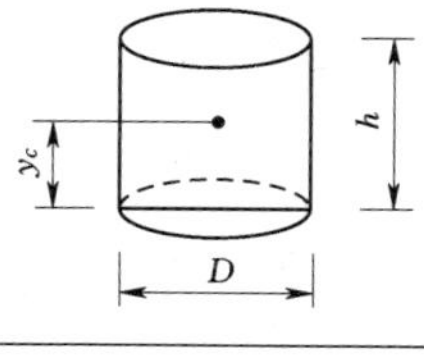	$\frac{\pi D^2 h}{4}$	$y_c=\frac{h}{2}$
圆锥	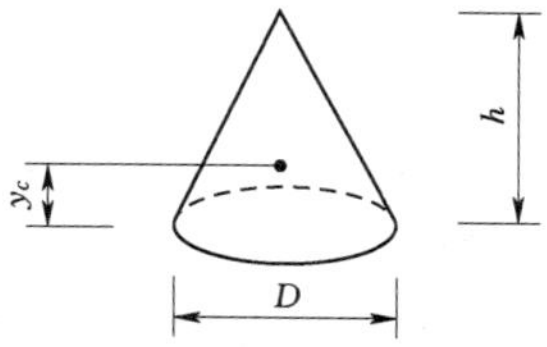	$\frac{1}{3}\left(\frac{\pi D^2 h}{4}\right)$	$y_c=\frac{h}{4}$
圆球	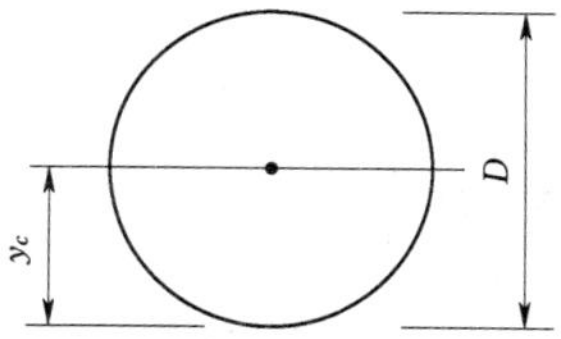	$\frac{\pi D^3}{6}$	$y_c=\frac{D}{2}$

续表

形状	图　形	体积公式	质心位置
半球	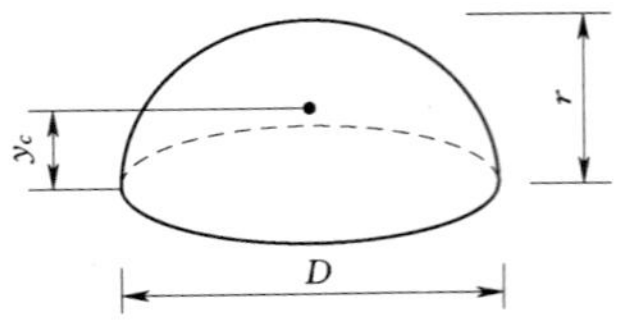	$\frac{\pi D^3}{12}$	$y_c=\frac{3r}{8}$
抛物线体	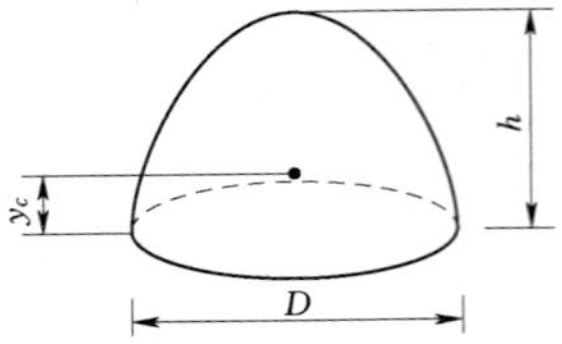	$\frac{1}{2}\left(\frac{\pi D^2 h}{4}\right)$	$y_c=\frac{h}{3}$

附表 20　　**泄水建筑物的流速系数 φ 值**

序号	建筑物泄流方式	图形	φ
1	堰顶有闸门的曲线实用堰	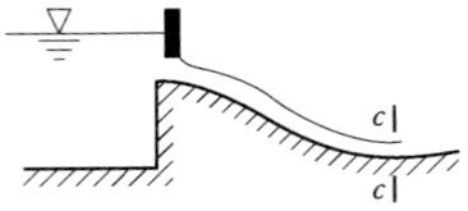	0.85～0.95
2	无闸门的曲线实用堰：1. 溢流面长度较短 2. 溢流面长度中等 3. 溢流面长度较长	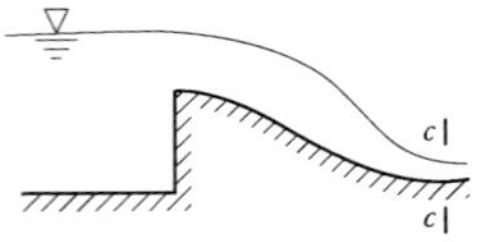	1.00 0.95 0.90
3	平板闸门下底孔出游	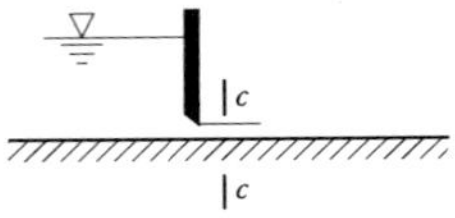	0.97～1.00
4	折线实用断面（多边形断面）堰	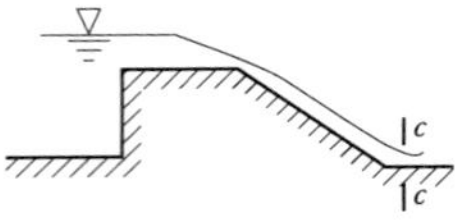	0.80～0.90
5	宽顶堰	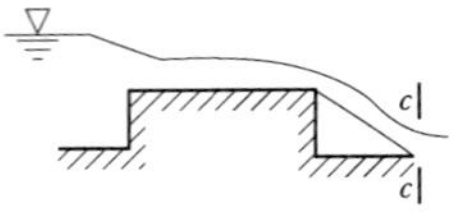	0.85～0.95
6	跌水	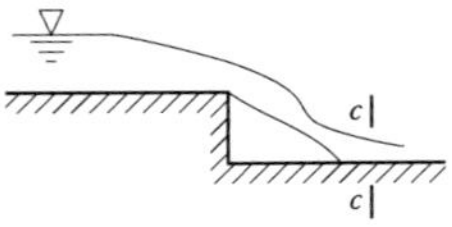	1.00
7	末端设闸门的跌水	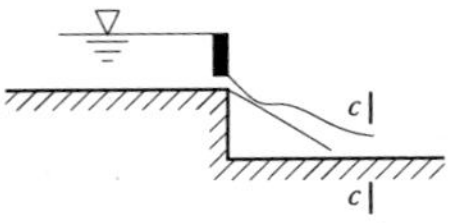	0.97～1.00

附表 21　　　　管道的局部水头损失系数 ζ 值

名称	简　　图		ζ
进口	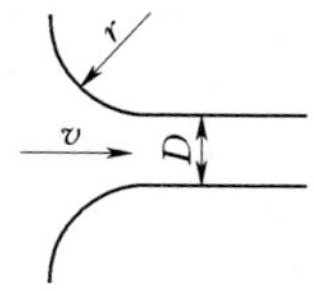	完全修圆 $\frac{r}{D}\geqslant 0.15$	$\zeta=0.10$
		稍加修圆	$\zeta=0.20\sim0.25$
	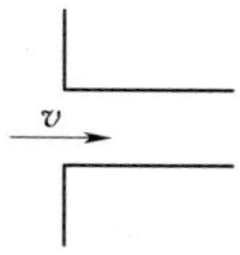	不加修圆的直角进口	$\zeta=0.50$
	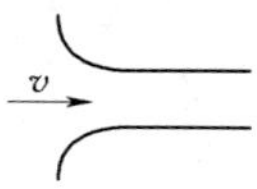	圆形喇叭口	$\zeta=0.05$
	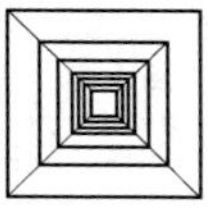	方形喇叭口	$\zeta=0.16$
	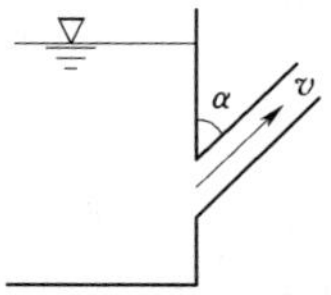	斜角进口	$\zeta=0.5+0.3\cos\alpha+0.2\cos^2\alpha$
闸门槽	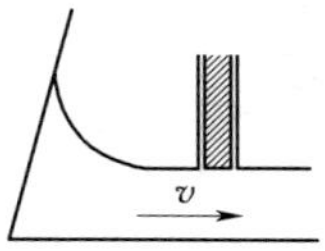	平板门槽（闸门全开）	$\zeta=0.20\sim0.40$
	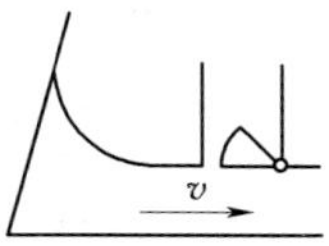	弧形闸门门槽	$\zeta=0.20$
断面突然扩大	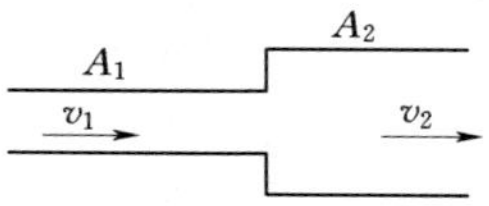		$\zeta_1=\left(1-\frac{A_1}{A_2}\right)^2$，用 v_1 $\zeta_2=\left(\frac{A_2}{A_1}-1\right)^2$，用 v_2

续表

名称	简　　图	ζ

断面突然缩小

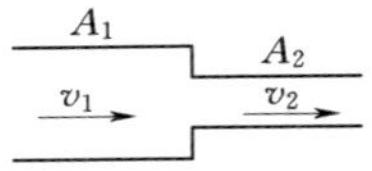

$$\zeta = 0.5\left(1-\frac{A_2}{A_1}\right)\text{，用 } v_2$$

断面逐渐扩大

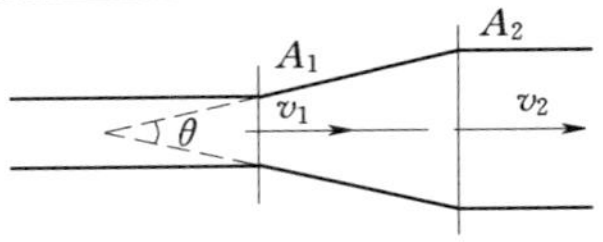

$$\zeta = k\left(\frac{A_2}{A_1}-1\right)^2\text{，用 } v_2$$

θ/(°)	8	10	12	15	20	25
k	0.14	0.16	0.22	0.30	0.42	0.62

断面逐渐缩小

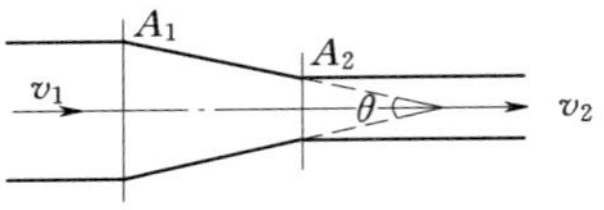

$$\zeta = k_1\left(\frac{1}{k_2}-1\right)^2\text{，用 } v_2$$

θ/(°)	10	20	40	60	80	100	140
k_1	0.40	0.25	0.20	0.20	0.30	0.40	0.60

A_2/A_1	0.1	0.3	0.5	0.7	0.9
k_2	0.40	0.36	0.30	0.20	0.10

折管

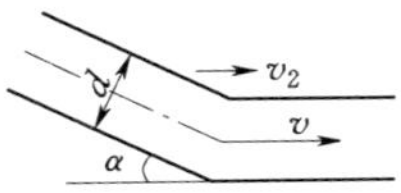

圆形

α/(°)	10	20	30	40	50	60	70	80	90
ζ_{be}	0.04	0.1	0.2	0.3	0.4	0.55	0.7	0.9	1.1

矩形

α/(°)	15	30	45	60	90
ζ_{b1}	0.025	0.11	0.26	0.49	1.20

弯管

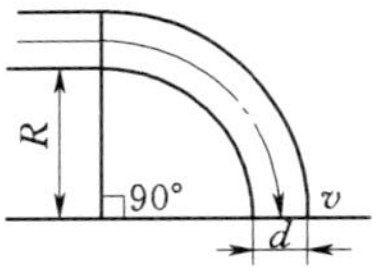

90°

d/R	0.2	0.4	0.6	0.8	1.0
ζ_{b1}	0.132	0.138	0.158	0.206	0.294
d/R	1.2	1.4	1.6	1.8	2.0
ζ_{b1}	0.440	0.660	0.976	1.406	1.975

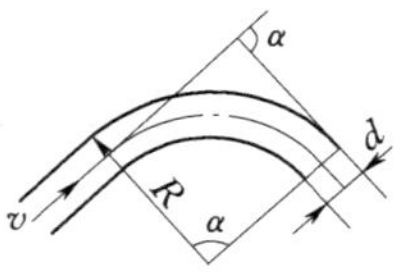

任意角度

α/(°)	20	40	60	80	90	120	140	160	180
ζ_{b2}	0.47	0.66	0.82	0.94	1.00	1.16	1.25	1.33	1.41

$$\zeta_b = \zeta_{b1}\zeta_{b2}$$

板式阀门

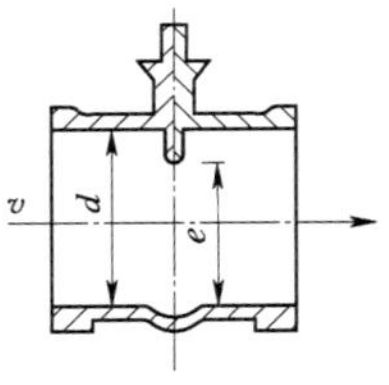

e/d	0	0.125	0.2	0.3	0.4	0.5	0.6	0.7	0.8	0.9	1.0
ζ	∞	97.3	35.0	10.0	4.6	2.06	0.98	0.44	0.17	0.06	0

续表

<table>
<tr><th>名称</th><th colspan="2">简　图</th><th colspan="2">ζ</th></tr>
<tr><td>蝶阀</td><td colspan="2">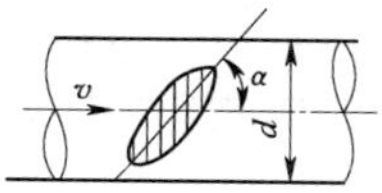
</td><td colspan="2">
<table>
<tr><td>α/(°)</td><td>5</td><td>10</td><td>15</td><td>20</td><td>25</td><td>30</td><td>35</td><td>40</td></tr>
<tr><td>ζ</td><td>0.24</td><td>0.52</td><td>0.90</td><td>1.54</td><td>2.51</td><td>3.91</td><td>6.22</td><td>10.8</td></tr>
<tr><td>α/(°)</td><td>45</td><td>50</td><td>55</td><td>60</td><td>65</td><td>70</td><td>90</td><td>全开</td></tr>
<tr><td>ζ</td><td>18.7</td><td>32.6</td><td>58.8</td><td>118.0</td><td>256.0</td><td>751.0</td><td>∞</td><td>0.1～0.3</td></tr>
</table></td></tr>
<tr><td>截止阀</td><td colspan="2">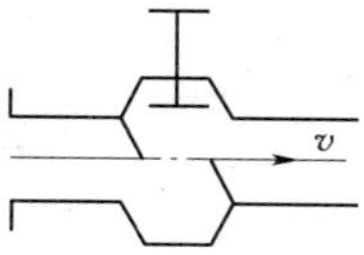
</td><td colspan="2">
<table>
<tr><td>d/cm</td><td>15</td><td>20</td><td>25</td><td>30</td><td>35</td><td>40</td><td>50</td><td>≥60</td></tr>
<tr><td>ζ</td><td>6.5</td><td>5.5</td><td>4.5</td><td>3.5</td><td>3.0</td><td>2.5</td><td>1.8</td><td>1.7</td></tr>
</table></td></tr>
<tr><td rowspan="2">滤水网</td><td>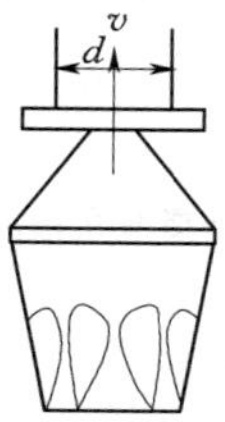
</td><td>无底阀</td><td colspan="2">ζ=2～3</td></tr>
<tr><td>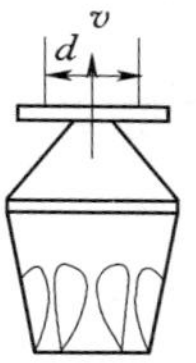
</td><td>有底阀</td><td colspan="2">
<table>
<tr><td>d/cm</td><td>4.0</td><td>5.0</td><td>7.5</td><td>10</td><td>15</td><td>60</td></tr>
<tr><td>ζ</td><td>12</td><td>10</td><td>8.5</td><td>7.0</td><td>6.0</td><td>5.2</td></tr>
<tr><td>d/cm</td><td>25</td><td>30</td><td>35</td><td>40</td><td>50</td><td>75</td></tr>
<tr><td>ζ</td><td>4.4</td><td>3.7</td><td>3.4</td><td>3.1</td><td>2.5</td><td>1.6</td></tr>
</table></td></tr>
<tr><td>水泵入口</td><td colspan="2">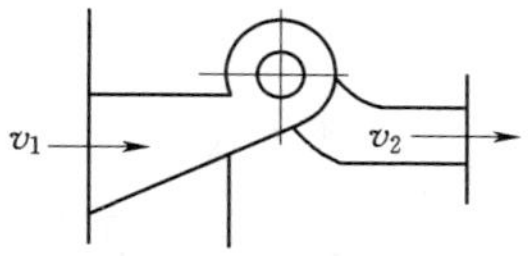
</td><td colspan="2">ζ=1.0</td></tr>
<tr><td rowspan="2">渐变段</td><td colspan="2">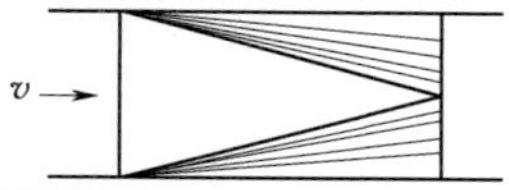
</td><td>方变圆</td><td>ζ=0.05</td></tr>
<tr><td colspan="2">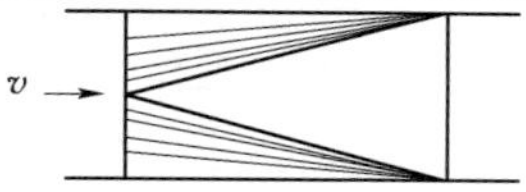
</td><td>圆变方</td><td>ζ=0.1</td></tr>
<tr><td rowspan="2">出口</td><td colspan="2">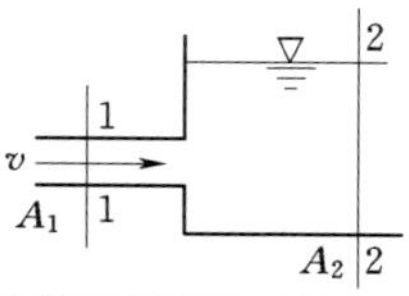
</td><td>流入渠道</td><td>$\zeta=\left(1-\frac{A_1}{A_2}\right)^2$</td></tr>
<tr><td colspan="2">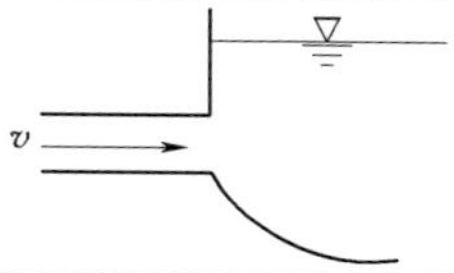
</td><td>流入水库（池）</td><td>ζ=1.0</td></tr>
</table>

续表

名称	简　　图	ζ
叉管	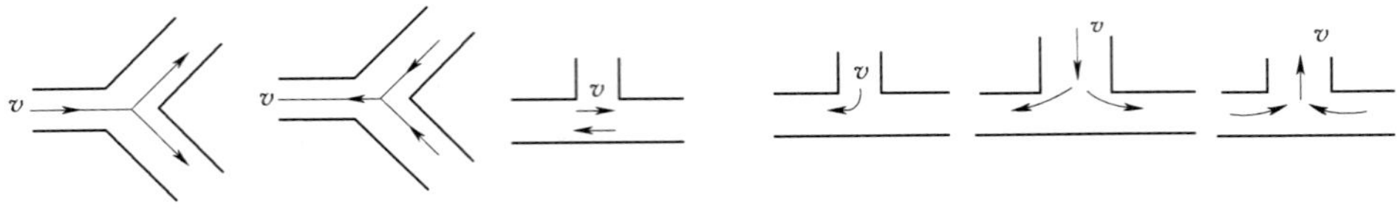 $\zeta=1.0$　$\zeta=1.5$　$\zeta=0.1$　$\zeta=1.5$　$\zeta=1.5$　$\zeta=3.0$	
	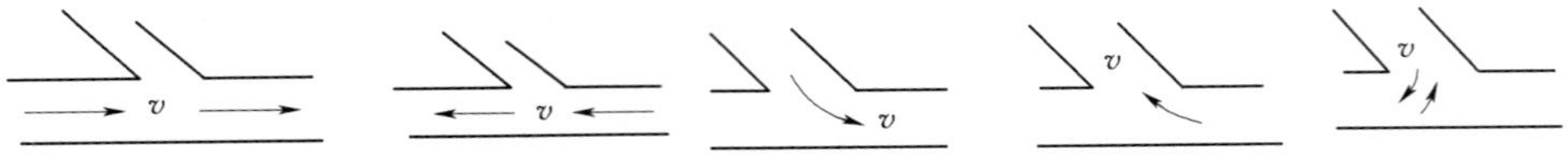 $\zeta=0.05$　$\zeta=0.15$　$\zeta=0.5$　$\zeta=1.0$　$\zeta=3.0$	
拦污栅	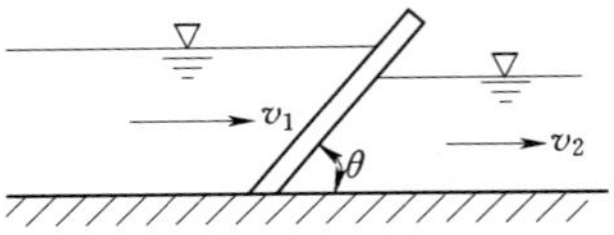 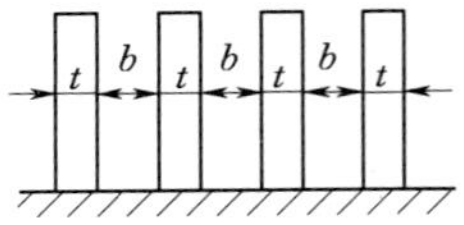	$h_j=\zeta\dfrac{v_1^2}{2g}$　$\zeta=\beta\sin\theta\left(\dfrac{t}{b}\right)^{4/3}$ 式中：t 为栅格厚度；b 为栅格净间距；θ 为栅格倾角；β 为栅格的断面形状系数，其值见图。  $\beta=1.60$　$\beta=1.77$　$\beta=2.43$　$\beta=1.73$

参 考 文 献

[1] 李玉柱，贺五洲. 工程流体力学［M］. 北京：清华大学出版社，2006.
[2] 闻德荪. 工程流体力学（水力学）［M］. 北京：高等教育出版社，2008.
[3] 吴持恭. 水力学（上、下册）［M］. 北京：高等教育出版社，2003.
[4] 赵振兴，何建京. 水力学［M］. 北京：清华大学出版社，2007.
[5] 贺五洲，陈嘉范，李春华. 水力学实验［M］. 北京：清华大学出版社，2004.
[6] 冬俊瑞，黄继汤. 水力学实验［M］. 北京：清华大学出版社，1991.
[7] 张志昌. 水力学实验［M］. 北京：机械工业出版社，2006.
[8] 奚斌. 水力学（工程流体力学）实验［M］. 北京：中国水利水电出版社，2007.
[9] 毛根海. 应用流体力学实验［M］. 北京：高等教育出版社，2008.
[10] 尚全夫. 水力学实验教程实验［M］. 大连：大连理工大学出版社，2007.
[11] 谢悦波. 水信息技术［M］. 北京：中国水利水电出版社，2009.
[12] 詹道江，叶守泽. 工程水文学［M］. 北京：中国水利水电出版社，2007.
[13] 魏文秋，张利平. 水文信息技术［M］. 武汉：武汉大学出版社，2003.
[14] 赵志贡. 水文测验学［M］. 郑州：黄河水利出版社，2005.
[15] 席临平，杨胜科. 水文与水资源实验技术［M］. 北京：化学工业出版社，2008.
[16] 周淑贞. 气象学与气候学［M］. 北京：高等教育出版社，1997.
[17] 吴吉春，薛禹群. 地下水动力学［M］. 北京：中国水利水电出版社，2009.
[18] 虞修竞. 水文地质学实验教程［M］. 成都：西南交通大学出版社，2008.
[19] 王振会. 大气探测学［M］. 北京：气象出版社，2011.
[20] 梁国伟，蔡武昌. 流量测量技术及仪表［M］. 北京：机械工业出版社，2002.
[21] 张庆华，宋学东. 溢洪道水工模型试验与分析［M］. 郑州：黄河水利出版社，2012.
[22] 邸国平，刘秀英. 水库溢洪道水工模型及库区泥沙淤积模型试验研究［M］. 北京：中国建筑工业出版社，2002.
[23] 易珍莲，梁杏. 水文学原理与水文测验实验实习指导书［M］. 武汉：中国地质大学出版社，2011.